日本のピアノ100年

ピアノづくりに賭けた人々

前間孝則・岩野裕一

草思社文庫

日本のピアノ100年——ピアノづくりに賭けた人々◉目次

＊引用においては、原典の旧仮名遣い、旧漢字などを適宜改めた。

日本のピアノ100年——ピアノづくりに賭けた人々

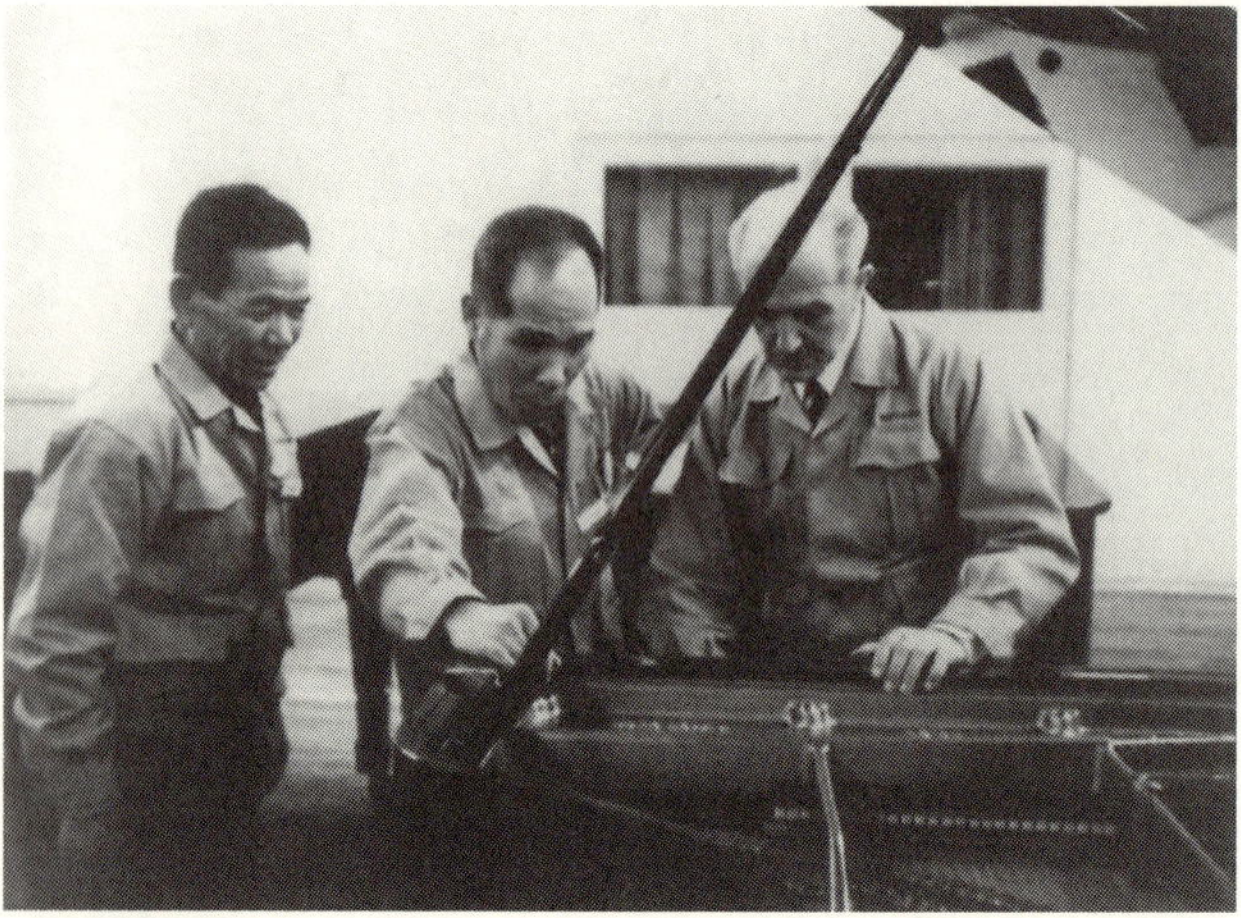

ヤマハCF開発チームとイタリア人技術者チェザーレ・アウグスト・タローネ
（ヤマハ株式会社提供）

プロローグ　グレン・グールドのピアノ

カナダ最大の都市、トロント。オンタリオ湖からの風が吹き抜け、アメリカナイズされた高層ビル群とイギリス的な落ち着いた街並みとが、ほどよい調和を見せるこの街のほぼ中央、トロント交響楽団の本拠地であるロイ・トムソン・ホールのコンクリートとガラスに囲まれたロビーに、一台のスマートなフォルムのグランドピアノがひっそりと展示されている。

演奏会のないときであれば静寂に包まれているその空間を、モダン建築の教会の礼拝堂になぞらえるならば、このピアノに会うために世界中からやってくる人たちは、さながら巡礼者の群れにたとえることができるかもしれない。彼らは、もはや音を発することのないそのピアノを、しばらくのあいだ食い入るようにじっと見つめながら、心の中に聞こえてくる音色と、無言のうちに対話しているようでもある。

「グレン・グールドのピアノ」

そう書かれた銘板には、さらにこんな文字が刻まれていた。

「このヤマハ・ピアノ、CFⅡモデルは、世界に冠たるカナダのピアニスト、亡きグレン・グールドが所有していたものである。このピアノは、彼の最後の、そしてきわめて名高い録音となった、バッハの『ゴルトベルク変奏曲』に使用され、そしていま、ロイ・トムソン・ホールに永久に保存されることになった」

ピアニストとしてのキャリアの大半をスタインウェイとともに過ごしたグールドが、ヤマハの輸出用コンサート・グランドピアノである「CFⅡ」と出会ったのは、一九五五年のモノラル時代に録音して彼の出世作となった、バッハの『ゴルトベルク変奏曲』を再び録音するためにニューヨークを訪れた一九八〇年秋のことだった。

愛用してきたスタインウェイが寿命になったため、新しいピアノを探し求めていたグールドは、カーネギー・ホールの真裏、西五六丁目にある「オストロフスキー・ピアノ商会」で、ウィンドウに展示してあった真新しいヤマハのコンサート・グランドを試奏する。店主はグレン・グールドが人目に触れないよう、ウィンドウにシーツをかけるという気の遣いようだったという。[1]だが、そのピアノにグールドは満足せず、帰ろうとした直前、店の裏の通路に置かれていた、ほこりまみれの中古のヤマハ・ピアノに気がついた。

さしたる期待もせず鍵盤に向かったグールドはその楽器がいたく気に入り、すぐさま小切手で購入する。そして、このヤマハCFⅡは一九八一年から八二年にかけて、ハイドンの『ピアノ・ソナタ集』、歴史に残る名演奏となった『ゴルトベルク変奏曲』の再録音、ブラームスの『バラードとラプソディ』、そして生涯最後の録音となったリヒャルト・シュトラウスの『ピアノ・ソナタ』のレコーディングに使われることになる。

「これまで出会った東洋から輸入されたどのピアノ」にも決して満足しなかった[2]グールドが、晩年に至ってなぜヤマハにひと目惚れしたのか。グールドはその理由をはっきりとした言葉には残していない。だが、日本におけるグールド研究の第一人者である宮澤淳一によれば、彼はこのピアノにいたく満足し、「これはコンピュータに優るとも劣らぬエレクトリック・マシーンだ。ぼくはチップ一枚はずんでやればいい。ピアノはひとりでに弾き始める。決してぼくが弾いているわけじゃない」と自慢していたという[3]。

　そしてまた、晩年のグールドは夏目漱石の『草枕』を愛読し、「二〇世紀小説の最高傑作」と絶賛して止まなかった。漱石が文部省留学生としてイギリスの地に降り立ち、圧倒的な西洋文明の洗礼を受けた[4]のは、一九〇〇（明治三三）年の晩秋のことであったが、奇《く》しくもこの年は、ヤマハの創業者・山葉寅楠によって、日本の国産第一号のピアノが作られた年にあたる。以来一世紀、日本におけるピアノづくりの歩みは、単なる〝モノづくり〟の次元を超えて、西洋への同化と超克という、わが国の近代が抱えてきたテーマそのものと密接に関わり合ってきたのだった。

東洋と西洋のはざまにあって、その価値観の違いに葛藤していた漱石が生んだこの作品に深い共感を寄せていたグールドが、日本で作られたピアノの前に座ったとき、そのピアノもまた、東洋と西洋のはざまにあって苦闘してきた歴史の持ち主であったことを、果たしてグールドは知っていたのであろうか――。

戦前篇

洋琴からピアノへ

国産ピアノ誕生前夜から一九五〇年まで

第一章　文明開化期のピアノ

明治初の女子留学生たち

明治四（一八七一）年一一月一二日、初冬にしては穏やかに晴れわたった横浜港の埠頭《ふとう》に、岩倉使節団を見送る政府関係者や家族、親類らの姿があった。大物政治家らをひと目見ようと押しかけた野次馬がそこに加わり、埠頭は大勢の人でごった返していた。

出発する一行は、六四名にものぼる使節団員や大使・副使ら随行、それに四三名の華士族・書生など留学生らも加わって総勢一〇七名にものぼった。

使節団には、明治政府を代表する重鎮の大物政治家らがずらりと顔を揃えていた。誰もが知る有名どころだけを挙げても、右大臣で特命全権大使の岩倉具視《ともみ》、参議で副使の木戸孝允《たかよし》、大蔵卿の大久保利通、工部大輔《たいふ》の伊藤博文らがいた。これでは日本が空っぽになって〝留守政府〟になるとの危惧が叫ばれるほどの顔ぶれであった。一方、渡航する留学生の中には、のちに自由民権運動を率いる中江兆民、それに華族やかつての佐賀藩、加賀藩などの旧藩主クラスの要人もいた。

やがて、羽織袴《はおりはかま》に大刀小刀を腰にしたちょんまげ姿の草履《ぞうり》ばき、あるいはシルクハットに黒の革靴など、まちまちの姿をした団員や留学生らが何隻もの小型蒸気船や小船に分乗して、沖に停泊するアメリカ号に向けて埠頭を離れた。使節団への祝砲一九発と、一時帰国するアメリカ合衆国公使デ・ロングのための祝砲一五発が打ち上げられて海上に響きわたると、気分は最高潮に達した。

ところが、岸に向かって手を振る乗船者の中で、見送り人の視線を誰より集めたのは、岩倉でも大久保でもなかった。デ・ロング公使夫人に付き添われて乗船した、稚《ち》児《ご》まげに振り袖姿のいたいけな五人の女子留学生たちだった。見送り人からはこんなささやき声がもれていた。「随分物好きな親たちもあったものですね。あんな小さい娘さんをアメリカ三界へやるなんて。父親はともかく母親の心はまるで鬼でしょう(1)」

鎖国が解け、明治となってはじめて海外渡航する少女たちの数え歳は、吉益《よします》亮子一五歳、上田悌子《ていこ》一五歳、山川捨松《すてまつ》一二歳、永井繁子九歳、津田梅子にいたってはまだ八歳で、しかも、大勢の男たちに交じって乗船する婦女子はこの五人だけだった。

彼女らこそ、外国で本格的なピアノ教育を受けることになる最初の日本人である。出発前には、畏れ多くも皇后陛下から「婦女の模範たれ」と言い渡されての船出だった。

サンフランシスコに到着した少女たちは、当初は好奇の目にさらされたが、幼いだけに、またたくまに学校にも溶け込んで、クラスの人気者になっていった。到着した年の一〇月には、亮子、悌子の二人がはやばやと帰国したものの、残る三人はしばしばホームシックにかかりながらも、日本女性としての誇りを失わず、明るく振る舞っていた。ピアノのレッスンは欠かさず、さまざまな行事にも積極的に参加し、地域にも溶け込んでアメリカでの日々を楽しんだ。

それから一一年あまりの歳月が流れた明治一五（一八八二）年一〇月、捨松と梅子は留学を終えて帰国する（繁子はその一年前、やや健康を害して先に帰国）。このとき、捨松は二三歳、梅子は一九歳となっていた。一〇月三一日、アラビック号に乗船してサンフランシスコを後にした捨松と梅子は、二〇日後の一一月二一日朝、晴れわたる横浜港に入港した。先に帰国した繁子らが迎える一一年ぶりの祖国日本であった。

鹿鳴館の花

明治一六（一八八三）年一一月二八日、麹町内幸区（現・千代田区西部）山下門内に、外国人接待所の鹿鳴館がオープンした。煉瓦《れんが》造り二階建ての派手な西洋風建築で、二階の舞踏室では連日のように夜会が開かれ、ピアノや小規模なオーケストラの演奏が流れていた。

鳴り物入りで留学し帰国した捨松、梅子、繁子の三人は、英語はもちろんのこと、洗練された身のこなしや西洋のマナーを身につけているだけに、大いにもてはやされて人気の的となり、一夜にして〝鹿鳴館の花〟となった。

捨松はほどなく、時の陸軍卿でのちに陸軍元帥となる一八歳年上の大山巌と結婚する。梅子は独身を通すことになるが、のちに女子教育に献身する決意を固めて女子英学塾（現・津田塾大学）を創設する。ピアノの腕前は相当のもので、語学を学んだアーチャー・インスティテュートの卒業式で、アメリカの生徒をさしおいて、ヘイズ米大統領夫人を前にピアノを弾くほどだった。

その梅子を上回る技量の持ち主だったのが繁子である。のちに海軍省勤務で海軍大将にまで昇りつめるクリスチャンの瓜生外吉と結婚することとなる繁子は、アメリカの小・中学校を卒業後、一八七八年には名門ヴァッサー大学で音楽を専攻する特別生だった。帰国後まもなく、日本人としては初のピアノ独奏会を開いたことでも知られる。

ピアノの実力を買われて、繁子は、東京・本郷の文部省地内にある音楽取調《とりしらべ》掛《がかり》の助教として、ピアノおよび唱歌の楽曲分析を担当することとなる。音楽取調掛は、伊沢修二によって明治一二（一八七九）年に開かれ、のちに東京音楽学校へと改称、現在の東京芸術大学音楽学部の前身である。繁子の月給は三〇円で、女性としては当時一番の高給取りといわれた。繁子は音楽取調掛で、アメリカのヴァッサー大学で自らも使ったドイツ語原本から英訳されたピアノ教則本「ウルバッハ」を用い、のちに東京音楽学校の教授と女子高等師範学校の教諭を兼任することになる。

明治、大正の時代は、ピアノに限らず、洋楽といえば、〝たしなみ〟として婦女子が手を染めるものとしか見られていなかった。そんな中で、専門的に学び、それを職業とした繁子はきわめて稀有《けう》な例だった。

ちなみに、明治半ばから昭和一〇年代までにおける音楽取調掛そして東京音楽学校の主な日本人ピアノ教師を挙げると、アメリカおよびオーストリアに留学した幸田延《こうだのぶ》、橘糸重《たちばないとえ》、フランスに留学した神戸絢《かんべあや》、ベートーヴェン弾きとして知られた久野久子《くのひさこ》、ドイツに留学した小倉末《おぐらすえ》など、ほとんどが女性だった。男性ピアノ教師の多くは外国人が占めていた。同じ一九世紀のヨーロッパに目を転じると、シュタイベルト、チェルニー、ショパン、リストなど、有名ピアニストはいずれも作曲家でもあり、彼らはすべて男であったが、日本ではそうではなかった。男が洋楽を習ったりピアノを弾くことなど〝軟弱〟のきわみで、男子一生の仕事とは見られず、もし音楽学校などに進もうものなら、周囲からは奇異の目で見られたものだった。

大正末から昭和になると、ドイツ人教師から指導を受けた日本人の男性ピアニストが登場してくるものの、欧化政策を強力に推し進めようとする明治の時代、洋楽教育を担うピアノ教師は、女性にとっては打ってつけの職業であり、貴重な存在であった。

上流婦人のピアノブーム

裕福な上流階級の日本人女性の中には、ピアノを習い始める者もいた。岩倉使節団とともに渡航して欧米に留学した一人に、旧佐賀藩の藩主・鍋島直大《なおひろ》がいる。明治一九（一八八六）年に創立された大日本音楽会の会長になった人物で、当時の音楽文化人として知られ、洋楽の普及に貢献するとともに、自ら作詞も行ったりしていた。鍋島邸に出入りしていた東京帝国大学医学部のお雇い外国人のエルヴィン・ベルツは、当時の鍋島邸には、「堂々たるグランドピアノまでが、手抜かりなくサロンに備えつけられて(2)」いたと記している。

繁子らをアメリカで世話した森有礼《ありのり》もまた欧米体験に触発されて、「これからの時代、政府高官の妻ならば、たしなみとしてピアノくらいは弾けないと」と、夫人に習わせていた。レッスンを頼まれたクララ・ホイットニー（勝海舟の三男の嫁）は明治一一（一八七八）年六月一二日の日記の中で、次のように記している。

「今朝森夫人を訪問して新しいピアノと楽譜を見せていただいた。楽譜はどれもまだ夫人には難し過ぎるし、古いフランス式の手引書以外に手引書がないので、私の持っているピーターの教本をお貸ししなければならない。ピアノはフランス製で良い音色である」

敬虔なクリスチャンの家庭に育ったクララは、専門的に音楽やピアノを習ったわけではなかったが、家庭環境の中でおのずと身につけていた。クララは、森夫人のほかにもピアノのレッスンを頼まれて教えていたが、それもやはり洋行帰りの上流階級の娘や夫人たちだった。当時、上流階級では、欧化という時代の流れを先取りしようと、ピアノを弾けることが一種の流行になりつつあった。

伊藤博文もまた、妻や娘に英語やピアノなど西洋のたしなみや礼儀作法を身につけさせたいと、津田梅子に頼み込んだ。渡米したとき梅子がアメリカ号に同乗していて、伊藤が覚えていたからだ。

だが、そうしたピアノのレッスンは、お稽古事としての琴や華道などと同じような感覚で、趣味の範囲を出るものではなかった。明治前半期における日本のピアノ事情とはそんな次元であった。その点では、留学した繁子、梅子、捨松の三人は系統だててピアノを習っており、専門的なピアノ演奏の知識と技術を持つ稀有な存在だった。

伊沢修二と明治維新の音楽教育

明治におけるピアノ教育あるいはピアノ製作も含めて、洋楽の普及に努めた人物といえば、信濃国（長野県）の高遠《たかとお》藩出身の伊沢修二である。彼こそ日本の「洋楽教育の父」であり、「楽壇の父」とも呼ばれ、多大な貢献を果たした。

伊沢は、先の五人の女子留学生の渡米より四年後の明治八（一八七五）年、アメリカに留学したが、そこで音楽を専門に学んだわけではなかった。まずブリッジウォーター師範学校に入り、卒業するとただちにハーヴァード大学に入って理学を学んだ。両校合わせて約三年の留学を終えて帰国すると、当時、欧米で盛んな議論が続いていた進化論の紹介にも努めた。その意味ではむしろ、自然科学や技術、工学に関心を寄せていた。

ペリーが黒船で来航する二年前の嘉永四（一八五一）年、伊那郡高遠城下の大屋敷で生まれた伊沢は、高遠さらに江戸、京都などで洋学の法学、経済学、兵学、自然科学などに加えて漢学や蘭学を幅広く学んでいた。明治三（一八七〇）年には、高遠藩から選ばれて貢進生（藩の負担で進学する学生。奨学生）となって大学南校（東京大学法・理・文学部の源流）に学んだ。

明治七（一八七四）年には愛知師範学校の校長となって教育改革に取り組むが、翌年七月、教員養成についての研究のためにアメリカに派遣される。この渡米でも、目的は広く全学科に関する調査・研究をすることであって、音楽はその中の一学科にすぎなかった。この当時、超エリートとして欧米に留学した青年らは、官界や学界に進むのがほとんどで、音楽などには見向きもしなかった。

伊沢が執筆した文章や業務文書などをまとめ、『洋楽事始』を著した山住正己は、伊沢と西洋音楽の関わりについて次のような見方をしている。

「もともと音楽にまったく無関心というのではなかった。そして渡米のさいに船中で日曜日ごとに外国人たちのおこなう『奏楽』を聞いて、『いと賑《にぎやか》しかりし』と手紙に記し、アメリカで音楽や音楽教育の実際にふれて、これにひかれたのだろう。さらに、たんに師範学科取調では満足せず、国家にとって有用で、しかも開拓者として存分に腕をふるえる分野として、音楽がのこっていることに気づいたのではないだろうか(4)」

伊沢とともにアメリカに留学していた在米留学生監督官の目賀田《めがた》種太郎《たねたろう》は明治一〇（一八七七）年一一月三日、ニューイングランドの音楽学校で演説した。

「私は、日本の音楽は他のものごとと同じように改善できると考えております。これまで音楽は一般教育の問題ではありませんでした。しかしわが国の公立学校でひとたびそれが確立すれば、日本の音楽は成長し、ここアメリカやヨーロッパに広く普及している音楽と同化できるようになりましょう(5)」

目賀田はすでにアメリカ留学中に、日本が手をつけるべき音楽教育のあり方についての構想をまとめつつあり、伊沢と意気投合して、ともにアメリカで、ボストンの音楽監督兼教師だったルーサー・W・メーソンに師事して音楽の研究もしていた。

明治一一（一八七八）年五月に帰国した伊沢は目賀田と連名で、すでにこの年の四月、

「学校唱歌ニ用フベキ音楽取調事業ニ着手スベキ見込書」を文部大輔に上申している。

政府は明治五（一八七二）年に学校教育制度をしき、「唱歌」「奏楽」の項目を設けて普通学科の一つに加えたが、それは絵に描いた餅でしかなく、どのように教えればよいのかについては判然とせず、音楽教育を推進できる人材もいなかった。しかも、洋楽器は皆無に近かった。

翌明治六年に出版された師範学校編集の『小学読本』の中にはピアノについての記述と挿し絵がある。壁に世界地図が掛けられている唱歌教室内で、洋装の教師が子どもたちを前にしてスクエアピアノらしき楽器を奏でている授業風景である。

「この箱（スクエアピアノ）の中に響きあり。汝はこの響きを何なりと思うや。この箱の中にあるは鼠ならずば猫なるべし。汝は何と思うや。この響き甚小なるゆえに、われ小さき鼠なりと思えり。すべて響きはその物に応じて度に過ぎざるものなれば、猫にもあらず犬にもあらずと思えり」

だが、現実には唱歌の授業は行われず、「当分之《これ》を欠く」とせざるを得なかった。

こうした現状に、伊沢と目賀田はアメリカで学んだ音楽教育のあり方を念頭に置きつつ、「見込書」の中で、日本の進むべき道を示していた。「実際取調ぶべき事項、大綱三あるべし。曰《いわ》く、東西二洋の音楽折衷に着手する事。曰く、将来国楽を興すべき人物を養成する事。曰く、諸学校に音楽を実施して適否を試る事(6)」、すなわち、現実路線を選び取り、これまで用いられていた邦楽も使いつつ、和洋折衷で臨もうとしていた。

東京音楽学校とお雇い外国人教師たち

学校教育に音楽を取り入れるべきという伊沢らの意見は受け入れられて、政府は明治一二（一八七九）年一〇月、東京・本郷にある文部省の用地（現・東京大学）内の第一六番館を増改築して、ここに音楽取調掛を創設したのだった。

伊沢は、アメリカ留学時代に音楽を習ったルーサー・W・メーソンをお雇い外国人教師として月給二五〇円を支払う条件で招請した。翌年三月、メーソンが来日すると、一ヵ月後に彼のピアノや教材用のスクエアピアノ一〇台、バイエルの楽譜などが到着した。本格的にピアノが日本に到着した最初だった。

音楽取調掛は明治一三（一八八〇）年一〇月、第一回の伝習生二二名の入学を許可し、本格的な音楽教育機関としてスタートする。翌明治一四（一八八一）年から一七（一八八四）年にかけては、音楽取調掛は三部冊の『小学唱歌』を刊行した。明治四三（一九一〇）年に刊行された最初の音楽国定教科書の『尋常小学読本唱歌』（「富士の山」「春が来た」「われは海の子」などが収録されている）になるまで、教育の現場でもっとも広く使われたが、その中には、現在も愛唱されている「蛍の光」「蝶々」「仰げば尊し」などが入っていた。

来日したメーソンは年老いてはいたが、その活躍にはめざましいものがあった。学内や師範学校で開かれる演奏会のピアノ独奏や伴奏はもっぱらメーソンが引き受けていた。ピアノを本格的に弾ける日本人教師や学生がまだいなかったからである。

しかし、日本における洋楽の確立は自分たちの肩にかかっていると強く意識する伝習生らは真剣で、めきめき腕を上げていった。第一回の伝習生の中で優秀な成績を修めた中村専はメーソンに可愛がられ、助手兼秘書のような役割を果たしていた。中村専は、のちに伊沢らとアメリカに留学し教育学者となった高嶺秀夫の夫人となる。

楽壇の母・幸田延

音楽取調掛時代の伝習生の中でもっとも高く評価されていたのは幸田延であった。延は明治の文豪・幸田露伴の妹で、ピアノを習い始めたのは東京女子高等師範付属小学校のときだった。この小学校で唱歌の先生も兼ねていたのがメーソンだった。なにごとにおいても飲み込みがよく、音楽の感性も鋭かった延はメーソンに可愛がられ、見込まれた。「この子は音楽の才があるから個人教授したい」とメーソンは延の両親に申し入れ、毎週土曜日の午後、学校が終わると、延は母に連れられて本郷の森川町にある音楽取調掛に通ってピアノを習い始めた。(7)

明治一五（一八八二）年、延は小学校を卒業すると一二歳で音楽取調掛に入学した。この頃、音楽取調掛には、アメリカ留学から帰国した瓜生繁子がピアノ教師をしていた。三年間の教育を経て一五歳になった延は最優秀の成績を修めて研究科へと進み、やがて東京音楽学校（音楽取調掛の後身）で教鞭《きょうべん》をとることになる。東京音楽学校の演奏会では、しばしばショパンなどのピアノ独奏を行っている。

明治二二（一八八九）年、将来を嘱望された延は、文部省から日本初の音楽留学を命じられる(8)。初の政府派遣の音楽研修生としてボストンのニューイングランド音楽院で一年間学び、その後ウィーンの音楽院で五年間学んだ。ブラームスやブルックナーが活躍していた時代である。この間、ピアノやヴァイオリン、和声学、作曲法などを幅広く習得し、音楽教師としての資格を身につけていく。その意味において、延は日本で最初の本格的な音楽教師といえる。伊沢の「楽壇の父」に対して「楽壇の母」と呼ばれ、のちに「上野の闇将軍」ともささやかれて、日本の楽壇に隠然たる力を持つことになる。

中村専や幸田延をきわめて短期間に育て上げたメーソンは明治一五（一八八二）年の夏、日本に洋楽を根づかせるという当初の使命を果たし、帰国する。メーソンが去った半年後の明治一六（一八八三）年二月、音楽取調掛は「君が代」を編曲したことで知られるドイツ人のフランツ・エッケルトを招請した。

時代が下って明治三一（一八九八）年には、すでに東京帝国大学の哲学教師として教鞭をとっていたロシア生まれのドイツ人、ラファエル・フォン・ケーベルが東京音楽学校の講師となった。ピアノ演奏に秀でたケーベルはモスクワ音楽学校を卒業しており、ここでピアニストのニコライ・ルービンシュタインや和声学を教える若きチャイコフスキーから学んでいた。

ケーベルが東京音楽学校で教鞭をとったのは明治三一年から四二（一九〇九）年までの一一年間だが、その最初の年に滝廉太郎《たきれんたろう》がこの学校の本科専修部から研究科に進んだ。滝はケーベルからピアノの教えを受け、明治三四（一九〇一）年、彼の紹介状を持ってドイツのライプチヒ王立音楽院に留学することになる。滝はその一年前の明治三三（一九〇〇）年、「メヌエット」と題するピアノ小曲を作曲しているが、これが日本人初の作曲となるピアノ曲だった。奇しくも同じ年、後述する日本初の国産ピアノ第一号が日本楽器によって製作された。

宣教師による洋楽移入

ここまで、音楽取調掛の取り組みが、日本における洋楽移入の歴史に大きな役割を果たした経緯を記してきたが、それとは別のいくつかの流れについて記しておこう。

まず、幕府の開国とともに賛美歌や聖歌など西洋の宗教音楽を持ち込んだカトリックやプロテスタントなど各派の宣教師らの存在である。

もう一つは、幕府が開国とともに門戸を開いて外国人の居住を認めた江戸と大坂の二大都市、および外国貿易の港となった長崎、神戸、横浜、箱館、新潟などに設けられた外国人居留地に住む外国人たちによって持ち込まれた西洋音楽の文化である。

これらの洋楽移入の流れは、そのまま日本へのピアノ移入の文化史と重なっている。

天文一八（一五四九）年七月、鹿児島に上陸したスペイン人のフランシスコ・ザビエルは鹿児島から長崎の平戸に入り、辛苦をなめながらも布教活動を行い、自筆の祈禱文と賛美歌集を残した。そうした事実からも、賛美歌がこれらの地で歌われていたと推測され、それが日本にもたらされた最初の洋楽とされている。この二八年後に日本に上陸したポルトガルの宣教師ジョアン・ロドリゲスは、『日本教会史』に、「フランシスコはインディアとマラッカからいくつかの品を持参したが、その中にはマニコルディオ一台と、歯車時計一個、葡萄酒とエスパーニャ製の織物その他があり（後略）」と記している。(9)

この聞き慣れない「マニコルディオ」が、ピアノの前身ともいわれる鍵盤楽器のクラヴィコードである。現在のピアノに見られる脚はなく、小ぶりのスクエア型で、テーブルの上に置いて弾く。マニコルディオの演奏を聴いた日本人は、琴と音色が似ていると思ったが、弦を直接弾くのではなく、鍵盤を押すと音が出るので、不思議に思ったに違いない。

安土桃山時代の一五八〇年代には、九州のキリシタン大名の大友宗麟《そうりん》らがローマに派遣した四人の天正少年遣欧使節団が、鍵盤楽器のチェンバロを持ち帰っている。ヨーロッパがバロック時代にさしかかろうとしていた頃である。

時代は下って嘉永六（一八五三）年、「黒船」を駆って浦賀に来航したペリー提督の圧力で幕府が開国した安政元（一八五四）年以後、日本には欧米各国からカトリック、ギリシャ正教、プロテスタントなどさまざまな教派の宣教師が上陸して布教活動を始めた。明治六（一八七三）年には、ルーミスやブラウンが、キリスト教のミサや礼拝において歌われる賛美歌や聖歌を日本語に訳しており、以後、洋楽としてのキリスト教音楽が、明治政府の欧化政策の追い風もあって急速に広まっていく。それと同時に、日本人は、教会に持ち込まれたオルガンやピアノに接することになる。(10)

山田耕筰とピアノの出会い

明治、大正時代における日本のピアノ文化史を明らかにしようとするとき、外国人居留地で洋楽器の販売や製造、さらには音楽会などの音楽活動を盛んに行っていた居留外国人、および彼らに影響を受けた日本の楽人たちにも注目する必要がある。

安政元（一八五四）年、鎖国政策をとっていた幕府がペリー提督に強要されて開国することになり、交易が始まった。このとき、早い者勝ちとばかりに日本に上陸して交易を結ぼうと、大勢の外国人が押しかけ、貿易商や商店を開業した。

明治政府は、神奈川（横浜）、長崎、箱館、新潟、兵庫（神戸）の五港と東京と大阪の二市に寄港を認め、外国人居留地を設けた。外国人居留地が設けられた目的は、鎖国時代に外国文化の流入口だった長崎の出島と似ている。日本人との不要なトラブルを避けるためだけでなく、彼らを一定地域に隔離しておく意図があったのだ。明治一〇（一八七七）年頃、在日外国人の数は外国人居留地を中心として三〇〇〇人に達していたといわれる。

幕末の頃の横浜を描いた錦絵や『横浜開港見聞誌』（五雲亭貞秀）の異人遊行音曲の図などを見ると、正装したフランス人、ロシア人、アメリカ人、イギリス人らが胸を張って列をなし、それぞれの国旗をおし立てて練り歩くブラスバンドらしき行列が描かれている。彼らはチューバ、トランペット、コルネット、ホルンなどを手にしているが、この楽隊を沿道の居留外国人や野次馬の日本人らが見物している。

東京の外国人居留地としては、築地《つきじ》があった。勝鬨橋《かちどきばし》から聖路加病院の付近にかけての一帯である。外国人のための教会と学校、それに病院といった文化的な施設が多くあったが、その周辺には昔からの庶民の町並みがあり、日本人が容易に居留地を覗《のぞ》くことができた。

そんな日本人の一人に山田耕筰《こうさく》（昭和五年に耕作から改名）がいた。のちに日本を代表する作曲家となり、ピアノも弾きこなした山田耕筰は、明治一九（一八八六）年六月、東京の本郷に生まれた。その後、横須賀に移り住み、小学校に通う頃には、一家で築地の六番館にあったヤングマン女史の屋敷内に引っ越してきた。浮き沈みの激しかった父親は晩年、回心してキリスト教の伝道者として生きることを決めたのである。耕筰は愛宕下《あたごした》にあるキリスト教の啓蒙小学校に通うことになった。

ヤングマン家はクリスチャン一家だっただけに、家の中ではいつも賛美歌が歌われ、ヴァイオリンやオルガンがあった。耕筰はその当時のことを、次のように振り返っている。

「居留地の三番館という、とても宏壮な屋敷があった。（中略）その屋敷から流れ出る音は賛美歌ではなく、数千の星を銀盤の上にころがしたような美しい音である。私の小さい胸はその妙音に驚き、臆病な私も、その音楽が聞え出すと、日が落ちていても家を走り出した。そして異人館の柵にもたれ、その音楽が消えてなくなるまで、茫然と聞き惚れていた。

ある晩、私は姉の一人に、あれもオルガンかと訊《たず》ねた。すると姉は、あれはピアノだと教えてくれた。そしていろいろな作曲家の話などもしてくれた。その晩のことはいまもよく憶えている。（中略）六つの頃の横須賀時代も忘れてはなるまい。海軍軍楽隊の行進を追い廻しては迷子になり、楽隊坊やなどと呼ばれて、隊員に家まで送ってもらったあの時分のことも。しかし私に、音楽者になりたいなあ、と思わしたのは、やはり三番館のピアノらしい(11)」

横浜外国人居留地の楽器商

築地の外国人居留地は商業的には発展しなかったが、それにひきかえ横浜は、西の神戸と並んで一大貿易港のある街として発展した。外国の商社や公使館などが建ち並んで、多くの外国人が移り住み、街は活気に満ちて賑《にぎ》わっていた。

当時の横浜の街は狭く、街の中央に小さな波止場があって、海から見て右手には、軒の低い日本人の家屋がひしめいており、左手がヨーロッパから来た外国人たちの居住地区で、青々とした芝生の広い庭を持つ洋式の家並みが続いていた。山手六十八番にあるヘフトのビール醸造所は、居留外国人や駐留する外国の軍隊を当て込んで建てられた。ここでは素人《しろうと》芝居もやるが、その売り物はなんといっても楽団だった。

すでに明治三（一八七〇）年にはイギリスのカラード・アンド・カラード社のピアノが備え付けられており、「アメリカ西海岸から流れてきたピアノ弾きと二人のバイオリン奏きがいた。歌手がバンジョーにあわせて歌い、人びとはダンスを踊り、ときに客が飛び入りで歌を歌った(12)」という。

やがて、ヘフトのビール醸造所はゲーテ座を開き、明治一八（一八八五）年には山手二百五十六番にある、三〇〇席ほどの観客を収容できる建物に移った。明治二四（一八九一）年、ここで「ハムレット」が上演されたが、このとき、坪内逍遥や北村透谷も顔を見せた。時代が下った大正時代には芥川龍之介も訪れた。

明治半ばになると、日本人の演劇青年や東京音楽学校の学生などもやってきて、羽目をはずして楽しんだりするようになった。ゲーテ座は芝居だけでなく、歌劇団の公演、ピアノやヴァイオリンの演奏会も催していたが、横浜に集まる学生たちの目的はもう一つあった。山下町六十一番にあるゲーテ座の前売り券を売るプレイガイドで、しかも楽器店のロビンソン・モートリー商会だった。

上海から進出してきたイギリス系のロビンソン・モートリー商会は、やはり同じ楽器販売をしていたドイツ人経営のカイル商会やドーリング商会に続いて横浜に進出してきたが、そこでは、おもに居留外国人相手に楽器を並べていた。ここに来ると、学校ではとても触れる機会のない舶来物の高級ピアノ、ドイツ製のスタインウェイやイギリスの王室御用達《ごようたし》のブロードウッド、ジョンプリンツ・ミード、カラード・アンド・カラードなどのピアノを弾くことができるのだった。

横浜の居留地には欧米各国の人間が住みついたが、ドイツ人はドイツの、アメリカ人はアメリカのピアノをそれぞれ持ち込んできた。

ピアノに関係した商売としては、明治四(一八七一)年頃から横浜で貿易商を営んでいたA・クラークが楽器の輸入販売を手がけたのが最初といわれている。また、慶応元(一八六五)年に来日したイギリス人の写真家W・A・クレンは、写真では商売が成り立たなかったのか、調律師に転じて、明治六(一八七三)年には山下町七十五番でピアノやオルガンの輸入販売、貸しピアノ、修理、調律などを引き受けるクレン商会を開業したが、相手はもっぱら居留外国人だった。

やがてクレンの店にドイツ人のカイルが加わり、明治一二(一八七九)年には同じ住所の横浜百四十九番に二人の名を見いだすことができる。その四年後、その住所にクレンの名はなく、ピアノの販売、調律から身を引き、カイルが店を引き継いだようで、カイル商会の広告が出されるようになる。

これと相前後して、明治一三(一八八〇)年にハンブルク出身のドイツ人ピアノ技術者、J・D・ドーリングがカイル商会に加わった。根っからのピアノ技術者であるドーリングは怒りっぽくて気性も激しかったようだが、それだけ自負も強く、明治一五(一八八二)年にはカイル商会を引き継いでドーリング商会と名を変えた。

カイル商会がピアノやオルガンの輸入および中古品販売、修理、調律だったのに対して、ピアノ技術者であるドーリングは広告に製造者であることを打ち出して両楽器の製作も手がけるようになり、商売を発展させていくことになる。とはいえ、明治一〇年代前半期まで、経営者がつぎつぎと変わっていく実状からして、この時代、ピアノを含めた洋楽器店の経営を成り立たせていくのは容易でなかったものと想像できる。

この頃、横浜の居留地に足を踏み入れ、クレンやカイルの店に弟子入りして、オルガンおよびピアノの修理や調律の技術を学ぼうとした日本人の和楽器職人、西川虎吉がいた。この時代になってようやく日本人によるピアノ製作、あるいはその前段階としてのオルガン製作に向けての胎動が始まることになる。

第二章　オルガン製造に群がる男たち

学校唱歌とオルガンの導入

明治一二（一八七九）年、音楽取調掛の御用掛となった伊沢修二は、時の文部卿・大木喬任《たかとう》に提出した「見込書」（建白書）の中で次のように提唱していた。

「学校唱歌に用いる所の楽器は本邦の箏《そう》（琴）、胡弓《こきゆう》、西洋のバイオリン、風琴（オルガン）、洋琴（ピアノ）と定むべし。下等もしくは中等小学唱歌には箏、胡弓等をもって足れりとすべし。もしバイオリンまたは風琴あれば最も善しとす」

つまり、唱歌の教育で使うのは、ヴァイオリンやピアノなどの洋楽器が望ましいが、箏や胡弓でもかまわないというのが伊沢の意見だった。

本音としては、洋楽器のみを推奨したかったが、洋楽器は高価で、一般の学校ではとても購入できないのが現実で、演奏できる教師もほんのひと握りしかいなかった。このため、一日も早く日本の学校教育に洋楽を取り入れたい伊沢は、唱歌の伴奏にはヴァイオリンの代わりに胡弓を、あるいは箏を西洋音階に直して演奏したりする和洋折衷で授業も良しと考えたのだろう。

明治一〇年代の終わり頃ともなると、全国津々浦々で学校の建設が進み、合計二万八〇〇〇校に達するほどの急ピッチだった。さらに、唱歌の授業の取り入れにもとづく音楽教育も盛んになりだして、まずはオルガンを備える学校がぽつぽつと増え始めていた。

ピアノよりオルガンが先に普及したが、その理由はもっぱら費用にあった。当時、発売されたばかりの国産オルガンの価格は四五円前後、それに対してピアノはほぼ二〇倍の約一〇〇〇円が最低で、家が数軒も建つほどの高嶺《たかね》の花だった。調律には二円(日本人調律師)から一〇円(外国人調律師)もかかった。西洋音楽に対する理解度が低く、予算も少ない当時の学校にとって、ピアノはまったく手が届かず、どちらかといえばオルガンのほうが購入しやすかったのだ。

ピアノとオルガンは同じ鍵盤楽器で外見こそ似てはいるが、原理や構造は異なる。標準的なタイプで比較すれば、鍵盤の数がピアノは八八であるが、オルガンはその約半分で、機構的にかなり単純でこぢんまりとしている。

ピアノは、鍵盤を指で押すと、小槌のようなハンマーが連動して弦を叩き、音を出す。内部には約二三〇本の弦が張られ、キーの運動をハンマーに伝達するアクション部分のメカニズムも複雑で、部品の数も多い。楽器としてもデリケートである。弦の伸び縮みやアクション、木製の響板などは湿気による伸縮などが生ずるために、音律の狂いも起こりやすく、高い費用のかかる調律も頻繁に行わなければならない。

オルガンは足でペダルを踏むことで空気袋から空気を吸い出して気圧を下げる。このとき鍵盤を押すと弁が開いてそこに空気が入り込み、その流れの力でリードと呼ばれる笛を震わせて音を出す。音を鳴らすリード部分は管楽器と同じ原理である。指で鍵盤を押して空気が流れているあいだは音が途切れることなく鳴り続ける。その点では、楽器演奏に不慣れな人にもとっつきやすい。また、音を出すリードの部分は真《しん》鍮《ちゅう》の薄い板でできているので、組み立て時に一度設定すれば、日本特有の湿気や使い込みによる音の狂いが少ないという利点もあった。

「みだりにオルガンの使用を禁ずる」

東京と大阪のほぼ中間に位置し、東海道の宿場町でもあった浜松に、浜松尋常小学校（通称・元城小学校）があった。この田舎町の学校には、はやばやと舶来のオルガンが備えられていたのだが、そこで起こったちょっとした出来事がきっかけとなって、浜松で国産のオルガンづくりが始まった[1]。それがピアノづくりへと発展し、やがて昭和四〇年代に入ると、世界一のオルガン生産量およびピアノ生産量を誇る楽器産業にまで成長するのである。

明治一九（一八八六）年の小学校令公布によって、それまであった二つの私塾が合併して元城町にできた浜松尋常小学校には、翌二〇年四月に唱歌科が置かれた。初代校長となった和田正弐は、早くから洋楽器に興味を持ち、職員会議では、「唱歌の授業にはなんとしてもオルガンが必要である」と力説してきた。とはいえ、オルガンは高価な代物だけに、校長の一存では決められない。学外の学部委員で地元の有力者である茶商・伊勢屋の樋口林治郎に相談して賛同を取り付け、購入することになった。

明治二〇（一八八七）年四月三〇日、横浜から届けられたオルガンは、アメリカのメーソン・アンド・ハムリン社のリードオルガン（ベビー型）で、購入代金は四五円だった（一説には、浜松出身の貿易商・野沢組の気賀範十がアメリカより持ち帰り、浜松小学校に寄付したともいわれている）。当時、学校の備品としてはとびきり高価だっただけに、保管、取り扱いに関してわざわざ会議が開かれた。校長は自ら進んでオルガンの管理責任者になり、全職員に言い渡した。

「職員といえども、校長の許可なくしては濫《みだ》りに使用を禁ずる」

一般になじみのない唱歌の授業を、毎月一六日の一日だけ参観日とした。ものめずらしさから父兄や周辺の住民がやってきて、唱歌を耳にし、聞き慣れないオルガンの音色に耳をすませて、西洋音楽なるものの香りを感じとっていた。

ところが二ヵ月半ほどしたある日、二、三の鍵盤の音が出なくなってしまった。地元に故障を直せる専門の修理技術者がいるはずもない。かといって横浜の輸入元から修理にきてもらうにはたいそうなお金と時間がかかる。誰か修理のできる人間はいないかと探すうち、樋口が一人の知り合いを推薦した。

「浜松病院の西洋の医療器械を修理した男なら直せるかもしれない」

板屋町の清水屋という木賃宿《きちんやど》をねぐらにしている流れ職人の山葉寅楠《やまはとらくす》がやってきた。(2)

流れ職人・山葉寅楠

山葉寅楠は、ペリーの黒船艦隊が来航する二年前の嘉永四（一八五一）年四月、紀州徳川藩の天文係、山葉孝之助の三男として生まれた。末期症状を露《あらわ》にして足元が大きく揺らぎだしていた徳川幕府の直系である御三家の紀州藩にあっただけに、山葉親子は激動の時代の大波に翻弄《ほんろう》されることになる。

幕府が軍勢を送り込んだ長州征伐では、紀州藩主の茂承《もちつぐ》が総督に命じられて出陣していた。その三年後に起こった鳥羽・伏見の戦いでは、津、会津などの旧幕府軍が薩摩、長州、土佐からなる討幕軍の三倍もの兵力を有しながら無様《ぶざま》な敗走となった。討幕軍が西洋から輸入した大砲や鉄砲の近代装備による火力で圧倒したからである。この惨状を目の当たりにした茂承は、幕府を見限って朝廷側につくしかないと心を定めた。

ところが、一〇代半ばで血の気の多い寅楠は、長州征伐の経緯からして、旧幕府側につくのが当然のことと信じて忠義立てし、その身を投じていた。寅楠にとっては藩意に背いたこの出陣が運命の分かれ目となった。その後の人生を大きく狂わされ、流転の身の上となるきっかけになったのである。

寅楠は小野派一刀流の達人で、藩内では一目置かれる存在だった。しかし、藩意に背き旧幕府側について戦ったことで、父は立場を失った。寅楠は勘当され、母方の里で預かりの身となって蟄居《ちっきょ》の日々を送ることとなる。この間、三味線や長唄をたしなんで気を紛らわせたが、これが、のちにオルガンやピアノを製作する際、大いに役立つことになる。

明治元（一八六八）年、寅楠は、母の実家を後にした。剣術の腕では群を抜く血気盛んな寅楠が、こうした不自由で退屈な生活に耐えられるはずもなかった。向かったのは一大商業地の大阪であった。徳川から明治維新の時代の大きな変わり目を、まさに士魂商才、和魂洋才そのもので突き進むことになったのである。

紀州藩の天文係であった寅楠の父・孝之助は、土木、測量などにも通じる万能の技師で、急迫する幕末、幕府の軍艦頭・榎本武揚《えのもとたけあき》から軍に加わるよう熱心に招請されたほどの人物だった。そんな父のもとで育った寅楠は、子どもの頃からおのずと西洋の科学技術に慣れ親しみ、身近にあった器械や器具をいじることにも興味を覚えていた。

寅楠が大阪に向かった年の五年後には、それまでの九つの時刻の数え方から、西洋と同じ一二時制に変わる。寅楠は、普及の兆しを見せていた懐中時計に目をつけた。意を定めてやってきた大阪で二年ほど、時計商の徒弟として奉公したが、修理ばかりで、目指す時計づくりの技術の習得にはほど遠かった。そのため、長崎の地に向かい、時計づくりを営むイギリス人の作業場にもぐり込んで、五年ほど製造技術を学ぶとともに、この地域に多かった貿易商を通じて商売のイロハを学んだ。

長崎での修業ののち、寅楠は、時計づくりの商売をするならやはり大阪と決めて舞い戻るが、資金がない。器械や器具の修理を請け負う「渡り職人」となって小銭を貯め、やっとの思いで大阪近郊の田舎町、大和高田の中心街に間口《まぐち》二《に》間《けん》ほどの小さな店を借りて、理化・医療器械師を兼ねる時計商を開業した。彼の母方の実家が民医であったことから、医療器械にも手を出すことになったのである。

ところが、店を構えればなにかと資金が必要となる。開業で貯金を使い果たした寅楠の懐はあまりに寂しかった。賭博でひと儲けして資金調達をしようと鉄火場に走ったが、ものの見事に当ては外れた。一年もたたずに、夜逃げ同然で大和高田を後にした。文無しになった寅楠は再び渡り職人に戻り、明治一九（一八八六）年には、大阪から東京に向かった。

帝都東京は、殖産興業の掛け声のもと、にわかづくりながらも急激な近代化によって発展を遂げつつあった。寅楠は西洋文明が日本を覆い尽くす時代となってきたことをまざまざと感じた。すでに新橋からは西洋文明の象徴のような陸蒸気《おかじょうき》(汽車)が力強く走っており、線路は西へ西へと延びていた。居留地の外国人によって持ち込まれた四輪の客馬車がそこかしこを頻繁に行き交い、新橋・日本橋間には、軌道上を馬車が走る「鉄道馬車」も出現していた。東京の中心地につぎつぎと建設されていた煉瓦や石造りの重厚な洋風建築は、夜ともなるとアーク灯火によってあかあかと照らし出された。

銀座の煉瓦街では、洋服姿の紳士淑女が行き交い、通りの両側にはパン屋やランプ屋、洋服屋、時計屋などが並んでいる。いずれも瀟洒《しょうしゃ》な店構えで、流れ職人には近寄りがたく、異国に足を踏み入れたかと錯覚するほどだった。寅楠は、技術を身につけているとはいえ、所詮はしがない流れ職人でしかなく、コネも資金もない。近代化していく東京にいても、自身の現実は如何《いかん》ともしがたく、都会の風は冷たかった。

彼は再び夢破れて、失意のうちに東京を後にし、東海道を西へと向かった。その道すがら、街道筋の浜松にある浜松病院に立ち寄ることになった。かつて奉公したことのある大阪の器械商から、医療器具の修理を頼まれていたからである。

院長の福島豊策は、偶然にも寅楠と相前後して長崎入りし、西洋医学を学んだ医師だった。そんな縁もあってお互いに話が合い、寅楠は浜松に足をとどめることになった。また、福島の知人だった茶商の樋口林治郎とも親交を結んで行き来するようになり、福島や樋口の紹介で医療器具以外の修理なども引き受けて食いつなぎ、一年ほどが過ぎていった。そんな矢先に、オルガンの修理を依頼されたのだった。

「そっくりに作ればオルガンは商売になる」

樋口に連れられて、小学校にやってきた山葉寅楠はオルガンの蓋《ふた》を開け、一部のパネルを取り外して内部を覗きながら、鳴る鍵盤と鳴らなくなった鍵盤を押して音が出る仕組みを確認すると、故障の原因をいともたやすく探りあてた。リード部分にゴミがたまり、それがもとでスプリング部が故障してキーが動かなくなっていたのだ。

このとき寅楠には直感的に一つのことが閃《ひらめ》いていた。

「この舶来物を図面に写し取って、同じものをそっくりに作れば商売になる」

中を覗いたことで、舶来物と呼ばれて珍重されているオルガンの構造や仕組みが意外と簡単であることを知った。しかも、この音の出る舶来の木箱が四五円もすると聞いて驚き、自分ならもっと安く作ることができると考えた。寅楠は、この評判のオルガンがいま全国で続々と建設されている学校に取り入れられていることも知って、自身の閃きに充分可能性があることを確信した。

彼はただちに行動に移した。オルガンの部品の寸法を図面に写し取らせてもらうために、唱歌科の教師の山田国太郎の自宅を、当時、めずらしかった牛肉を携えて訪ねた。

「あれくらいのオルガンなら、自分では三円くらいでできる自信がある、直すこともするが、造ってみたいから、やかましく言わないで、いましばらく私にまかしてもらいたい[3]」

夏休みに入るところだったので、特にオルガンを使う予定もない。写し取ることを黙認するとの了承を山田から得た寅楠は、医療器具の修理の際に協力を仰いでいた飾り職人・河合《かわい》喜三郎とともに再び学校に足を運んだ。喜三郎に協力を依頼したのは、寅楠が渡り職人ゆえに作業場も資金もなかったからである。二人はオルガンを慎重に分解して各部品の寸法と形状を詳細に写し取った。

オルガンの構造は、フレームやパネル、箱などの家具に似た木組み構造の部分と、スプリングやロッド（連接桿《れんせつかん》）などの金属部分の二つに大別される。それぞれの製作も、木工部分は家具などを作る大工や指物師《さしものし》がいれば充分できる。特殊な材料や形の金属部分は苦労しそうだが、それでも、寅楠が経験してきた精密で細かい時計や医療器具と比べれば、さほど難しいものではないことをあらためて確認した。

山葉とともにオルガンづくりに打ち込むことになった河合の家は小形屋といい、代々の飾り屋を営む旧家だった。

「風琴は、作れば売れるものだから作ってみたいが、どうも自分一人ではやれそうにない。ひとつ骨を折ってもらいたい」と寅楠が誘うと、河合は、「そういうめずらしいものなら、お仲間に入れてもらいましょう」と話に乗った。

すっかりその気になってしまっている、人のいい亭主の姿に、女房のまつは不安が募った。寅楠は三〇代半ばでまだ独り者で、流れ者として浜松に住みついてまだ一年ほどでしかない。時計や医療器械の修理を看板に掲げながらも、実際は、安い旅籠《はたご》暮らしの〝なんでも屋〟で、手伝い仕事をこなしていた。親類や知人から、「山葉さんは紀州の人だという噂だが、どんな素性の人かわからない。土地の人ならともかく世間から来た人だから気が許せない。仲間に入っておやりになるのはいいようなものの、お金を出すことはおやめなさい」と諭された。

周囲の心配をよそに、二人はこの年の秋から、河合宅の物置を仕事場にしてオルガンの製作を始めた。朝早くから仕事に没頭し、夜もろくに睡眠をとらずにオルガン製作に打ち込んだ。やがて、早馬の大工の竹本健次郎、掛塚の竹本伊三郎（吉）の二人の職人が雇われた。まつの懸念どおり、河合はつぎつぎと金を注ぎ込み、オルガン製作に入れ上げるようになってきた。

見よう見まねのオルガンづくり

山葉と河合が取り組んだオルガンづくりは、悪戦苦闘の連続だった。家具に近い笛函などの木工部分は大工仕事と似ていて、さほど難しくはなかったが、特殊な金属製の部品には苦労させられた。重要部品であるリード（笛）は、真鍮の板を適当な大きさに切断して、ノミで形を削り出していった。弁は、金属を溶かして合金にしてヤスリで磨き上げ、それらしきものを作った。鍵盤のセルロイドは容易に手に入らないので、代わりに裁縫に使う白い牛骨ヘラを摺《す》っていって形を作り上げた。空気袋のゴム布にいたっては、黒い目張り紙を代用にした。

苦心惨憺《さんたん》でなんとか作り上げた第一作を、二人は浜松尋常小学校に持参し、校長や唱歌科の教師の山田国太郎に舶来品と弾き比べてもらい、批評の言葉を待った。山田は、そのときのことを、「ハメ板を使って、すこぶる粗末なものであった。だいたいに舶来オルガンによく似て作られたが、音律が全然違っていた」と振り返っている。(4)

校長や山田の音楽知識はにわか仕込みにすぎず、舶来品と比べて音律が違っていることはわかっても、どこをどう直せばよいかについては、皆目見当がつかなかった。

この後、寅楠は、静岡師範学校へ、そして静岡県令（現在の県知事）・関口隆吉のところへ、自作のオルガンを持っていった。すると関口は大いに感心しながら言った。

「お前は偉い。良く出来ているが、浜松や静岡では売れぬから、東京へ手紙をつけてやる」

立派と誉めた関口だが、良し悪しは皆目わからず、「洋行帰りの東京音楽学校の伊沢修二校長先生に見せて、批評を乞えばいい」と、伊沢への紹介状を書いてくれた。

鉄道は当時、新橋から国府津《こうづ》（神奈川県）までしか開通しておらず、山葉と河合はオルガンを天秤棒で担いで出発し、東京までおよそ二五〇キロにも及ぶ東海道を箱根越えして、ひたすら東へと向かった。苦労して東京音楽学校にたどり着くと、伊沢は薄汚れた姿の寅楠らを快く迎えた。早速、オルガンに詳しい教師を呼んで審査し、懇切に批評してくれたが、結論は厳しいものだった。

「体はなせども、調律不備にして使用に耐えず」

外見はそれらしくできていても、楽器として肝心の音程がでたらめであっては、使いものにならないことを指摘された。そして、西洋楽器としてのオルガンは、平均律によって音程を整えて音階をつけることが基本であることを説かれ、リードの調律が重要であると教えられた。

三味線をたしなんでいた寅楠だけに、感覚的に理解できる部分もあったが、西洋音楽の基本的な考え方や調律に関しては、まったく見当がつかなかった。山葉は西洋音楽の基本と調律なるものを体得しなければ、目指すオルガンづくりは実現できないことを悟り、伊沢に頼み込んだ。

「調律法なるものを教えていただきたい」

彼らはここでオルガンづくりを断念するわけにはいかなかった。必死の頼みに、伊沢は音楽学校の聴講を許可した。寅楠だけが東京に残り、授業に通うことになった。三〇代後半の寅楠が粗末な着物をまとい、下谷《したや》の木賃宿から音楽学校に通って、若い学生らに交じって熱心に講義を聴く姿があった。金に困窮していて、懐具合はまったく余裕がないばかりか、浜松の作業場のほうも気がかりで山葉は焦っていた。一ヵ月ほど、オルガンを作るのに必要な最低限の音楽的知識と、調律法のなんたるかを学び、あとはなんとかなると思いを定めて、山葉は急いで浜松に戻った。

寅楠は、ただちに音に関する微妙な調整やリードの調律を行って音程を整え、完成品を作ると、再び伊沢のもとに運び込んだ。

今度は、伊沢は合格点をくれた。それと併せて、銀座で教材や楽器を手広く商う共益商社の社長・白井練一を紹介してくれた。伊沢と親交のある白井は文部省に深く食い込んでおり、関東一円とそれ以北の教育界に隠然たる力を持っていた。理数系の教科書、教材を中心とした出版・販売を主たる商売としながらも、近年、文部省が力を入れ始めた音楽関連の教材にも手を広げだしていた。それだけに、伊沢の紹介は時宜を得ていた。

この一年後、白井は共益商社と似た製品を扱い、おもに関西およびそれ以西にこれまた力を持つ三木佐助書店を[5]、オルガンの取扱店として紹介する。

ちなみに、共益商社と三木佐助書店は、のちに寅楠がピアノの生産を始めると、オルガンと同じく販売を引き受けることになり、伊沢もまた寅楠のピアノづくりを全面的にバックアップするのである。

山葉風琴製造所の旗揚げ

音楽教育と音楽政策の最高責任者である伊沢のお墨付きを得たうえに、有力な特約店までも紹介してもらって販路を確保した寅楠は、一挙に百万の味方を得た思いで、高ぶる気持ちを抑えきれないほどだった。

浜松地方には、江戸時代の頃からこれといった産業がなく、強いて挙げれば、家内工業的に営まれる織物くらいであった。そんな地元で、文部省の高官からお墨付きをもらった舶来物の楽器生産が始まろうとしている。しかも、販路はすでに確保できており、全国を相手にする商売で将来も有望らしい。そんな噂話が街中に伝わって、おのずと町の行政や教育関係者、知人らのあいだではこの事業を応援して育てようとする機運が高まった。静岡県庁や師範学校の口利きで注文がつぎつぎに舞い込む。こうなると、人も設備も増やす必要があり、小形屋の物置では手狭になった。寅楠は、河合や浜松病院の福島院長などの資金的支援を受けて、明治二二（一八八九）年三月、成子（菅原町）の虚無僧寺である普大寺の庫裡《くり》跡を借りて、「山葉風琴製造所」の看板を掲げた。

　舶来のオルガン製造というものめずらしさと、工場の急発展が地元の大きな話題となっていた。それまで、よそ者の渡り職人としてしか見られていなかった三七歳の寅楠にも、苦節二〇年にしてようやく運がめぐってきた。

　寅楠の事業に展望が開けてきた大きな要因は、なにより政府高官で音楽行政をつかさどる最高責任者の伊沢の推薦を得たことだった。だが、素性もわからぬ渡り職人の寅楠を、高級官僚の伊沢はなぜ破格の取り計らいをしたのか。それは伊沢の側にも、西洋音楽をできるだけ早く浸透させたいとする積年の思惑があったからだ。

　明治一三（一八八〇）年六月にメーソンがボストンのトムソン・アンド・オデル社に注文して、翌一四年二月に到着した楽器は、チッカリング社のスクエアピアノが一〇台、ヴァイオリン四、ヴィオラやダブルベースなど六、クラリネット二、フルート一の合計二三個であった。このときのピアノは一台が六六〇ドル、邦貨に換算して九五七円で、現在の価格にすると六百数十万円にもなっていた。ちなみに、スタインウェイのグランドピアノともなると一五〇〇円もした。洋楽器を買うには多大な金額が必要で、ただでさえ輸入超過で外貨不足に悩む明治政府にとっては頭の痛いことだった。

大蔵省の「貿易統計」によると、日本における洋楽器の輸入は明治二（一八六九）年から始まっている。この年の輸入総額が三〇七円で、以後、変動は大きいものの確実に増えて、山葉がオルガン第一号を作った明治二〇（一八八七）年には三万四八六二円にまで膨らんでいた。その中でも、教育用として需要が多いオルガンや高価なピアノの占める比率はきわめて大きかった。

いち早く西洋音楽を普及させようにも、その第一歩となる洋楽器が、欧米諸国と結んだ不平等条約の制約や船賃、商社の多額の手数料などを合わせると、現地価格の二倍から三倍にもなり、おいそれと購入ができない。これではとても洋楽の普及は進みそうにない。

伊沢は明治一二（一八七九）年に音楽取調御用掛になって以来、こうしたジレンマを抱き続けて、洋楽器を国産化しようとする気概のある事業家の出現を請い願っていた。このため伊沢は、明治一〇年代半ば、職人の才田伊三郎と大久保教道の両人にそれぞれオルガンの試作をさせたが実らず失望させられた経緯があった。そんな伊沢の思惑と寅楠の起業家精神がうまく結びついた結果が、山葉の創業だったともいえよう。

政府を挙げて西洋文化を取り入れて、一日も早く文明国の仲間入りを果たしたいとあせる明治のこの時代、オルガン、そして数年後にはピアノ製作にとりかかった山葉の狙いは的を外していなかった。

西洋から輸入された機械装置や工業製品、日用品の製造技術を明治以降の日本が習得していく際の順序は、浜松尋常小学校のオルガンの例とまったく同じだった。まず、輸入された舶来品が故障して、それをいかにして修理するかという逼迫《ひっぱく》したニーズからスタートする場合が少なくない。お雇い外国人や洋行帰りの技術者がいれば幸いだが、明治半ばのこの時期ではほとんど期待ができない。東京や大阪ならまだしも、浜松ではそうやすやすと輸入元の業者が直しにくるはずもない。ならば、山葉寅楠のような、機械いじりを得意とする、手先の器用な職人に頼むことになる。これら職人の中には、修理を通して技術を身につけたことで、見よう見まねで製造を始めようと思い立つ者も出てきた。あるいは、彼らを後押しする資産家や土地の有力者が資金を出して、事業を始めることになる。

明治のこの頃、現代でいえば、こうしたベンチャービジネスの可能性がごろごろ転がっていた。成功への道をたどるには、直観的に先を読んでビジネスチャンスを摑《つか》む閃き、ある程度の腕（技術）と才覚、そしてなにより、失敗の連続を乗り越えて実現させる粘り強さ、仕事に対するひたむきな姿勢が必要だった。寅楠はそのすべてを備えており、一年のうちで休みは一日たりともなかった。

さらに起業家として寅楠を見るとき、いくつかの特徴が見いだされる。

まず、学校や役所、政府や会社組織の中で誰がキーパースンであるかを見抜く確かな目を持っていたことが挙げられる。信用もコネもない渡り職人の山葉だが、政府高官の伊沢、さらには共益商社、三木佐助書店などの有力商社までも味方につけて支援をとりつけた。その処世術、ビジネス展開の巧みさがなにより目を引く。遺された彼の手帳には、有力者や取引先などへの付け届けのための宛て名がびっしりと記されていた。二〇年近く各地を渡り歩いて苦労を重ねることで、商売のコツや人の心理を巧みに摑み取る術を身につけていたのだろう。

さらには、もともとは武士階級の出身なので、コツコツ働いてモノづくりにばかりこだわりがちな職人気質《かたぎ》とは別種の資質を持っていた。モノづくりの狭い世界の仕事だけにとらわれず、つねに高所から世の中の動きや変化を見定め、広く日本全体の市場を念頭において、販売ルートを開拓していく才能を発揮したのである。

しかも、「品物を販売するに掛引きをせぬ。生産費を控除して代価を定め決して暴利を貪《むさぼ》らぬ(6)」とし、顧客の足元を見てふっかけたりするような商法はとらず、適正価格を定めての長期的な視点に立った近代的経営を基本姿勢とした。加えて、経営面では世襲制に陥らず、外に開かれた、地元有力者や販売を引き受ける商社などを出資者として迎え入れる形態をとり、いち早く合資会社、後には株式会社組織としていた。

そうした経営スタイルを志向する寅楠も、人材面については伝統的な考え方をとり、工場の主要ポストを身内で固めていたが、その大きな要因の一つは、職人の引き抜きであった。寅楠がやっと育て上げた職人らを地元の有力者らがつぎつぎと引き抜き、彼らを核にして同じ浜松にオルガン工場を立ち上げた。その数は五、六社にのぼり、競争相手として足元を脅かそうとしていた。よそ者の寅楠は「信用もなにもない人間だけに、「人を取られるのが一番怖かった」のである。

先を行く横浜の西川風琴製造所

山葉のオルガン製作より四年ほど前、すでに国産化を果たして、その後も継続して生産し、つぎつぎと販売して事業活動を展開している一人の職人が横浜にいた。西川虎吉である。彼の前半生については諸説があるが、嘉永二、三年の生まれといわれ、一九歳の頃、千葉県の君津から横浜の西川家の養子になった。三味線の製作にかけては、若くして名匠と謳われるほどの職人だったが、横浜という土地柄からか、洋楽器の将来性に着目して鞍替えし、イギリス人やドイツ人の楽器商会に弟子入りした。

先に記したように、明治一〇年代半ば、横浜の山下町に洋楽器を輸入販売するドーリング商会が開業していたが、この頃の日本では、つぎつぎとピアノが売れるわけもなく、もっぱら居留外国人などを相手にして貸しピアノや調律料で収益を上げ、外国人調律師もかかえていた。商人であると同時にピアノ技術者でもあったドーリングは、やがて日本人の職人を雇い入れて自らオルガンやピアノの製作に乗り出した。その中の一人であった西川虎吉は、楽器の輸入販売を営んでいたイギリス人のクレンやドイツ人のカイルの店に入って、すでにピアノやオルガンに関する修理や調律の技術を学んでおり、続いて、これら両楽器の製造技術をドーリングから学んだのだった。

虎吉は、明治一三（一八八〇）年頃に独立し、同じ横浜に「西川風琴製造所」を設立する。この時代の虎吉を語るに充分な資料を見いだすことはできないが、ドーリング商会においてできるだけ多くの製造技術を習得して独立を果たし、オルガンやピアノの国産化も実現しようと機会をうかがう精力的で職人気質の彼に対して、やっと商売が軌道に乗り始めたところのドーリングは、厳しくて怒りっぽい性格だけに、その狙いを察知したに違いない。自ら開拓してきた顧客や製造技術を持ち去られまいとするドーリングと虎吉のあいだで、どのようなやりとりや確執があったのか興味深いところである。

設立当初の虎吉は、オルガンおよびピアノの修理や調律で稼ぎながら、自分の手で製作する準備も進めていた。明治一七（一八八四）年の秋頃には、製作したオルガンが売り物として完成域に達し、量産販売を始めることになった。山葉が第一号のオルガンを製作する四年前のことである。

山葉がオルガン製作に成功した明治二〇（一八八七）年、西川製造所は、販売が順調に伸びてきたため、増産体制をとろうと、同じ横浜の日之出町に敷地一八〇〇平方メートルを確保して、本格的な工場を建設した。このような状況の中で、山葉は、かなり先を行く西川を強く意識しつつ急激に追い上げようと、一気に拡大路線をとろうとした。

これ以後、明治さらに大正の時代にわたって両者は互いをライバルとして強く意識しつつ、激烈な競争と宣伝合戦を繰り広げることになる。

西川は当初、銀座にある出版社、博聞本社および全国主要都市にあるその分社を通してオルガンを販売しており、共益商社や三木佐助書店には卸していなかった。その意味で、将来を期待できるオルガン製作に着手した山葉が売り込みにきたことは、この両楽器店にとって渡りに船だった。この後、西川は販売元を博聞本社から、同じ銀座にある楽器店の十字屋に移すことになる。十字屋は、店の名が示すとおり、経営者がキリスト教の伝道に力を入れていた。その意味では、山葉がおもに学校や官庁関係を有力な基盤としていたのに対して、西川はキリスト教会関係に強みを発揮していた。

両者が得意とするそれぞれの市場潜在需要や将来性を比較すると、学校関係が大きく、その点では山葉に分《ぶ》があると見られた。また、伊沢ら文部省の要人にも深く食い込んでおり、教材の販売で東西を二分する共益商社と三木佐助書店に売り込んだ山葉の事業に対する読みの的確さも際立っていた。

ただ、技術や情報が集まり、顧客も集中している東京との距離で見れば、首都から遠く離れた浜松に工場を構える山葉より、横浜に工場がある西川のほうが有利だった。立地条件を生かして、経験や知識の豊富な外国人のアドバイスや指導を受けられるし、最新情報や先端技術、材料、部品なども入手しやすい利点があった。

西川の新工場建設から一年半近くを経た明治二二（一八八九）年三月、山葉は虚無僧工場から、開通したばかりの浜松駅前の八幡地に移り、資本金三万円の合資会社に改組した。この際、それまでに引き続き福島豊策、樋口林治郎から援助を受けるとともに、浜松財界の大御所である中村藤吉などの支援もとりつけて、発起人に加わってもらった。こうなると、関西と関東のほぼ中間に位置する浜松は、輸送の面からして西川より有利になった。折しも、その前月、浜松には町制がしかれたが、人口はわずか一万九〇五一人、世帯数は三五六一戸で、事業会社と名が付くのは二社しかなかった。

翌明治二三（一八九〇）年一月には、共益商社と三木佐助書店のバックアップもとりつけて、資本金を五万円に増資するとともに、三度目の工場移転で板屋町法雲寺の東に新設した。この増資は新たな事業展開の布石でもあった。西川がすでにピアノの製作を進めているとの情報を入手した寅楠が、負けじとばかりにピアノ製作に乗り出そうとしたのだった。

一子相伝の秘術

明治二七（一八九四）年一月に発刊された、音楽専門の全国誌である「音楽雑誌」の裏表紙にびっしりと書かれた奇妙な広告が掲載された。西川による、なんとも奇妙な「松本新吉解雇広告」である。現代文にすると次のような内容だった。

「松本新吉は当社の名と調律師の信任状を持つと言って、私どもの客のところに押し掛けると聞きましたが、新吉は昨年雇った者で、西川虎吉が病気の昨年、夏しかたなく代理をさせましたが、技術不完全でクレームを言われました。その後は、私西川付添後見で調律などをさせておりましたが、種々不都合があり解雇した者で、信任状もない未熟者なので、彼が、わが社の名を騙《かた》り、そのため大切な楽器を毀《こわ》されると、当社の名にも関わることなので、ここに謹告させていただきます[7]」

西川と松本は同郷で隣同士の義理の叔父と甥、師匠と弟子の関係であったが、それでも、こうした身内と会社の恥あるいは人材不足をあえてさらすような広告を出さざるを得なかった事情があった。

この事情について、松本新吉の末裔にあたる調律師の松本雄二郎は次のように推察している。

「祖父新吉は義理の叔父虎吉の調律を盗聴したらしい。防音室などなかった時代である。調律はピアノ一台に一時間余り、オルガンはリード（笛）の数と配列で小型で三十分、大型なら二時間はかかる。今日のような騒音のなかった時代の夜中である。二階で調律する音が階段下で耳を澄ます者の耳に充分に聞こえないはずはない。楽器は豊富な音量美しい音色が至上目的だし、名器ほど遠音《とおね》がする。離れても明瞭に聞こえる。それに楽器のケースを外して調律するから聞かれたくないというほうにも無理がある。調律ができなければ永久にピアノ製造技術者になれない。画竜点睛《がりょうてんせい》を欠くことになる。肝心の目玉がない、これを身に付け手に入れるために徒弟見習の難行苦行である(8)」

オルガンやピアノ、なかでも後者の調律や製造に関する微妙なノウハウは一子相伝の秘術であって、たとえ姻戚関係にある弟子であろうとも、そう簡単には伝授しなかった。弟子の側もそれは百も承知であるが、優秀であるほど、いつか師匠から独立して自分の店あるいは工場を構えて一国一城の主《あるじ》になりたいとの思いをつねに抱いている。それがあるから、過酷な修業と安い賃金にも耐えられるのだ。〝習うより盗め〟と言われたこの時代である。独立のためにはなんとしても身につけなければならない調律の技術を盗聴しようと、虎視眈々《こしたんたん》と機会を狙っていたのは当然のことである。職人的な熟練技術が重要視されるモノづくりの世界に身を置く経営者に共通する、頭の痛い問題だった。

松本は西川から破門されたあと、苦労を重ねながらも独立し、当初は楽器の修理をするなどして生活を支えた。やがてはアメリカまで渡ってピアノづくりを学んで帰国し、松本楽器を創立してピアノの生産を始める。こうした腕と才覚、並外れた事業意欲の持ち主だけに、西川の下で六年程度しか修業していないとはいえ、その間すでに工場の中で頭角を現していたに違いない。

内国勧業博覧会への出品

山葉の職人や職工を引き抜いて立ち上げた浜松近郊のオルガンづくりの会社も、数年するとつぎつぎとつぶれていった。明治二三（一八九〇）年四月、東京の上野公園で第三回内国勧業博覧会が開かれた。われこそはと競って自慢の製品を出品した人数は八万九四六八人、出品数は一八万七九四六点もあって、この頃の発明熱や「殖産興業」の意欲の高まりを物語っていた。賞は上から「名誉賞」「妙技賞」「有功賞」「協賛賞」「褒賞」の五段階があり、さらに各賞に等級があるので上から下まで一四等級となっていた。

明治政府は「殖産興業」の旗を掲げて、大々的な博覧会を催して大いに事業意欲をあおっていた。この博覧会は、まさに西川と山葉の一騎打ちとなった。なにしろ、オルガンおよびピアノの出品者は合わせて七名だが、そのうち両方を出品したのは西川と山葉だけで、あとはオルガンのみだった。ちなみに、オルガンがこうした博覧会にはじめて出品されたのは三年前の工芸品共進会だった。

初出品した山葉のオルガンは有功二等賞を受賞し、出品者の中で最高の賞だった。西川のオルガンは後塵を拝して有功三等賞だったが、ピアノは有功二等賞を獲得した。一方、山葉が出品したピアノは有功三等賞だった。西川、山葉の両者ともに有功一等賞をとることができなかったのは、両楽器ともに、まだ舶来品の模倣から脱しきれていないと判断されたからだ。

山葉のピアノの内実はどうだったかといえば、まったく中身がともなっていなかった。「西川がピアノを出すなら、こちらも」といった具合に、急遽、上海に本社がある英国系の貿易商モートリー商会の神戸支店からピアノ内部一式の部品を輸入し、木工による外部の箱の部分は自社で作り、それを組み立てて、山葉のピアノとして出品したのだった。楽器としての技術はまったく未熟で話にならないぶんだけ、鳳凰の沈金彫りの細工を施すなどして外観を豪華にし、それらしく見せようという苦心の跡が見られた。

一方、経験からして先行する西川のピアノだが、こちらも主要部品の多くが外国からの輸入であった。このため、このとき出品された二台のピアノは、いずれも国産第一号とはみなされていない。

オルガンよりも精密で、数多くの部品、それに各種の設備を要するピアノ製作は、材料や工作機械も重要だが、高い技術と経験を持つ製作者が日本にいないのが最大の問題だった。一般に、ピアノづくりにおいて、ある程度は任せられる職人になるには、最低でも六、七年の修業が必要である。山葉の工場は創業からまだ日が浅く、西川にしても、自身を除けば雇った職人は似たような腕だった。急成長がめざましい業界だけに、人材養成が追いつかないというのが、西川と山葉に共通する悩みだった。かといって、時の明治政府のように破格の給料を払ってまで外国人技術者を雇おうとはしなかったし、事業規模からしてとてもそんな余裕があるはずもなかった。

ちなみに、この第三回内国勧業博覧会の二年後、山葉はモートリー商会を通じて、東南アジア向けにオルガン七八台を送り出したが、これは記念すべきわが国初の楽器の輸出であった。

山葉と西川の宣伝合戦

寅楠のピアノは惨憺たる結果に終わったが、オルガンづくりの経験が西川の数分の一の年数しかない山葉が有功二等賞を獲得したのは、その間の努力の跡が大いにうかがえた。抜け目のない山葉は、ただちにこの賞を宣伝の道具として最大限に利用して競争者を蹴落とし、販売促進につなげた。

有功二等賞というお上《かみ》のお墨付きは、信用を重んじる学校からの注文を増やし、浜松のほかのオルガンメーカーは太刀打ちできなくなって、つぎつぎとつぶれていくことになる。

博覧会が終わってまもなく創刊された「音楽雑誌」一号には、山葉と三木佐助書店、共益商社の三者の名を連ねた受賞をアピールする一ページ全面の広告を載せている。賞のメダルマークを大きくあしらって「皇国多数の風琴出品中第一等の賞を得たり」と謳い、さらには「創業日なお浅きも鋭意製作を盛大にし販路を拡張せり」と、まだ新興企業ながらその意気込みと事業の躍進ぶりを強調している。「一等賞」は厳密には虚偽広告であったが、出品者の中では一番だったのは事実なので、寅楠は「こう書いておけばいいだろう」と言いながら、西川を強く意識した宣伝文句を書き連ねていた。

これ以降、両社の宣伝合戦はさらにエスカレートし、やがてこれに松本ピアノも加わることになる。先の「音楽雑誌」だけでなく、「音楽界」「音楽」「月刊楽譜」などの誌上で、「わが社のオルガン、ピアノこそ日本一」との勇ましい広告が、手を替え品を替え、継続的に掲載されることになる。

ところで、寅楠は、ことあるごとに広告で「外人を雇わず」とか「外人の指揮教授を受けず」あるいは「楽器の輸入を防ぐ」といった文句を使っている。これは、外国人の指導を受けてきた西川の向こうを張って、自らの気概を示し、買い手の愛国精神に訴えていることもあったが、それとは別に、急激に変わりつつあった時代の風潮も念頭に置いていた。

明治の前半までは、鹿鳴館で連日にわたって繰り広げられた洋装の紳士淑女の仮装舞踏会のように、欧化主義が幅を利かして、「洋」が「和」に優るとの価値観一色に染め尽くされていた。

ところが、明治半ばともなると、幕末に欧米列強から強制されて結んだ不平等条約による不利益がいたるところに現れて、国民の反発を買っていた。そのエネルギーは政府が進める欧化政策に対する国民的な批判となって顕在化し、排外主義が醸成されることになった。

こうした時代背景の中で反動が起こり、民権論や国権論を掲げる勢力が気勢を上げ、国家意識がにわかに台頭し始めて、ことさら愛国精神が強調されるようになっていた。

しかし、国を興すためには、不当につり上げられた高い金額の資本財などを含めた外国製品を大量に輸入せねばならず、外貨は湯水のように流出して、この面でも、国民のあいだには欧米先進国に対する反感が高まっていた。

国産ピアノへの要請の高まり

創業以来、日の出の勢いで突っ走ってきた山葉風琴製造所も、明治二三（一八九〇）

年に日本を襲った最初の資本主義恐慌が逆風となり、早くも逆境に立って守りの経営を余儀なくされた。それだけではない。翌年になると、有力な出資者の一人が大阪でオルガンの製造を始めたが、品質や信用でも山葉の製品にはとても太刀打ちできないために、山葉風琴製造所の解散を画策して、人材や販路を手中に収めようとした。寅楠は全力を挙げて立ち向かったが、社員総会が開かれ、あえなく解散が決議されてしまった。

寅楠は河合とともに工場を担保にして高利貸から金を借りるなどして出資金を返済し、この年の春、寅楠は合資会社をいったん解散した。人も減らして信頼のできる職工や職人だけを残して、すっきりさせた形の個人経営で一から出直すことを決め、名称を「山葉楽器製造所」と改めた。

以後、明治三〇(一八九七)年一〇月に「日本楽器製造株式会社」と改組するまでの六年半、山葉の個人経営の時代が続くことになる。売り上げのほとんどは量産するオルガンが占め、一年平均で五〇〇~七〇〇台を製造していた。だが、その一方で、共益商社や三木佐助書店からは、需要が増え始めていたピアノの製作を盛んに要請されていた。なにしろピアノ一台はオルガン二〇台に相当するほど単価が高く、付加価値が高い商品だけに利益率も高くなる。ところが、この頃の国内メーカー、西川、松本、山葉が扱うピアノといえば、外箱を除くほとんどの部品を外国から輸入して、ただ組み立てているだけで、それも年に十数台程度だった。

明治二五（一八九二）年頃、寅楠は関西に行った際、中古のスクエアピアノを一台、六〇円で買ってきたことがあった。それからしばらくすると、またピアノを買ってきた。一〇〇円もする古いコンサート・グランドだった。それから一年ほどすると、寅楠はまたもピアノを一台買ってきた。今度は最新式ドイツ製のアップライトで豪華な装飾が施してあり、先の二台に比べて実に立派だった。

寅楠の頭の中には、博覧会で有功三等賞に甘んじ、西川に大きく後れをとっていたピアノ製作のことがつねにあったに違いない。

この頃、山葉では、自分たちが作ったピアノをもっぱら「洋琴」と呼んでいた。また、外見こそ豪華だが、楽器としては満足な出来ではなかったので、製造所内では「ピアノ」とは呼ばず、冗談半分に「ピア、ピア」と呼んでいた。ピアノまでは至らない、「ピア」止まりというわけである。山葉が本格的なピアノ製造をなしとげるまでには、しばらくの時を待たねばならなかった。

第三章　国産ピアノ第一号誕生

ピアノの構造と機能

日本初の国産ピアノが、山葉寅楠によって生み出されるその経緯を記す前に、ピアノという楽器について、西欧での歴史も含めて概観しておこう。

まず、ピアノには、どういった種類があるのか。

チェンバロ（ハープシコード）やクラヴィコードから発展して作られたといわれるピアノが、現在の形へと完成されるまでの過程には、過渡的な形式のものがいろいろと出現したが、一九世紀後半ともなると、構造も機構もほとんど固まっていた。

ピアノを形態によって大別すると、グランド（平型）とアップライト（竪型）の二種類である。それぞれ、サイズによってさらに呼び方が分かれるが、グランドピアノでは、大きなものからいうと、フルコンサート、続いてセミコンサート、ベビーグランドとなる。アップライトピアノは大きいほうからフルサイズ・アップライト、スタジオ・アップライト、コンソール、スピネットと続く。このうち、コンソールとスピネットは、高さが八〇数センチから一〇〇センチくらいしかないが、これらは置き場所をとらず、しかも安く作れるので、不況の中で需要が激減した一九三〇年代以降、販売の促進を狙って増産され、大いに普及したのだった。

アップライトそのものが、場所をとらないための工夫として生まれたものだが、グランドピアノと比べると、音質がやや劣る。その理由は、グランドピアノのハンマーが水平で、弦を叩いてはね返る際に、自身の重力の力を借りているからで、動きも合理的で自然である。さらにアクションの機構からして、レペティション（同じ音をスピーディーに繰り返し弾く連続弾奏）効果が優れている。また、響板を覆《おお》うトップボードを開くことができるため、アップライトと比較にならないほど大きな音が出て広がりもあり、音質もよい。それに比べて、アップライトはハンマーを含めたアクションの動きに無理があり、しかも響板のある背面が壁に向かって置かれることが多いため、音がこもって広がりが制限される。

次に、ピアノの主な構造と機能を簡単に説明しておこう。

もっとも大きな部品となるのは外側のケースである。昔はムクの一枚板で作ったが、現在のものはベニアードストックと呼ばれる、柔らかい木を芯に使い、まわりに見栄えのするオークやメープル、ウォールナットなどの硬木の化粧板をかぶせたものである。ピアノの味わい深い美的外観を出すため、外面の塗装には神経を使い、工芸品としても重要な要素となる。

次に、ピアノのケースの内部は、複雑で微妙に入り組んでいるため、簡単に説明することは難しいが、グランドピアノの場合、構造と強度を受け持つ部分、音に直接関わる（音を出す）部分、動きを伝える機構部分の三つに分けることができよう。

まず構造部分としては、ピアノケースの底面に放射状あるいは平行に太い木製の支柱（バックポスト）が数本通っていて全体の強度を保つための骨組み（ウッドフレーム）を構成している。ウッドフレームとともに全体の強度を引き受けている鉄フレーム（メタルプレート）があるが、ピアノケースのトップボードを開けると目に入る無数の弦の下にあって、頑丈な鋳鉄（鋳物）で作られている。丈夫な支柱と鋳鉄で作られた板状のフレームが側板と一体となって、約二三〇本もある弦の大きな張力（約二〇トン）をしっかりと支える役割をしている。

音に関わる部分について説明すると、まずはピアノの生命といわれる響板または音響板（サウンドボード）と呼ばれる薄板がある。響板は幅約五センチ、厚さ約一センチ弱の薄板をはぎ合わせてピアノの全面に近い大きさで作られる。響板の背面には一定間隔で響棒が取り付けられて、強度を確保している。

響板は音を響かせる木の板であり、音質や音量にも微妙に関係してピアノに命を吹き込むものであるだけに、そのメーカーならではの音を生み出すうえで、もっとも重要な部分といえよう。

このため、響板の設計は長年にわたる経験と技術の蓄積が込められていて、決して明かすことのない極秘事項である。きわめてデリケートで、精密に作られているため、分解して科学的な解析をしたところでその秘密のノウハウを知り尽くすことはできない。

というのも、響板は木目や厚さ、材質、組み合わせ方法、接着剤、乾燥具合などによって音が微妙に違ってくるからである。響板に使う木板は、一定の規則正しい木目（木理）で、しかも軽くて弾力性に富んでいることが条件である。となると、自然の産物である木材に、まったく同じものはあり得ないから、そこで一台ごとに、わずかに形状や厚さ、反りを変えるなどのさまざまな工夫が必要となってくる。そこがまたメーカー独自のノウハウとなる。

次に、音を出す部品としてミュージックワイヤー（ピアノストリング）と呼ばれるスチール線の弦がある。標準的な八八鍵のピアノには、合計約二三〇本の弦が張られている。中音部から高音部にかけては裸線である。弦は高音部が細く短く、低音部にいくにしたがって太く長くなる。低音部は、弦の質量を増やすため、芯線のミュージックワイヤーに銅線を巻いたもの（巻線）を用いる。

弦の張力はほぼ平均していて、バランスがとれていることがきわめて重要である。

そうでないと、音色や構造的にも問題となるからだが、なにしろ、これらの張力の合計は二〇トン近くにもなるため、調整はなかなか難しいのが実状だ。

次に、弦を叩くハンマーヘッドがある。どのピアノでも木槌《きづち》のような似た形に見えるが、形や大きさ、重さなどが微妙に異なっている。弦と接する部分はフェルトが使われているが、この品質も重要になる。

残るは動きを伝える部分で、大物としては鍵盤とアクション機構である。演奏者の指で叩いたキーの運動をハンマーに伝達する機構をアクションと呼び、きわめて複雑に部品が組み合わされている。

一個のキーに使われるアクション部品の数はおよそ六〇個で、これが八八鍵あるから、合計およそ五三〇〇個にもなる。構成部品には木、金属、布、革およびフェルトなどの材質が使われ、構造的にも華奢《きやしや》であって、相互に組み付けた関節箇所がいくつもあるため、使っているうちに狂いや摩滅が生じやすい。わずかな狂いが音を変化させるので、弦のバランスのとれた張り具合と合わせて、調整がきわめて精巧でなければならず、組み立て作業者や調律師が悪戦苦闘するところである。

最後に、演奏者が叩く白黒の鍵盤があり、標準タイプが合計八八個である。それぞれ、ナチュラルと呼ばれる白鍵が五二個、シャープと呼ばれる黒鍵が三六個である。

西洋のピアノ職人たちの歴史

山葉寅楠がピアノづくりを目指した明治半ば、世界におけるピアノ生産の中心地は、それまでのフランス、イギリスから、新興国のドイツおよびアメリカへと移っていた。いずれもそれぞれの時代における産業技術の先進国である。

ここで、ピアノの発展の歴史と、世界を代表するメーカーの変遷を簡単に紹介しておこう。

今日のピアノのほぼ原型となる楽器が製作されたのは、後期バロック時代にあたる一六九八年である。ピアノを最初に考案したのは、イタリアのフィレンツェでメディチ家に仕えていたハープシコード製作者のバルトロメオ・クリストフォリといわれている。一〇年間にわたる試行錯誤を経て生み出されたこのピアノは、さらに改良されていくことになる。

ピアノは、クラヴィコードと比べて、打弦機構の違いから音が大きく、しかも強弱がつけやすく、表現の幅が多彩となるため、演奏家や作曲者の人気を獲得してやがて主役に躍り出る。フォルテ（強音）からピアノ（弱音）まで音量の調節が可能なことから、それまで代表的な鍵盤楽器だったチェンバロやクラヴィコードとの違いを表す意味で「クラヴィチェンバロ・コル・ピアノ・エ・フォルテ」と呼ばれたが、今日では省略されてピアノと呼ばれるようになった。

ただし、ハンマー式のピアノがクリストフォリの手によって製作されてから普及するまでには七、八〇年を要している。ハイドン、モーツァルトの時代の一八世紀末頃までは、チェンバロやクラヴィコードが盛んに愛用され、子ども時代のモーツァルトも、もっぱらチェンバロやクラヴィコードを演奏してヨーロッパを回ったが、成人した頃にはピアノも用いることになる。

一七三〇年代には、ドレスデンのオルガン製作者、ゴットフリート・ジルバーマンがクリストフォリの試みを知り、ピアノ製作を開始した。

一七四七年五月七日、晩年のJ・S・バッハが、フリードリヒ二世の宮廷でこのピアノを即興演奏する機会があった。もっぱらオルガンやチェンバロを愛好していた老バッハだったが、このときはじめてジルバーマン作のピアノを試奏した。

その後、ジルバーマンの弟子たちは、プロイセンとオーストリアの七年戦争（一七五六―六三）の難を逃れてイギリスへと移住。この弟子の中でリーダー的な存在だったヨハネス・ツンペがクリストフォリの打弦機構をさらに発展させ、ペダル機構も取り入れるなど、数々の新しい考案と改良を行って、突き上げ式と呼ばれる「イギリス・アクション」の打弦機構を生み出した。一七六二年、これを組み込んだ近代的な小型のスクエアピアノ（テーブル型）を製作して今日の基礎を形成することになる。

もう一つの大きな流れを作ったのは、はね上げ方式の「ウィーン・アクション」である。華麗で流れるようなモーツァルトの曲などに最適なウィーン・アクションと比べて、イギリス・アクションは機構が複雑で重いハンマーを使っているから、大劇場でも大きな音を響かせることができ、重厚な和音も出せる。だが、それだけに鍵盤のタッチが重くて深いために、演奏家からは嫌われる傾向があった。その後、イギリス・アクションはタッチの重さが改良されていく。

ピアノの発展史を振り返ると、ジルバーマンの例に見られるように、その間に起こった戦争や革命のたびに、ピアノ製造者は難を逃れてイギリスとヨーロッパ大陸を移動し、さらには新大陸のアメリカに移住している。その結果として、互いに影響を受け、相互の技術が刺激し合い、また融合して、より素晴らしいピアノを生み出すことになる。

一七七〇年代後半にヨーロッパを代表するピアノを作り上げて、一つの時代を築いたフランスのピアノ製造家セバスティアン・エラールもまたその典型だった。フランス革命のあおりを受けて、産業革命期のイギリスに移住し、両国のピアノの長所を取り入れて素晴らしいピアノを生み出している。

ところで、ちょうどピアノの技術革新期に生きたベートーヴェンはひとたびピアノに親しむようになると、その魅力に取り憑かれて、その音域の広さから、これまでにない表現の多彩なピアノソナタやダイナミックなピアノ協奏曲を作曲することになる。

ベートーヴェンはどん欲で、つねにその進歩に注目して、メーカーから送られてくる最新作を試弾していたが、決して満足することなく、そのつど不満をぶつけて改良を求めていた。ピアノメーカーに対してたえず改良を促し、つぎつぎとモデルチェンジを推進させる役割を果たしていた。ことに音域の広さを問題として、当時のピアノが持つ五オクターヴを超える曲を作曲したりして、より高い次元の改良をメーカーに要求した。

こうしてピアノはより洗練されていき、一九世紀のピアノ音楽の隆盛を支えたシューマン、ショパン、リストなどのピアノ曲を生み出す下地を用意することになる。

ピアノ産業は、木工や鋳鉄などさまざまな技術を必要とするだけに、その国の産業技術の発展の勢いと連動する。作り手はたえず新しい技術を取り入れる必要があるが、産業革命が一段落しつつあったイギリスのピアノ製作者たちは伝統的な作り方に固執して停滞した。代わって、新興国として活気に溢《あふ》れていたドイツでピアノが花開いたのも当然だったといえよう。さらには、一九世紀後半ともなると、建国から日は浅いが、活力溢れる新大陸アメリカへと移っていくのである。

アメリカへ渡ったスタインウェイ一家

一八五〇年代に入ると、ピアノは激変の時代を迎える。ドイツからアメリカに移住したシュタインヴェーク（英語名スタインウェイ）、ベルリンのベヒシュタイン、ライプチヒのブリュートナーが頭角を現してきたからである。なかでもスタインウェイはピアノに革命をもたらし、一五〇年後の現代のピアノが有するすべての要素を、この時期に形づくっていた。

一八五〇年、スタインウェイ一家は、三月革命による政治動乱に嫌気がさして、ドイツからアメリカのニューヨークに移住する。一八二九年にドイツのゼーセンで生まれたチャールズは、創設者であってオルガン製作者の父親ハインリヒ・エンゲルハート・シュタインヴェークの下で働いて修業を積んでいた。ハインリヒは一八三五年にはじめてピアノ製造を開始し、以後、スクエアピアノ、グランドピアノを手がけてきており、チャールズもその製作に加わっていた。ニューヨークに移住した一家はピアノ工場を建てる資金は持っていたが、最初の三年間はこの地域でもっとも優れたピアノ製造会社で働き、アメリカの習慣を身につけることにした。一八五三年三月、彼らはスタインウェイ&サンズ社を設立し、イギリス・アクションのエラールをモデルとしたスクエアピアノの製作をスタートさせる。

さまざまな改良と新しいアイディアを加えて完成させたスタインウェイのスクエアピアノは、頑丈な金属の鋳物フレームを使っており、また、太くした低音弦を横長に張って、その上に高音弦をまっすぐに張るという交叉弦の方式を採用していた。この金属フレームは一八二五年に、アメリカのアルフェウス・バブコックによって考案され、それをやはり同じアメリカのジョナス・チッカリングが発展させて一般化した。

ただし、堅牢な鋳物で作られた一体型の金属フレームは、それまでの木製フレームと違って弦の響きを悪くする欠点があった。このための対策として、低音弦を太く長くし、しかも弦の張力（テンション）を高めることで克服した。この結果、強くなったテンションに耐えられる方策として、金属フレームが採用されたのだった。なにしろ、それまでの木製フレームでは、二百数十本ある弦の張力の限度が合計で四、五トンでしかなかったが、金属フレームでは一二、三トンにまでも高めることができたし、湿気にも強い。ちなみに現在のピアノは二〇トン近くにまで高くなっている。これにより音量が飛躍的に大きくなり、しかも音色が豊かになって、高い評価を得ることとなった。

このスクエアピアノはこれまでのピアノの概念を変える画期的なものであったため、爆発的な人気を得て、アメリカで生産されるピアノの九割を占めるまでになる。グランドピアノと違って場所をとらない比較的安価なアップライトピアノは、アメリカで急速に増えつつあった中産階層に受け入れられ、普及していった。

このように順調なスタートを切ったスタインウェイのピアノ事業だが、チャールズはこれまでの既成概念にとらわれず、交叉弦や連打の可能なハンマーの採用をはじめとする新しい考案をつぎつぎと生み出し、改良を重ねていく。その結果、一八五七年から一八八七年までの三〇年間にスタインウェイは五五もの特許を取得して、独自の洗練されたピアノを生み出し、世界最高の名器と折り紙をつけられ、その評価を不動のものとしていく。

スタインウェイの成功を検証してみると、次のような見方が可能となる。欧米を問わず、それまでのピアノ製造家が伝統的な職人気質の持ち主であって、勘と腕を頼りに作っていたが、チャールズはむしろ新しいタイプのエンジニアであり、科学者であり、発明家でもあった。一八世紀の前半頃から、機械技術あるいは電気、電子、音響工学などの科学技術分野で新しい発明や発見がつぎつぎに起こってくるが、チャールズは伝統的な狭いピアノの世界にとどまらず、こうした最新分野にも目を配り、これらを積極的にピアノづくりに取り入れていった。さらには金属フレームと弦との関係も含めて構造力学的な解析も進み、木材のシーズニング（期枯らし）といった乾燥技術も科学的に分析して品質管理を徹底していった。

スタインウェイにおいて典型的に見られるピアノの生産方式を採用したアメリカの有力ピアノメーカーは、発展する国内の各種産業のさまざまな技術に支えられながら、量産に向けた規格化や標準化も進めて、合理的な生産方式も採用していた。アメリカのピアノ生産量は、一八六〇年代が二万台だったが、一八九〇年には七万二〇〇〇台に達し、一九〇〇年には一七万一〇〇〇台にも急増して、それまでの手工業的な段階から一つの独立した産業としての性格を帯びるまでになってきた。

スタインウェイのピアノは、一八六二年にロンドンで開かれた第二回世界産業博覧会に初出品していきなり賞を獲得する。審査にあたった作曲家や音楽学者らはスタインウェイのピアノの素晴らしさに驚嘆すると同時に、それまで主流と思い込んでいたヨーロッパのそれが、完全に過去のものとなってしまったことを感じ取っていた。

これに刺激されて、ドイツの一流ピアノメーカーが伝統的な木製フレームを廃して、スタインウェイの一体型金属フレームと交叉弦を採用していった。数年後には、「スタインウェイ・システム」と呼ばれることになる、この構造システムが世界の主流となっていった。この時点において、スタインウェイ・システムをいち早く採用したドイツのメーカーを除き、ヨーロッパのピアノメーカーの衰退は決定的となった。

軽快なタッチで華麗な音と評されて一世紀にわたり人気を誇ったエラールのピアノは、大きく豊かな音を発するスタインウェイのピアノと比べれば「薄い音」「弱いエラール」とみなされて、著名なピアニストから顧みられなくなっていった。

エラールの衰退は、作曲家や聴衆が求める音質が時代とともに変化してきたことを表していた。その事情について、『ピアノの誕生』の著者・西原稔は次のように分析している。

「リスト、シュタイベルト、ドライショック、そして特にリストの系譜をひくルビンシュテインやブゾーニらのヴィルトゥオーソたちの登場によって絢爛豪華な音質のピアノがことさらに求められ、かれらの持てる技術を誇示する場としてピアノ協奏曲が重視されたことも重要である。協奏曲において鳴り響くオーケストラに対抗して自分のもてる技巧を極限まで誇示しようとした一九世紀のヴィルトゥオーソたちは、必然的に光り輝く、しかもよく鳴り響くピアノを求めた[1]」

さらに、一八七〇年代後半になると、特にドイツのピアノ工業の生産量が急増して、アメリカに次いで世界第二位となる。一九世紀後半に見られたイギリス、フランスのピアノメーカーの衰退は、時代の好みに応じて変化していく音楽表現や音質、音量に対応して、たえず改良、進化させていくべきピアノの技術革新に追随できない結果でもあった。

別の角度から見ると、それは、長年かけて培ってきた伝統的な手法に固執して、新しい技術を受け入れることができない楽器職人の保守性の現れであった。さらに具体的に指摘すれば、ピアノ製造家は、多くの木工品で構成されるクラヴィコードやチェンバロ、オルガン、さらには家具を作っていた職人がルーツで、どうしても木に愛着を持っていた。木工技術について長年かけて技術を蓄積してきたとの強い自負と誇りがあるだけに、主要部品を木製とするピアノに固執しがちとなった。木製のフレームこそがよい音を生むとの信念を持って作り続けてきただけに、金属フレームは邪道であり、否定的な姿勢が根強くあって、採用することには大きな抵抗があった。しかも、職人芸に頼りがちで、近代的な機械や技術の導入、合理的な生産方式、規格化や標準化の採用には消極的で、能率を上げることが難しかった。

一方、一九世紀後半におけるアメリカの産業は日の出の勢いで発展して巨大化も進み、なかでも鉄鋼業や機械工業はめざましい成長を遂げていた。機械および金属材料などの技術の発展に支えられて後押しされてきたピアノ産業だけに、その国の産業全体の勢いがそのまま盛衰に結びついていた。

こうした西洋におけるピアノ技術の変遷とピアノ産業の盛衰を見ていくと、すでに産業革命を経て近代化され、規模が拡大していた欧米諸国のピアノ産業と比べて、明治半ばの日本では、まだ近代化、産業化が緒についたばかりにすぎず、ピアノ生産を支える基盤はあまりにも脆弱《ぜいじゃく》であった。しかも、ピアノに関する技術も伝統も皆無に近く、ピアノ購入者の数でもあまりにも差がある。さらには、クラシック音楽の伝統も、芸術性についても持ち得ていなかったため、購入者はごく一部の富裕な階層だけだった。

こうした日本の現状では、ただただ舶来品に学び、模倣してとにかく作り上げるだけで精いっぱいの段階にすぎなかったのは無理もないし、まさしくゼロからの出発となる山葉や西川らの前途の厳しさを教えていた。

日清戦争の勝利と国際化

日清戦争に勝利してまもない明治三〇（一八九七）年頃の有力な楽器販売店としては、山葉を扱う共益商社および三木佐助書店、西川の楽器を扱う十字屋、銀座にある松本楽器の松本楽器店（後の山野楽器店）、大阪の石原久之祐経営の石原時計店（後の石原楽器店）、池内オルガン（後の東洋楽器）の代理店だった前川教育器械店（後の前川楽器店）などがあり、互いに競い合っていた。

楽器業界では、なにかと派手な宣伝合戦を繰り広げていた西川と山葉の競争ばかりが注目されがちだったが、水面下ではもう一つの攻防が演じられていた。それは、ピアノの製作をめぐる外国人経営の貿易商社と日本の楽器メーカーとの攻防だった。

この頃、国内でピアノの輸入販売を二分していたのは、横浜に店を構えて一二年ほどになるドイツ人ピアノ技術者で酒好きのドーリングが経営するドーリング商会と、明治二三（一八九〇）年に上海の拠点から居留地の神戸さらには横浜に支店を開いて日本進出を果たした英国人のＳ・モートリーとＷ・Ｇ・ロビンソンが経営するモートリー・ロビンソン商会だった。

輸入楽器商がなんとか軌道に乗る時代となり、ドーリングの経営も順調に伸びて業容を拡大させ、扱う種類も増やして、オルガンはもっぱらアメリカから、ピアノはドイツから輸入し、ブリュートナー、イバッハなど七種を扱っていた。明治二二（一八八九）年になると、すべての部品または完成品を購入して販売店の名を付けて自社ブランドとするステンシェルピアノの「J・D・ドーリング」が登場する。そんな繁盛するドーリング商会の姿を目にしたモートリーらが、洋楽器市場としての日本の将来性に着目して進出してきて、激しい競争を繰り広げることになった。ドーリングと違って上海や香港など大陸に拠点を持つモートリー・ロビンソン商会だけに組織的な展開を進め、ピアノはイギリスのカラード・アンド・カラード、クラマー、ドイツのローゼンクランツなどを扱った。

明治二六（一八九三）年になると、ロビンソンの名が消えてモートリー商会と名称を変え、ビジネスのウェイトを横浜に置くようになる。三年後には、店舗を山下町五十九番から六十一番に移して工房も作り、中国人の責任者を置くとともに、扱うピアノの種類も増やして、ドイツのスタインウェイやローゼンクランツが輸入されることになる。

こうしたモートリー商会の攻勢を受けて立つドーリング商会も、明治二七（一八九四）年、創業以来からの店舗があった百九番から五十二番に移転して、商売を広げ、六人の日本人従業員が在籍していることを広告でアピールするなど、両社の競争は激化する。

明治三〇（一八九七）年、モートリー商会の神戸支店にいたやり手で知られる軍人上がりのスウェーツが横浜支店長となると、俄然、その実力を発揮し、四年後にはモートリー商会を継いでスウェーツ商会と自らの名に改め、日本人スタッフを強化する。さらには、ドーリング商会にいて、ドーリングと裁判沙汰になって辞めたＥ・カンハウザーをマネージャーとして雇い入れ、蒸気機関を備えた工場を横浜の根岸に新設して、明治四一（一九〇八）年から「ＴＨＷＡＩＴＥＳ」のブランド名でピアノの製作を開始する。

着実に経営を拡大させていくスウェーツ商会の攻勢に押されるドーリング商会は、さまざまな手を打つが挽回はできず、明治三〇年代末頃から経営規模の縮小を図り、明治四一年には移転を余儀なくされた。やがては、盛んに宣伝していたブランド名も消えて、二の次だった修理と調律だけが広告の中に見いだされるのみとなった。

こうしてドーリングが凋落の一途をたどっているちょうどその頃、対照的に、かつての弟子、西川虎吉は、日本楽器から五年の後れをとりつつも、アメリカ帰りの息子・安蔵を核にして明治四〇（一九〇七）年にグランドピアノの製造に成功して、以後、経営の拡大を図っていくことになる。

大正元（一九一二）年、ドーリングの名も店名も含めて人名録から消え失せているが、この時代、日本のピアノ市場は、外国人商会同士、あるいは自社製造に乗り出す日本の楽器メーカーや販売店も交えて、一大攻防が繰り広げられ、明暗が分かれていくのである。

当時、もっとも安い輸入ピアノのローゼンクランツは価格が二七五円くらいで、元値は一〇〇円だったという。関税は最初、五パーセントだったが、時代を経るにしたがって次第に高くなり、五〇パーセント近くにもなった。このため元値が一〇〇円でしかなかったものが、三〇〇円近くで売られていたのである。

ちなみに、その頃、山葉のピアノは三五〇円、松本楽器のピアノは二五〇円だったので、輸入品の最廉価ピアノと国産ピアノが競合した。

西川や山葉、松本らがピアノ製作に乗り出すことを、ドーリング商会やモートリー商会が苦々しく思ったことはいうまでもない。技術水準からして、スタインウェイなどの高級品にはまったく影響はないが、二、三〇〇円台の廉価な輸入ピアノは競合することになるからだ。

明治二七（一八九四）年八月一日、日本は清国に宣戦布告し、日清戦争が勃発した。八ヵ月続いた戦争は日本の勝利で幕を閉じ、翌年四月一七日には講和条約が調印された。

欧米列強からは、〝眠れる獅子〟の大国・清国が相手では到底、日本には勝ち目がないものと見られていた。ところが日本が勝利し、講和条約には、朝鮮の独立承認、遼東《りょうとう》半島および台湾、澎湖《ほうこ》諸島の割譲、さらに金二億両（約三億円）の賠償支払い、欧米諸国とほぼ同条件での通商条約の締結を盛り込ませた。

幕末の開国以来、日本は遅れた極東の小国として欧米から不平等条約などを押しつけられてきた。そんな日本が日清戦争に勝利したことで、国中が戦勝気分に酔いしれた。産業界も気宇壮大となって、財界指導者や経営者らが大言壮語し、好機到来とばかり飛躍の時機と定めて発奮することになった。

併せてこの頃、オルガンの生産は活況を呈して、国内の楽器メーカーは売上高を順調に伸ばし、資金的な余裕も生まれたため、独力で本格的なピアノ製作に乗り出そうとしていた。

寅楠のアメリカ視察

明治二八（一八九五）年の日清戦争勝利のあと、時代の流れは確実に変わりつつあった。政府は富国強兵路線をさらに進め、国民のあいだにも「忠君愛国」の精神が一気に盛り上がり、おのずと〝世界の日本〟といった見方をするようになってきた。

音楽の世界でも、明治の前半期まで日本の社会を席巻《せっけん》していた欧化政策や欧風文化への反動が起こり、欧風音楽から日本的洋楽の時代へと変貌しつつあった。ことに日清戦争によって尚武精神が鼓舞され、巷《ちまた》にはいたるところで軍歌が流れ、陸海軍の軍楽隊も目立つようになってきた。また一方では、これまで邦楽のみが占有していた大典奉祝音楽にも洋楽が進出し始め、さらには、日本独特のスタイルを持つブラスバンドが全国各地で設立されて、演奏が盛んに行われるようになってきた。

こうして、洋楽が日本的なスタイルをとりながら社会に定着してくるにしたがい、ピアノも次第に広がりを見せるようになってきた。演奏会もそれまで以上に頻繁に催されるようになり、西洋音楽そのものの水準アップが図られるようになってきて、学校教育程度のレベルから芸術的要素が求められる時代へと入ってきた。明治三一（一八九八）年の東京音楽学校ピアノ科には島崎藤村や研究科でピアノと作曲を学ぶ滝廉太郎がおり、学内ではベートーヴェンやシューマンなどのピアノ曲も盛んに演奏されていた。

こうした動きを敏感にキャッチしていた寅楠は、日清戦争下で楽器の需要が低迷していた苦境を乗り越えて、強気の路線に転換する。明治三〇（一八九七）年一〇月、寅楠はそれまで個人経営だった「山葉楽器製造所」を改組して「日本楽器製造株式会社」とし、資本金を一〇万円に増資した。世の経営者らが固執しがちな私姓を社名から取り去って、国を代表し、しかも世界へと雄躍する思いを込め、あえて「日本楽器製造」と名付けた山葉の面目躍如たるものがあった。その後、数十年を経て、日本楽器が世界最大の楽器メーカーにまで発展した現在から振り返ると、その発端は、大望を抱いてそれを自らに課した明治三〇年一〇月の寅楠の決意にあったといえよう。

この時期における山葉の株式会社への衣替えは、資金的な裏づけを確保する狙いがあり、明らかにピアノ製造への着手を念頭に置いた布石であった。

だが、このとき、寅楠が克服しなければならない大きな課題が少なくとも二つあった。一つはピアノ製造技術の取得と設備であり、もう一つは、かねてから懸案となっていた人材だった。特にピアノ技術者の育成は急務だった。そのための方策の一つとして寅楠は、伸長が著しいアメリカのピアノ産業を自らの目で確かめてこようと渡米を決意するのである。

明治三一（一八九八）年一二月、伊沢から山葉あてに親書が届いた。

「山葉風琴の成功を祝す」

ピアノの国産化でオルガン同様、安価な製品が日本に出回ることを期待する伊沢は、寅楠の渡米を政府としてもバックアップする意味から、彼を文部省の「斯業技術視察者」に任じて、アメリカ視察の便宜を図った。明治三二（一八九九）年の四月下旬、浜松の工場に入った寅楠は職工一同を集めて渡米の趣旨を語った。本場アメリカのピアノ工場を見聞して、ピアノ製造において先を行く西川に追いつき、一挙に引き離す狙いがあった。

そして五月一三日、寅楠は、満を持して単身、横浜港からアメリカに向けて出発することになる。一世一代の海外視察だけに、見送りは盛大で、出発の時刻を報じる花火が上がり、浜松駅は人で埋まった。列車が動き出すと、またも花火が数発上がり、人々の拍手がわき起こって、寅楠は窓から身を乗り出し、これに応えて手を振った。このとき、寅楠はすでに四八歳。明治のこの時代では初老期にさしかかっていた。

寅楠の渡米日誌

寅楠は、約五ヵ月間にわたる渡米について克明な記録を残している。この「渡米日誌」をもとに、アメリカでの寅楠の動きを追うことにしよう。

出発から一五日目の五月二九日、寅楠を乗せた船はサンフランシスコ港に到着した。六月九日にはアメリカの大工業都市シカゴに到着。電気鉄道の拡充ぶりや高層ビルに目を見張った。すべての点においてアメリカのスケールは大きく、寅楠は圧倒される思いで街を見上げながら、「楽器店の数六十余りあり。いずれも立派なるものなり。資本の多く入れたるものは、二百万円より以下五十万円位なりと。少々大袈裟に聞こえたり」と、楽器市場にも目を向けている。

ピアノとオルガンを製造しているベン・ジョージ・ピベント会社を訪問して、六〇歳ほどのアクションの発明家に面会して話を聞くとともに工場を見せてもらった。

「洋琴、風琴とも、製造の順序ことごとく巡視す。得るところ少なからず。当社もやはり分任業にして、外部製造組立業ともいうべきものなり。風琴組立は別に変わることなし」

風琴（オルガン）の組み立てに関しては、「変わることなし」としながらも、アメリカの産業では常識になっている工程別の分業体制には、強い関心を寄せている。ベン・ジョージ・ピベント会社はいかにもアメリカ的で、外部から部品を購入して組み立てる方式をとっていた。

シカゴにはさして目立ったピアノメーカーはなく、六月一九日、ニューヨークに向けて出発した。

寅楠が渡米した頃、アメリカのピアノ工業は全盛をきわめていた。当初、フィラデルフィアやボルティモアなどが生産の中心地となったが、やがて、マテューシェックやスタインウェイなどが工場を置いたニューヨークに移り、そこに部品や生産機械メーカーも集まってきた。

アメリカのピアノ製造家が苦労したのは、ヨーロッパから持ち込まれたピアノが、寒暖も乾湿の地域差もはなはだしいアメリカ大陸の気候に耐えられず、狂いが生じることだった。このため、過酷な気候にも耐える堅牢なピアノをいかにして生み出すかが大きな課題だった。

ニューヨークに到着した寅楠は、各所を精力的に回ったが、行き先はピアノ製造工場、ピアノ部品および材料関係の工場、ピアノ生産に必要とする機械のメーカーなどだった。

まず最初、ピアノとオルガンの両方を製造しているキンボール・ピアノオルガン社を訪れた。ここではアクションも製造しているので、見学を楽しみにしていたが、微妙な技術的ノウハウを必要とする肝心のアクションや響板などの職場は見せてもらえなかった。それでも、ピアノ職人たちの働きぶりには目を見張った。日本楽器の工場における仕事は厳しいと思ってきたが、アメリカのそれははるかに上回り、比べものにならないほどの仕事ぶりだったのだ。

このあと、当時、世界有数の楽器部品メーカーとして知られていたウェッセル・ニッケル・エンド・クロス社、さらにシー・エフ・ゴエベル社、アメリカンフェルト社などを見学して、社長や工場長などに面談して盛んに質問をぶつけた。

続いてメーソン・アンド・ハムリン社を見学。この会社は、寅楠がこの世界に入り込むきっかけとなった浜松尋常小学校の故障したオルガンの製造元だった。同社は明治一五（一八八二）年まではオルガンだけを製造していたが、その翌年からピアノの製造を開始し、明治三二（一八九九）年末までに三五〇〇台を出荷していた。それだけに、これからピアノに進出しようとしている寅楠にとって親近感を覚えていたし、今回の渡米の目玉の一つだった。

訪問が終わると、寅楠はどっと疲れが出て気分が悪くなった。船旅の疲れがたまっていたうえに、アメリカに着くなり強行軍でつぎつぎと工場を回り、体調を崩して風邪気味となってしまった。その晩は、疲れに加え、ピアノのことをあれこれと考えて寝つかれなかった。

その翌日はピアノの鋳物フレームを作っているブロックリン・ハーニー社を訪れ、工場を見学した後、支配人にかずかずの質問をぶつけた。ホテルに戻るとすぐに、見学のとき目に焼き付けておいた鋳込みの方法を手帳にスケッチして記録した。七月三日には、ピアノアクションの製造機械を作っているプリービル社を訪問。製品は多くなかったが、「鋸《のこぎり》機械、鉋《かんな》機械、紋彫り機械、帯鋸目立機械」など機械類の多さを見て、「はなはだ有用なりと思う」と、日誌に記している。

連日の工場訪問が続いていたある日、ホテルに帰ってきて風呂に入っていると、街で購入した「ミュージック・トレード」を読んでいた通訳の米田が、大きな声を上げて寅楠を呼んだ。

「きみのことをこの雑誌が取り挙げているよ」

内容を聞くと、学校のオルガンを修繕したことがきっかけで、楽器工場を持ち、いまでは一ヵ月に二〇〇〇台（著者注・実際は一桁少ない）のオルガンを製造していることなどが紹介されていた。「日本タイムス」からの転載記事と察せられた。

そんな思いがけないことがあった翌日の七月七日には、ピアノづくりでもっとも難しくて問題ありと見ていたアクションを作るスタイブ・エンド・マベンドシャイ・ピアノアクション社を訪問し、見学を申し込んだが、許可が下りなかった。このため、同行したフレーザー・ワイヤーが「わざわざ日本からやってきたのだ、なんとか便宜を図ってほしい」と頼み込んでくれ、ようやくオーケーとなったが、「秘密なる場所は許さざる」という条件がついた。

七月一八日には、スタインウェイ&サンズ社を訪問するが、到着の時間が遅れ、職工の作業現場を見ることができず、工場施設のみの見学となった。思ったよりこぢんまりとしていてがっかりしたと、寅楠は記している。再度、就業時間内を見計らって訪問しようとも思わなかったようだ。

この頃すでにスタインウェイ社は、世界のピアノメーカーをリードするトップ企業で、ヨーロッパ各国にも生産工場を建設するなど、日の出の勢いであった。しかし、キンボール社のように大量生産しているわけでもないため、工場の規模だけで比較すれば、寅楠には物足りなかったのであろう。

購入金額は六四四八円なり

スタインウェイからの帰り、寅楠は大雨に遭ってびしょ濡れとなった。夜になると風邪がぶり返したのか気分が悪くなり、さらに二日後には座骨神経痛に襲われ、病院に駆け込んだ。注射と薬の服用で抑えようとするが、病勢はますますひどくなり、熱が出て痛みも増した。熱と痛みとに苦しみながらも、なおも見学を続けた。八月に入ると、これまで訪問先で購入した機械やピアノ部品、完成品のピアノやオルガンなどの搬送手続きや支払いであちこちを走り回る日々が続くことになる。やがて熱は収まったが、その後も座骨神経痛は続いて寅楠を悩ました。

明治三二（一八九九）年九月一二日、一〇七日間にわたる北米滞在を終えた寅楠は、サンフランシスコから出航して帰国の途についた。あまりに過密な強行軍のスケジュールで、しかし、なにかと刺激が多い旅でもあった。

アメリカ滞在中に買いこんだ品物を大別すると、（一）ピアノおよびその部品、（二）オルガンおよびその部品、（三）工作機械・工具類など、合計金額は六四四八円三九銭にものぼり、この三品の割合はほぼ三分の一ずつだった。

訪問したピアノ会社の数は四一ヵ所、これに部品や材料のメーカー、さらに機械メーカーも加えると一〇〇ヵ所にもおよんだ。

寅楠が買いこんだ品物で注目されるのは、まず、これから生産しようとするアップライトピアノである。さらには、日本での製作が難しいアクションや特別に作ってもらった山葉のネーム入り鉄骨鋳物フレーム、さらにピアノ製作に必要な加工機械である。寅楠は、日本に帰ってからこれら諸機械を工場に設置し、すでに技術を持つ木工品のケースなどは自作して、買い入れたアクションや鉄フレームなどの部品とともに組み立て、〝半〟日本楽器製のピアノを作ることを頭に描いていた。ちなみに、当時の欧米の大ピアノメーカーでも、アクションなどは専門の部品メーカーから購入して組み立てていた。

アメリカの主だったピアノメーカーをひととおり見学し、現地の実状を知った寅楠は、なにを思ったのであろうか。また、渡米前に想像していたアメリカのピアノメーカーに対する認識と異なった点はなにか。渡米日誌の中に散見できる記述、あるいは帰国後の事業展開から推察してみたい。

第一は、ピアノの今後の発展性に大きな夢を抱いての渡米だったが、アメリカで見たピアノメーカーの規模は寅楠が想像していたよりはかなり小さかった。確かに、工場内を覗けば、アメリカならではの分業体制がしかれ、会社幹部の少数精鋭主義、工員たちの仕事ぶりには大いに感心させられた。だが、ピアノの中身は複雑微妙で、熟練者の勘に頼る作業工程がかなりあって、いまだに手工業的な枠から出られない面を数多く残しており、いささか期待外れであった。寅楠が見学したピアノメーカーが、「コマーシャルピアノ」と呼ばれる廉価なピアノを大規模に大量生産する工場ではなかったせいもあるが、ピアノが、日本楽器で中種中量生産の体制をすでに確立していたオルガンのようには生産できそうにもないことがわかって、前途の厳しさを実感させられた。

コマーシャルピアノの台頭

寅楠が渡米した当時、アメリカのピアノ業界では、「コマーシャルピアノ」の普及というそれまでにない大きな変化が進行していた。これは、飽くなき芸術性の追求による職人の誇りから、儲けることを最大の目的とした利潤獲得の手段としてのピアノづくりへの転換だった。

伝統を重んじるヨーロッパの各工房では、改良を重ねて技術を積み上げてきた。それは熟練職人の名人芸によってピアノの一品一品を丁寧《ていねい》に、芸術品のごとく作り上げる手法であり、そのことを彼らは誇りとしていた。

一八七〇年頃からアメリカで起こってきたピアノ生産の方法は、そうしたヨーロッパの常識をまるで覆すものであった。ヨーロッパのように、ピアノの購入者を金持ちの上流階級や教会、一部のプロ演奏家だけに絞るのではない。資本主義の発展とともに急速に増えつつあった中産階級を狙ってピアノを売り込もうと、量産体制をしき、徹底的にコストダウンを図って量販体制をとったのである。

「コマーシャルピアノ」の考え方は、それまで贅沢品であって金持ちしか買えなかった自動車を、デトロイトの農家出身のヘンリー・フォードが「農民も買える自動車」をスローガンに掲げ、フォードシステムの流れ作業によって安価なT型フォードを量産したことと同じである。エジソンがかずかずの発明を行って製品化した一八七〇年代から八〇年代、アメリカでは電気製品など生活用品が量産されて安価になり、大量に出回るようになってきた。いわゆる、大衆化社会の到来である。ピアノもその例にもれなかったのである。

ピアノに最初に目をつけて成功したのは、マサチューセッツ州からニューヨークにやってきて、壺や花瓶などの焼き物を販売していたジョセフ・P・ヘールだった。商売勘の鋭いヘールはこれからの時代、ピアノは儲かるとにらんで、貯め込んだ金でグロベスティーン・ピアノ工場の株を買い占めて乗っ取った。とにかく安くすればピアノは売れると見込んで、部品や工程をすみずみまで検討して原価を分析し、コストを徹底して下げる努力を行った。

それまでの伝統的なピアノづくりは無視して、家具でも作るように分業化に基づく大量生産を行って、人件費は従来のピアノ工場の半分にまで下げ、価格は三、四割も安くなった。それだけではなかった。専門の代理店を通して売るという、いままでの制度をまったく無視して、一般の生活用品と同じ販売方法を採用したため、ピアノが一気に大衆化した。ピアノを買いたくても高くて買えなかった中産階級が飛びつき、ヘールのピアノは売れに売れて莫大な利益が入ってきた。彼のピアノづくりは演奏家など専門の音楽家からは「芸術を無視した商売だ」「安いが音はなっていない」と酷評され、白眼視されて批判を受けた。

だが、ヘールは胸を張って反論した。「値段が安いのがなぜ悪い、このピアノは支配階級に痛めつけられた一般労働者のためのものだ」「安いピアノを一〇人が買えば、その中の一人くらいは、一〇年も弾いておれば、うまくなって、高いピアノを買うはずだ」

彼の持説は理にかなっている面もあるが、それ以上に、到来しつつある大衆化社会の時代の欲求を読み取っていた。ヘールの成功に続こうとするピアノ業者がつぎつぎと現れ、このコマーシャルピアノはさらに販売台数を増やしていった。アメリカの片田舎まで普及して、娯楽の一つとなり、それまでの気取った贅沢品から一転して、生活の中に溶け込んで親しまれるようになった。

この結果、一八六九年には二万五〇〇〇台だったアメリカにおけるピアノ生産台数が、一九一〇年には三五万台にも膨れ上がっていた。そのほとんどが安くて小型の扱いやすいアップライトピアノだった。

やがて、乱立したコマーシャルピアノの工場は規模の経済を求めて集約化が始まった。合併が相次いで、アメリカン・ピアノ社やエオリアン社といった大きなメーカーとなり、さらに大量生産して値段も下げていった。もはやここにいたっては、よりよい音を求めて大ピアニストや作曲家と火花を散らしながら限りなく改良を続けるピアノ職人のロマンの物語は消え失せていった。

ピアノの大量生産方式への転換や大衆化が急速に進んでいたちょうどその時代に、山葉寅楠はアメリカ各地のピアノ工場を見学し、学んだ。その意味で、水準の劣る国産ピアノは舶来品の半額以下にしなければ売れないため、寅楠はコマーシャルピアノの考え方も充分に踏まえて取り組んでいたに違いない。

大三郎、直吉、小市の三者体制

アメリカへの視察旅行から帰った寅楠は、ピアノとは別に、アメリカで工場見学した高級家具の製造分野に進出する意を固めることになった。オルガンやピアノの木工部分が高級家具とほぼ同じ工程であり、木工機械も職人たちもそのまま利用できるからだった。その意味で、寅楠の飽くなき事業拡大を目指す意欲は旺盛で、自企業をより発展させるため、楽器だけにはとらわれず、経営の多角化を図ろうとしていた。

これまでのオルガンに加えてピアノ、高級家具も生産することを決断した寅楠は、社長としてこれまで以上に対外的な営業活動や折衝業務が増えることになったため、モノづくりの生産現場は信頼できる部下たちへ次第に任せていくことになる。

寅楠が帰国した翌年の明治三三（一九〇〇）年は、創業時の職人世代から、子飼いの若くて新しい世代が前面に登場してくる節目となった。オルガンおよびピアノの技術部門は、若い世代の松山大三郎、山葉直吉、河合小市《こいち》ら三人が中核となって日本楽器を支えることになったのである。

オルガンの組立部長には、寅楠に見込まれて明治二二（一八八九）年春に弟子入りした仕事熱心な二六歳の松山大三郎が就任した。新たに発足したピアノ部の初代部長には、松山の三年後輩にあたる七つ歳下で一九歳の山葉直吉が就任し、個々の技術開発は、弱冠一四歳の河合小市に任された。

一〇歳で弟子入りした直吉は、その後、寅楠の姪の養子となったが、その直吉がピアノ部門の長に選ばれたことは、いかに社長の信頼が厚く、将来を嘱望された逸材であるかを物語っていた。大正一三（一九二四）年ともなると、四三歳の直吉が年長者をさしおき、工場長も兼務することになる。

直吉は派手な振る舞いや大言壮語することもなく、「慎重居士《こじ》というか、ご自身の意思表示について非常に慎重であるという一面がうかがわれる」(2)と部下であった中谷孝男は述べている。

そして、直吉と兄弟弟子の名コンビで日本楽器のピアノ部門を築き上げたもう一人は、日本のピアノ開発史において欠かすことのできない技術者、河合小市である。

彼は二七年後の昭和二（一九二七）年八月、日本の二大楽器メーカーの一方の雄として日本楽器を追走する河合楽器を創立することになる。そんな経過からしてリーダーシップを発揮する豪胆な人物を想像しがちだが、そうではない。

明治二九（一八九六）年春、浜松尋常小学校を卒業したばかりの一一歳の小柄な少年が山葉風琴製造所に弟子入りした。彼は数年すると、「発明小市」と呼ばれるようになり、やがては「日本の楽器王」と称せられることになる。

機械装置などの発明家あるいは創業者にはよくありがちな、幼少の頃のエピソードが小市にもある。東海道の浜松宿の入り口にあたる菅原には、何代も続く名の知れた車大工の河合谷吉がいた。「車屋の谷さん」と呼ばれ、腕がよく、作った車は評判だったが、職人気質の見本のような男で、気が向かないと仕事はせず、昼間から酒を飲むこともよくあった。「酒を持っていって頼むと車を作ってくれるかもしれない」などと言われていたが、一方で、発明の才があって、浜松名物の凧の糸車を考案したりもした。ところが、三一歳のときにポックリと死んだ。残された幼い一人息子が小市だった。

蛙の子は蛙か、母親の手で育てられた小市は幼少の頃、街道を走る四輪の客馬車を見て興味を覚え、自分で作ってみようと思い立った。なにごとも、思い込むと成し遂げるまで熱中して没頭してしまう小市は、木切れを集めてきて、それらしい小型の馬車を作り上げてしまった。彼はその小型馬車を犬に引かせ、得意げに近所を走りまわり、大人たちを感心させた。

そんな話を、かつて浜松尋常小学校のオルガン修理を寅楠に依頼した樋口林治郎が耳にした。彼は寅楠が見込みのありそうな若い弟子を欲しがっていることを知っていたため、小市を寅楠のもとに連れてきたのだった。

町の評判となっていた、西洋のオルガンを作る山葉の工場に興味を覚えていた小市には願ってもないことだった。母親も、貧しくてわが一人息子を上級の高等科にはやれず、どこかに弟子入りさせたいと思っていた矢先のことだけに大喜びだった。

寅楠は小市を気に入り、身近に置いて自分の子どものように可愛がった。そして、オルガンづくりで新しいアイディアを必要とするときは、小市に言い渡して、その結果を待った。そんないきさつから、工場では誰ともなく、一〇代半ばの彼を〝発明小市〟と呼ぶようになった。世の偉大な発明家と同じく、小市は新しいことを考え出すときは、そのことに没頭して寝食を忘れて熱中した。特別な教育を受けたわけでもないが、鉛筆や尺を操って精確な図面を描き上げてしまうし、どんなものも一人で作り上げてしまう器用さを兼ね備えていた。

小市は輸入されたオルガンを前にして、徹底的に研究してより作りやすく、またより性能をよくする発明をつぎつぎと生み出していった。彼が、特許申請を始めた昭和の初め頃から死去するまでに得た特許は一八件、実用新案は一〇件にものぼり、その中には外国にも逆輸出されたピアノのアクションに関する特許や日本独自の方式による自動ピアノや卓上ピアノ、ハーモニカなどもあり、日本の楽器王にふさわしい活躍ぶりとなる。時代は下るが昭和二八（一九五三）年、その功績が認められて、楽器業界初の藍綬褒章を受章することになる。また、河合楽器の社長となってからも偉ぶることもなく、つねに子どものような好奇心を持ち続け、気さくな人柄は企業の壁を超えて人望を集めた。

寅楠は直吉と小市による二人三脚でのピアノづくりに日本楽器の将来を託そうとしていた。ことに寅楠は、舶来物のピアノをまねるしかなかった現状をなんとか脱却して、「ヤマハブランド」を作り上げようと企図していただけに、小市の発明の才能に大きな期待を寄せていた。

見習生の養成制度

日本楽器の次代を担う三人の新しい世代の台頭は、彼らが一〇代の頃から、寅楠が手塩にかけて育て上げてきた結果であることはいうまでもない。こうした貴重な成果を確認しつつ、寅楠は小学校卒の若い人材を受け入れて、時間をかけて鍵盤楽器に関する教育を行う、人材養成のための社内教育制度を設けることを実行に移した。

制度が実施された明治三九（一九〇六）年のこの時代、日本楽器のような名もさして知られていない地方の中堅企業では、高等教育を受けた人材を確保しにくい事情もあったし、仕事に対する誇りと企業への忠誠心を持つエリートを養成したいとの思いもあった。

木工や塗装、機械といった他業種にも共通する技能はさておき、楽器独特の技術である組み立てや調律、修理などの専門技術は、外部の学校教育では習得できない。そうした人材育成によって、日本楽器全体のレベルアップも図ろうとしたものだった。別の意味では、まだ頭も感性も固まっていない若い頃から教え込み、身体に覚え込ませておく必要があった。それだけ経験と勘も必要とする分野だったのである。

第二次大戦前までの日本のモノづくりの現場では、若い一〇代の工員が徒弟と呼ばれていて、技術は先輩の熟練者から盗みとるもので、教えてもらえるものではないとの考え方が一般的だった。しかも、明治の時代ならなおさらその考え方が強かっただけに、寅楠の考え方は先進的で近代的な教育といえよう。

見習生制度と呼ばれたこの仕組みは次のようになっていた。小学校を卒業した一〇代前半の少年を、全員縁故で採用して見習生待遇とする。一般工員に交じって仕事をするが、それとは別に、直吉や小市ら、社内の各専門のスタッフが教師となって技能を習得させたり、終業後にも、夜学によって一般教養を身につけさせるのである。期間は五年間とし、それに、一年のお礼奉公が加わる。見習生には寝泊まりする寮はなく、全員が工場に寄宿することになっていた。寝る場所は事務所や工場、天井裏などだったという。

第一回生は少なくて五人だったが、その一人の尾島一二は、「当時はまだ電灯もなく、ランプの時代でした。だから仕事は、まずランプのホヤを磨いたり、芯の掃除をしたりすることから始めました。就業は、午前六時から午後六時までの一二時間勤務でした。一日の生活は、新聞配達が戸口を訪れる朝の四時に起き出し、まず工場内外の清掃です。（中略）先輩、後輩という身分の別が厳しく、孔《あな》一つあけるにもびしびしやられました。終業後は、ピアノの荷づくりや、夜警勤務員が出勤する九時頃まで、夜学と夜警をやったものです(3)」と、当時の見習生の一日を振り返っている。

大正六（一九一七）年になると、制度は変わって試験採用となり、成績の順に「甲」が ピアノ、「乙」がオルガンのそれぞれ見習生、さらに「丙」が一般工員に分けられた。実際の細かい技術指導は直属の上司や兄弟子が受け持つため、教育と称していても、現実にはやはり職人の世界特有の、〝習うより盗め〟といった風潮が強かった。

ピアノ部の最初の見習生として日本楽器に入った疋田幸吉は、直吉と小市のもとにあって厳しく鍛えられ、戦後はピアノ技術者として業界の指導的な役割を果たすことになるが、その彼が、当時のピアノ製作に対する姿勢について語っている。

ある日、疋田が鍵盤を上の空で見ていると、後ろからやにわに右手を握られたので、びっくりして後ろを振り向いた。そこに立っていたのは寅楠だったが、疋田の指先をしげしげと見つめながら忠告した。「爪を伸ばしていると象牙に傷がつく」

工場内では整理整頓や靴を厳禁として上履きを使うことなど、製品品質の完璧を期するための細心の注意を払っており、以後におけるピアノづくりの心構えとして引き継がれていると疋田は指摘する。その徹底した姿勢は、「ピアノ線に落ちる夏の汗を嫌って、高弟と昼夜転倒の生活を続けるような心血を注いだ」[4]という仕事ぶりに現れていた。

勤務時間は、午前六時から夕方六時までの一二時間勤務と、一、二時間の残業が加わる。休日は毎月二回で、盆と正月に数日の休みがあった。終業後の夜間授業は週に二、三回で、中学程度の数学、国語、英語、体操、修身(講話)の五科目だったが、昼間の長時間にわたる過酷な作業を終えたあとだけに、集中力を維持するのにはかなりきついものがあった。このため、落伍者もかなり出たが、その反面、卒業までこぎつけた見習生は幹部候補生としての意識を抱くようになっていった。

見習い期間中の給料はなく、わずかばかりの小遣いに作業着ほかの衣服や草履が支給された。食費も無料だったが、いまから見れば一汁一菜型の実に質素な内容で、食べ盛りの若者たちはいつも腹を空かせていた。

五年の修業期間を終えて卒業し、さらに一年のお礼奉公をすませると、晴れて正式に社員として採用され、会社の株一株五〇円が与えられる。寅楠には、養成所を卒業することでおのずと彼らにエリート意識を持たせ、持ち株によってより愛社精神を涵養することが狙いとしてあったに違いない。彼らはこれによって、一生、勤められる職場と安定した生活の糧が得られたことを実感するのだった。

日頃から人材養成をきわめて重要視してきた寅楠が力を入れた教育制度だが、肝心の音響工学や音楽そのものに関する専門教育が含まれていなかった。それは寅楠自身が、音楽に魅せられてこの世界に身を投じたというよりも、偶然にも、オルガンの修理を頼まれたことがきっかけで、ビジネスとして、またモノづくりとしての楽器にたまたま手を染めたといういきさつにも一つの要因があるのかもしれない。むしろ寅楠は、会社に忠誠心を尽くす、誇りを持ったエリートの養成を第一に考えていたのかもしれないが、異文化としての洋楽を奏でるピアノを国産化しようとした日本の楽器メーカーのこの時代の限界性でもあった。

後の時代から振り返ると、この教育制度で育った人材が経験を積み、やがて日本楽器の中枢を担うことになる。その反面で、厳しい教育を受けたことでエリート意識に基づく自負と自信をつけたため、かえって独立してピアノ製造所を立ち上げたり、さらには調律師として独立する優秀な人材を輩出することになる。昭和に入ると、独立した調律師の組織「全国ピアノ技術者協会」が創立されるが、そのときの主要メンバーには日本楽器の元見習生、あるいは、後に述べる委託生が多かった。

さらには、昭和三五（一九六〇）年ともなると、日本楽器ピアノ工場長・松山乾次の発案で、東京と大阪にピアノ技術研修所を作り、本格的なピアノ調律師の養成がスタートする。さらに昭和五五（一九八〇）年には、この東京と大阪の両研修所を吸収して発展的解消をし、世界にも例を見ないユニークな「ヤマハピアノテクニカルアカデミー」を浜松に設立して、調律の技術だけでなく、幅広い音楽教育を行って優秀な人材を輩出している。

以後の時代経過から見ると、見習生制度は必ずしも寅楠の意図する結果とはならなかったが、日本全体として見れば、それまで底の浅かった日本のピアノづくり、あるいはピアノ文化に厚みと広がりを与え、あるいは底上げをする大勢の専門家たちを生み出すことになったのである。

寅楠は明治四〇（一九〇七）年頃から、この見習制度と併せて、委託生の制度も本格的に採用していた。それは、鍵盤楽器の調律や修理を学ぶため、共益商社や三木楽器商会（元・三木佐助書店）などの特約販売店から送りこまれてくる委託生の受け入れだった。これにより、とかく分断されがちな生産の現場と販売の人間とのコミュニケーションが図られることになった。ちなみに、この見習制度は大正末までの二〇年間にわたり続けられた。

国産第一号の「カメン・モデル」

明治三三（一九〇〇）年一月、日本楽器は、簡素なアップライトピアノを完成させた。アメリカから到着した機械を使って加工し、寅楠が買い込んだピアノ部品を組み込んで製作した第一号だった。最初にアップライトを製作した理由は、比較的安価で、学校教育用として需要が見込めると読んだからだ。

西暦二〇〇〇年が〝国産ピアノ製作から一〇〇年〟と呼ばれるのは、明治三三年一月に完成した、このピアノから数えてのことである。

主要部品の鋳物製のフレームやアクション、鍵盤など多くの部品に輸入品を使っていながら、記念すべき国産第一号と認定された根拠は、音を響かせて個性を決めるピアノの生命ともいうべき響板が国産だったからである。

同じ時期に製作されたとみられるカメン・モデルのピアノが国立音楽大学に保管されており、製造一連番号は一〇〇三番である。このピアノを詳しく調査した結果、先のような使用部品のルーツが確認されたのだった。しかも、この時期のことを記した覚書手帳ともいうべき「ピアノ製造出荷考」と題する直吉のノート、通称「直吉メモ」があって、彼の弟子であり、のちに調律師となり全国ピアノ技術者協会会長を歴任した中谷孝男の夫人が写し取っていた。原本は行方不明となっているが、そこには「カメンモデル立ピアノ一〇〇一番（明治三十三年一月）製造番号一〇〇〇を付加せり。これは山葉社長渡米（明治三十二年）して見本品および鉄骨（山葉マーク入特註）およびアクション等買入来りて当社にて製造せり」[5]と記されていた。中谷孝男は、こう解説する。

「このピアノはつまり三番目になるわけです。これをカメン・モデルといっていたが多分モデルがカメン会社のものであったと考えられます。筆者（中谷）がこのピアノの完成した年を国産ピアノ完成の年とする理由は響板をヤマハで作ったピアノの最初であるというわけです」

ちなみに、これ以前に山葉で作られたピアノは、響板も含めたすべての部品や原材料を上海方面から買い入れて加工し、組み立てられたため、一連番号を付けない無番としており、カメン・モデルとは区別していたと「直吉メモ」に明記されていた。

「カメン」はメーカー名とのことだが、寅楠が渡米したときのアメリカのピアノメーカーの中には存在しない。なにを意味しているかはいまひとつ判然としない。

響板の高音部は板を厚くし、低音部は薄くしていて、しかも中央部はわずかな膨らみをもたせており、裏には補強材ともいうべき響棒が十数本、間隔を置いて張り付けてある。響板をどのような材質や形にするか、さらにはシーズニングをどうするかによって、ピアノの音量はもちろんのこと、音色さえも大きく変わってくるだけに、きわめて重要な役割を持っている。

西川楽器は日本楽器より先にピアノを作ってはいたが、この響板は自社製ではなく、輸入品を使っていたために、国産第一号とは認められなかったといわれている。なお、日本楽器の国産第一号ピアノは、響板のほかに、木工類のケースなども国産であった。

響板以外の多くの部分を、外国製に頼りながら、なぜこれを国産第一号とするかについては異論もあるだろう。しかし、欧米に例をとれば、有名なピアノメーカーでも、アクションやフレームは専門メーカーから買ってきて、自製した響板などとともに組み立てて、自社ブランドとして販売しているところが多いだけに、日本楽器のカメン・モデルに対する国産第一号の認定は、あながち誤りとはいえない。

この一号が完成する以前に日本楽器で製作されたピアノ、すなわち響板も含めてすべてが輸入部品のピアノには製造一連番号を打たず、無番で出荷し、ヤマハブランドとは区別していたようである。

ちなみに、明治三六（一九〇三）年から製作し始めたグランドピアノの製造一連番号は一五〇〇から始まっていて、竪型のアップライトと区別している。

社運を賭ける意気込みで挑んだ寅楠のピアノ製作だったが、予想を超える困難が立ちはだかって予定していた生産台数はこなせず、販売台数も伸びなかった。明治三三（一九〇〇）年から三七（一九〇四）年までの年産台数はそれぞれ二台、六台、八台、二一台、三七台にすぎない。設備投資額のわりには売り上げが伸びず、ピアノ工場は閑散としていた。

しかもピアノの構造が複雑でデリケートなだけに、一品ごとの手づくり生産を余儀なくされて利益は上がらず、日本楽器全体の業績を引き下げていた。これにひきかえ、オルガンのほうは年産七、八〇〇〇台のオーダーで推移し、量産体制を整えて、ピアノの赤字分をカバーしていた。

逆境にあったピアノ部門だが、直吉や小市を歓喜させる出来事もあった。明治三六（一九〇三）年三月に、大阪・天王寺で開かれた第五回内国勧業博覧会で、日本楽器の展示場を行幸された天皇の休憩所にあてることに成功したのである。そのうえ、四月二〇日には、展示されていたピアノが、明治天皇、皇后陛下の目にとまり、お買い上げになられる栄誉に浴した。

さらにその翌年、アメリカ・セントルイスで開かれた万国博覧会にも出品して受賞し、明治四二（一九〇九）年にはシアトルで開かれたアラスカユーコン太平洋博覧会に梨地塗りのピアノを出品して受賞を果たした。翌々年には、ロンドンで開かれた日英大博覧会に七宝蒔《しっぽうまき》仕上げのピアノを出品した。これらはいずれも楽器としての優秀性よりも、日本的装飾美を前面に打ち出すことで外国人の目を惹きつけようとしていた。

寅楠は、本場のアメリカ仕込みの技術であることに併せて、天皇のお買い上げや受賞を大々的に宣伝して競合メーカーに対する優位性を強調しようと攻勢をかけた。

一方、西川楽器の西川虎吉、松本楽器の松本新吉は、寅楠の渡米を知り衝撃を受けていた。特に西川は、寅楠より十数年も早く洋楽器の世界に身を投じて先行していながらも、オルガン生産では日本楽器に大きく引き離されていた。このままでは一歩も二歩も先を行くと自負するピアノまでも追い越されかねないとの思いを深めた。

寅楠が渡米した翌年の明治三三（一九〇〇）年、西川は、二一歳の息子・安蔵を渡米させ、ニューヨークのエステー社で一年半にわたりピアノの製造技術を習得させた。安蔵は、続いてバーモント州ブラタレボロにある同社のオルガン製造所にも入り、特にオルガンの各部分および音色の研究に力を注ぎ、修業証書を得て二五歳で帰朝した。

一方、松本新吉もまた、西川と同じ年、自ら渡米して半年ほど滞在し、その間、一ヵ月半にわたりブラドベリー社でピアノの製造技術を学ぶことになる。

寅楠に続いて、ライバル二社も渡米に踏みきったわけだが、目的はそれぞれ異なる。寅楠が割り切って工場の見学だけですませ、あとは工作機械やピアノ部品の買い付けに時間を割いたのに対して、西川と松本はピアノ工場に入り込んで、製造技術そのものを身体でもって学びとろうとした。この違いは、経営者として楽器を製造するにあたって、なにを最重要視するかの着眼の違いにほかならなかった。

直吉や小市を擁する寅楠は、製造は自前の技術でなんとかなると見て割り切り、事業家に徹していたようである。あるいはピアノづくりの経験がわずかだっただけに、その神髄を摑みきれていなかったのかもしれない。一方、西川と松本は職人気質が強く、モノづくりの技術そのものにこだわりを見せた。ピアノ先進国アメリカの工場の内部に入り込んで、なんとしてもノウハウを身体でもって習得しなければと、技術の習得にこだわった。

松本新吉の貧乏滞米記

松本新吉は、明治二〇（一八八七）年、妻・るゐとともに西川風琴製造所の見習として入門し、その六年後には、先に取り挙げた「解雇広告」（62ページ）に見られたいきさつから解雇され、その後、独立してピアノやオルガンの調律、修理をしながら生計を立てていく。明治二七（一八九四）年頃からオルガンの製造・販売に着手して、事業を軌道に乗せる。次なる目標のピアノの製造を目指すが、寅楠の渡米も知り、自身の「幾つかのオルガンやピアノ製作を手がけた経験の乏しさを自覚して渡米(6)」を決意したのだった。このとき新吉は三五歳だった。

独立まもない頃で資金も乏しい中、費用を捻出しての渡米で、文部省の嘱託として官費で渡航した寅楠とはあらゆる面で開きがあった。新吉が渡米すれば、日本に残した妻は、乳飲み子を含む六人の幼い子どもたちを抱えて、食事を切り詰める耐乏生活となるのは目に見えていただけに、新吉は必死の思いだった。

新吉もまた寅楠と同様に「米国日誌」をつけている。明治三三（一九〇〇）年に日本を発った新吉は、西海岸のピアノ工場などを見て回ったあと、寅楠と同じように、アメリカ最大の工業都市シカゴ経由でニューヨークに向かった。

新吉は熱心なクリスチャンで、籍を置いていたプロテスタントの銀座教会にはアメリカの滞在体験者が何人もいたことから、それらの信徒の紹介によってアメリカでの落ち着き先を決めていたようである。その関係から、ニューヨークでは、生活面で、あるいは工場見学などで、数人の日本人クリスチャンになにかと世話になり、便宜を図ってもらうことになる。

明治三三年七月二八日、ニューヨークに到着した新吉は、一ヵ月ほどをジャパニーズミッション（日本人のためのキリスト教伝道所）に滞在して、皿洗いや掃除、ハウスボーイなどをし、滞在費をなんとか作り出す苦心をしていた。生活費もわずかで、見知らぬ外国で不安に襲われる日々もあり、情緒不安定に陥ることもあったが、やがて女神は向こうからやってきた。

F・G・スミスと名乗るプロテスタント・メソジスト派の信者で、大手楽器製造会社ブラドベリー社の社長が訪ねてきたのだ。このとき七三歳のスミスは長くピアノ製作に手を染め、巨万の富を得た人物であった。突然の訪問であるうえに、その肩書きから新吉は事情が飲みこめず、なにごとかと驚きつつも、スミスに誘われるままブルックリンにあるブラドベリー工場を訪れた。

工場をひととおり見せて回った後、スミスは新吉の要望を尋ねた。新吉は自身の実情とピアノの製造技術を学びたいことを正直に語った。それを聞いたスミスは、自分の工場で実際に働きながら、技術を身につけてはどうかという。新吉にとっては願ってもない申し出だった。

最初は塗装部に配属され、塗装する前の木の下地を仕上げる研ぎと磨きの作業に就いた。しばらくして新吉が懇願したことで「モットモ秘密ノ場所」であるサウンドボード（響板）の製作職場に回してくれた。ここでは、木目や木肌、質感を見ながら木材を製材して木取りし、厚さや微妙な形状を決めて、はぎ合わせて一枚のボードとしていく。目の前で繰り広げられるこれらの作業の一つひとつを、新吉は目を皿のようにして注目し、教わり、自らも作業の中に加わった。

その夜、興奮して寝つけなかったところは、寅楠がピアノ工場で秘密のアクションの職場を見せてもらえた夜と似てはいるが、違うのは、あまりに貧しい滞在生活だった。それでも、松本のひたむきな性格は異国の職人たちにも好感をもって受け入れられ、温かく見守られている様子が日誌からうかがえる。それと同時に、彼が見せた調律の腕前の確かさが、工場の専門家らを驚かせたことも記されている。

一〇月一二日、帰国を目前にした新吉は、マンハッタンにある楽器製造の関連業種が集まる通りを歩いて見て回り、当時、日本にはなかった木《もく》ネジを拵《こしら》える機械を購入した。さまざまな人々の善意と支援に助けられて、収穫の多い日々を送った新吉は一〇月二六日、帰国の途に就くことになるが、その数日前、ブラドベリー社で「ミュージック・トレード」誌のインタビューを受け、自分が日本で製作を予定しているピアノについて「日本の家には米国流の大型ピアノはそぐわないので、日本家屋に合った五オクターブのピアノを作る考えである」と語っている[7]。

新吉はこれから製作する小型ピアノの構想を思い描きながら帰国するが、その一ヵ月後、新吉は絶望のどん底に突き落とされる。渡米のあいだに、幼い六人の子どもをかかえて、自らは「食べるのに事欠いて」留守宅を守ってきた妻のるゐが、明治三三年一二月二五日クリスマスの朝、午前八時「力尽きたように」病死する。新吉は悲しみにひたる暇もなく、幼い子どもたちを妻の実家に預け、ピアノ製造に向けて走り出す。それが妻の遺志であると受け止めて。

松本楽器の発展

新吉は、数年の準備期間を経た明治三六（一九〇三）年春、アメリカで雑誌インタビューに答えたとおりの五オクターヴと七オクターヴの二種類のベビーピアノ（小型アップライトピアノ）を製造・販売する。その翌年一〇月には、松本楽器合資会社を設立し、銀座の一等地に販売店も出店する。帰国からわずか数年で大きな飛躍をなしとげた背景には、それまでのオルガン生産に加えて、ピアノなど西洋楽器の将来性とアメリカ仕込みで技術を身につけてきた新吉の希少価値性があった。さまざまな思惑を秘めた協力者が近づいてきたのだった。滞米中、食費も削りながら残しておいた持ち金でピアノの材料や部品、工具など、合計約八〇〇円ほどを買い込んできたことも発展の土台になった。

さらに事業は標準的な各種アップライトや小型グランドの製造へと広がった。その勢いにはめざましいものがあり、各種雑誌や新聞の広告には、「舶来を凌ぐ日本唯一松本ピアノ」と謳った。価格は五オクターヴが一八〇円から二〇〇円、七オクターヴは三〇〇円から三五〇円だった。

新吉が帰国して五年後の明治三八（一九〇五）年には、息子の広も渡米してピアノ技術を学ぶことになる。父親と同じブラドベリー社、さらにパーマー社、リバース・エンド・ハリー社などの研究生となって、三年間にわたり意欲的にピアノ技術を習得して帰国した。父親の新吉はなかなかの風貌でスーツ姿が似合って堂々としていた。息子の広もまた、アメリカ帰りを漂わせるスーツ姿でビシッと決めた紳士だった。のちに広が社長となって生産したピアノは「H《エチ》松本ピアノ」と名付けられた。自らの名前の頭文字をとってブランド名としたものだが、アメリカ仕込みの匂いを漂わせたかったのかもしれない。

松本の急成長と同じく、西川、日本楽器もさらに拡大していった。事業が軌道に乗りかけていた日本楽器は、明治三五（一九〇二）年三月、火災で工場をほぼ全焼したが、たちまち再建して、増資を重ねていく。

松本も明治三九（一九〇六）年二月、やはり工場を火災で失ったが、その年の九月には早くも月島の埋め立て二号地にブラドベリー社を模した大工場を建設して、世間では焼け太りかと揶揄されたものだった。

当初は需要の多い小型アップライトピアノだけを作っていた松本楽器だが、広が帰国する前後から標準的なアップライトを作り、続いてグランドを手がけた。当初、月産数台であった生産台数は次第に増え、大正一〇年代に入るとおよそ五〇台に達した。

アクションは、新吉が主導していた時代はおもにイギリスから輸入し、広に代わってからはもっぱらドイツから輸入していた。自前のアクションやハンマーを生産しだしたのは大正八（一九二〇）年頃からだった。松本楽器で使う木材はほとんど国内産で、それも、現在のような合板ベニヤではなく、ムクの一枚板で加工された。外型のケースには、いまではほとんど使われていない桜が使われ、これに赤っぽいマホガニー仕上げの塗装が施された。仕上がりが魅力的な樫（オーク）も使われたが、これは狂いが生じる欠点があった。響板にはやわらかい木質の姫小松が使われ、駒（ブリッジ）には堅い木質で知られる楓が用いられた。

ピアノ職人たちの苦労

明治三九年九月の松本楽器の新工場の完成から、五年後に入社した宇都宮信一は、のちに独立して、粋な江戸っ子気質の名物調律師としてその名が知られている。〝宮さん〟の愛称で親しまれ、調律師を目指す少女を主人公にしたＮＨＫのテレビドラマ『四季・ユートピアノ』（昭和五五年放映）にも老調律師役で出演して評判になった。宇都宮は『宮さんのピアノ調律史』の中で当時の松本楽器について語っている。ピアノ職人の仕事ぶりを知る意味からも、興味深い記述が多い。

木材加工機械の動力源はすべて蒸気機関を使っていた。蒸気で回す動輪が天井にあって、そのシャフトに幅の広い革ベルトを掛けて裁断機械などを動かすのだが、危険きわまりない。しかも、車輪を回転させたり停止させたりする装置がかなりいい加減で、安全装置もなかった。こんな状況だから、ベルトの切り替え作業などで、腕や指を巻き込まれて切断してしまう事故がしばしば発生した。蒸気動力によって高速で回る自動のカンナがけもきわめて危険な作業で、当時、自動カンナの係の職人で五本の指が指先まで満足に揃っていた人がいなかったくらいだという。

宇都宮は指先の勘が鋭いと認められて、こうした危険な力仕事はあまりさせられることなく、早くから、複雑でいろいろと細かいピアノの最終組み立てや仕上げに回された。最終組み立ての工程における当時と現在の違いについて、次のように述べている。

「ピアノがピアノとして形をなし、ピアノが楽器としての生命を吹き込まれる」のであるが、「今ではこの工程が、ヤマハ（日本楽器）にしろカワイ（河合楽器）にしろ多種多様に細分化され完全な分業システムになっておりますが、当時はそうではなく、組み立てのほぼ全工程を一人の職人がほとんど手がけておりました(8)」

個々の組み立てでもっとも重要な響板の作業までは、粗削りの状態で木工から回ってきた響板の片側に膠《にかわ》で響棒を十数本取り付ける工程をさす。よく通る、いい音が出るようにと、響板や響棒を少しずつ削っていく微妙な作業となる。しかも、のちに張る弦の十数トンにもなる張力によって響板と響棒が曲がってしまわないように、最初から逆の方向にいくぶん反らせた状態に削っていく。その程度が個々のピアノによって微妙に違うので、経験と勘が重要になってくる。

このあと、響板に置いて取り付ける鉄骨のフレームに穴を開け、さらに、アクションやハンマーも取り付けて、さらにピアノワイヤーの弦を張っていく。単なる組み立てというのではなく、「音の組み立て」を目的としながら整調・調律・整音を行っていく作業である。どの作業も微妙で、ピアノの良し悪しに直結する作業だけに神経は使うし、弦を張る作業は力もいる。特に複雑な機構を持つアクションの取り付けや調整、ピンの穴開けはなかなか厄介で泣かされたものだったという。

ピアノには特殊な形状をした燭台《しょくだい》とか凝った金箔の飾り物、ブランド名の金属プレートなどの付属の装飾品も取り付けられて、優雅さを醸し出している。そんな一連の付属品の製作では、昔ながらの築地界隈や八丁堀《はっちょうぼり》などに住む町の職人、挽物師《ひきものし》や蒔絵《まきえ》師《し》に頼んで作ってもらうことになる。

また、黒光りする塗装も季節によって湿度や温度が違ってくるため、仕上がりに微妙に影響して神経を使う作業だった。塗装の好みはヨーロッパ（ドイツ）とアメリカでは異なり、ヨーロッパのピアノは塗りが非常に薄く、地である木の木目が浮いてくるくらいにし、布でこするとザラザラする手触りの感覚である。ところがアメリカのピアノは、ニスを厚めに塗って美しい「ゴールデンオーク」に仕上げる。

アメリカ式の難点は、新しいうちは美しくて見栄えがいいが、年数がたってくると、ニスの厚いぶんだけひび割れが生じやすいことだ。そうなるといっぺんに色あせてくるし、修理するときはいったんニスをはがさなければならないため、大変な作業になる。その点、ドイツ式は新品の段階では美しさで見劣りするが、安くできるし、割れも生じにくく長持ちする利点がある。いかにも実用性を重んじるドイツらしい。松本ピアノは父子ともにアメリカ仕込みだけに、アメリカ式を採用していた。

第四章　洋楽ブーム

事業拡張路線で満洲進出

明治三八（一九〇五）年半ばには日露戦争がほぼ終息し、戦後景気が始まっていた。ロシアの権益下にあった満洲を手に入れた日本は、日清戦争後と同様、経済活動も勇ましくなり、機を見て敏なる寅楠はただちに満洲への進出を果たした。主要な産業でもない、地方の楽器メーカーの社長でありながら、後藤新平、前島密《ひそか》、益田孝、前田正名などの政・官・財界の大物との交流も増えてきた。

明治四一（一九〇八）年一月には、大連に支店を開設して、楽器のみならず、土木建築や家具、室内装飾などの輸出を手がけた。上海には、以前から取引があったモートリー商会のピアノ工場があって、広く支配していたが、このメーカーから独立した中国人から合弁の申し出もあって、寅楠は機をうかがっていた。

この時期、急激に増えてきたピアノ生産を確実なものとするため、ピアノ線メーカーとの継続的な輸入契約もまとめ上げて体制固めを図った。さらに寅楠は、企業規模の拡大とともに市場に対する影響力を強め、この頃になると、創業時からの特約店で、関東以北の販売基盤を握っていた共益商社の介在を嫌うようになっていった。このため、明治四二（一九〇九）年、ついに共益商社を買収して東京支店とし、直売方式に切り替えた。それほど日本楽器の経営力が増したのである。

明治四〇年代に入ると、それまで数台から数十台のオーダーであったピアノの年産が、一〇〇台の大台を超えて、明治四四（一九一一）年には五〇一台にも増加した。オルガンに至っては年産が約一万台にも達していた。明治四〇（一九〇七）年時点における日本楽器の生産台数を西川と比較すると、オルガンは一〇倍、ピアノでは二倍にも開いており、両楽器の生産では日本一となっていた。ピアノで健闘する松本との比較でも資本金が一〇倍にも開いていた。

一方、ピアノの購入者は、これまでの学校や劇場あるいは超有産階級といった層から、比較的裕福な市民層へと広がり始めていた。こうした新しい社会層は、外国製の約半値で買える国産ピアノを買い求めていた。この時期における三木楽器商会のピアノ販売の実績を見ると、外国製は横這いであるのに対して、国産が大きく伸びている。

相次ぐ創業者の退陣と死

洋楽器ブームで販売台数も急に伸び、たえず強気の拡大路線で突っ走ってきたピアノ業界だが、突然の逆風にさらされることになった。日露戦争時の巨額の出費や債務にともなう明治末から大正初期に至る経済不況に加えて、明治四五（一九一二）年七月三〇日、明治天皇が崩御し、一年間、喪に服する意味で歌舞音曲が禁止となったからである。これればかりは手の打ちようがなく、各社の倉庫にはオルガンやピアノが山と積まれることになり、赤字となって株式の無配当が数年続いた。日本楽器全体の生産指数は明治三五年を一〇〇とすると、明治四四（一九一一）年には九〇〇に達したが、大正三（一九一四）年にはその三分の一以下に落ち込んでしまった。職工数も三分の一減の二〇四人にせざるを得なくなる。

国内の楽器需要の伸びが止まったが、すでに寅楠は満洲進出も含めた拡大路線をとっていた。三井財閥などとの接触も図って経営の多角化を進め、ベニヤや高級家具、アスベストを生産する会社を設立するなどして企業グループの形成を夢見てきたが、ここへきて逆風にさらされた。

業績の悪化で大幅な減配となり、明治四五（一九一二）年上期の株主総会は紛糾した。寅楠は責任を問われて、社長の交代によって切り抜けようと模索した。寅楠は静岡県浜名郡長の天野千代丸に白羽の矢を立てた。山葉風琴製造所の創設から二五年、寅楠がついに楽器の製造から事実上、身を引き、実質的には天野に日本楽器の経営を委ねることになった。大正二（一九一三）年八月、天野は副社長に就任し、大正六（一九一七）年一月には社長に就任することになる。

翌大正三（一九一四）年七月、第一次世界大戦の勃発によって、それまで楽器の輸出国として世界に君臨していたドイツが、軍需生産に追われて生産できなくなったため、日本の製品が輸出できる環境が作り出された。特に、オルガンやハーモニカの輸出は、鬼の居ぬまにとばかり急激に伸びて、数年前の不況が嘘のごとく、日本楽器の生産は一挙に拡大した。

大正六（一九一七）年には、職工の数が大正二年の四倍の八〇七人にも増え、ピアノの生産は年産六四七台に増加し、さらに伸びる勢いを示していた。大正時代の最高となる大正一四（一九二五）年における日本楽器のピアノ生産は一一六七台にも達し、職工数も一四〇二人にも膨らんでいた。

やがて、ヨーロッパを中心とした戦争が激しさを増すにつれ、当事国の産業の多くは、民需生産から軍需生産へと転換した。それでも足りない軍需品の注文が、ヨーロッパ各国から日本へと殺到した。それと同時に、これまでヨーロッパ各国が輸出していた民需品の市場に、日本製品がなだれ込んだ。日本国内にはこの戦争景気で成金《なりきん》が生まれて、彼らのあいだで子女にピアノを習わせることが流行《はや》り、金にあかせてピアノを購入したのである。

日本楽器の生産拡大と同じく、西川も松本も増産に続く増産で企業規模を拡大させ、生産する楽器の種類も増やしていった。楽器メーカーは需要の拡大に酔いしれて、足腰が脆弱なまま背伸びの経営を進めていた。

一方、天野に日本楽器の実質的な経営を譲った寅楠は、日本楽器のグループ企業の一つでアスベスト製法特許を生かした製品を量産化する日本耐火製板株式会社（資本金五万円）の社長として、その化学材料の事業拡大に専念することになるが、無理がたたって病に倒れ、大正五（一九一六）年八月八日、六四歳で死去する。その二ヵ月後には、創業時の右腕だった河合喜三郎も後を追うように他界する。五九歳だった。

最初のオルガンづくりのとき、私財もなげうって事業に協力した河合夫妻には子どもがなかったため、寅楠は息子を彼らの養子とした。その際、寅楠はこう述べていた。

「俺が今日のようになったのはお前のおかげだから、俺のものはお前のもの、お前のものは俺のものと言う事に思ってくれ」(1)

また、自宅と併せて、河合の家も同じように建てて提供した。

大正六（一九一七）年八月、社長に正式就任したばかりの天野千代丸は、好況に支えられて強気路線に転換し、資本金を六〇万円から一二〇万円に倍額増資した。

こうした情勢の大正八（一九一九）年二月、職人気質を堅持しながらも企業規模を拡大してきた西川楽器（資本金四八万円）の社長を引き継いでいた安蔵が流行性感冒にかかり、半月ほどであっけなく死亡した。まだ三九歳の若さだった。(2)

安蔵は養子として西川家に入り、一五歳のとき、中風に悩まされていた養父の虎吉が充分な活動ができないのを見かねて、工場に入り、見習工の一人となって家業に専心することになった。アメリカでの修業ののち、ピアノ、オルガンの改良に努め、店主ともなって事業経営にあたっていた。

安蔵の死からまもなくして、すでに第一線から退いていた創業者の虎吉も死去した。販売面を切り盛りしていた安蔵の妻・千代子が後を引き継いで事業を運営しようと、外部の運輸会社の会田藤次郎を社長とする合名会社（資本金四万円）に改組し、再建を図ったが、第一次大戦後の反動不況もあって持ちこたえられず、大正一〇（一九二一）年、ついに日本楽器に吸収合併されることになった。

大正一〇年七月号の「音楽界」は、この吸収合併を報じた記事で、「一月に九台のピアノを製造するために一万二千円の年俸を支払う外国人技師を招聘《しょうへい》したるなど支出のみ膨張して収入これにともなわざる状態にあった」と、経営破綻の原因を記している。

日本におけるオルガンおよびピアノ製造の先駆者として、たえず寅楠と激しい競争を繰り広げてきた西川はついに力尽き、大正一〇年八月の合併後、日本楽器の横浜工場に衣替えした。これにより、日本楽器は資本金をさらに増資して三四八万円とし、日本の楽器市場の八割を占めるまでに至った。

余談だが、西川安蔵の夫人・千代子は「まれに見るモダンな美女」で、日本で最初に飛行機に乗った女性ということで知られている。自身で操縦してということではなく、ただ単に乗ったということだが。また、横浜にある西川楽器ではしばしばダンスパーティーなどが開かれていたが、そのときの主役は美貌の千代子夫人で、虎吉や安蔵はそのことを楽しみ、洋楽器を製造するメーカーのイメージづくりも兼ねていた。

松本楽器の東京からの撤退

日本楽器による西川吸収の二年後、大正一二（一九二三）年九月一日、関東大震災が関東・東海地方を襲った。

松本楽器は、その一七年前の明治三九（一九〇六）年に火災で工場を失い、その年から翌年にかけて月島に大工場を建設したものの、新工場も大正三（一九一四）年一二月に再び火災によって失われる。不屈の精神で再々度、大工場の建設を果たしてきたわけだが、これらの再建のために大倉洋紙店などの力を借りることになり、経営に外部の力が介入するようになってきて、松本らしさが次第に失われつつあった。

翌大正四（一九一五）年、火災後の再建に向けて奔走中の松本新吉は社長職を解かれ、経営の実権は奪われて、工場部門のモノづくりだけに専念することになった。松本のブランド名および奪われた銀座の楽器店の名は、山野楽器に取って替わられた。

このとき、積年の恨みからか、かつての師匠である西川虎吉も裏で画策し、松本失脚をお膳立てしたとも伝えられている。

それでも、松本は挫折を乗り越えて京橋区（現・中央区西部）柳町に工場を再建して生産を伸ばしていたが、関東大震災によってまたも工場を失ったのである。さすがの新吉も五〇代半ばとなっており、株式会社を解散して郷里の君津に引っ込み、小規模ながら「S《エス》松本」の商標でピアノづくりを続けていくことになる。新吉の長男・広は、店舗と工場を仮設してピアノづくりと販売を再開し、やがて「H《エチ》松本」のブランド名で小規模ながら生産を継続していく。

一方、浜松にある日本楽器本社は関東大震災による被害を免れたが、東京支店が全焼、元西川楽器の横浜工場の一部は倒壊した。創業から三五年を経て、西川、松本という積年のライバル二社がほぼ消滅し、日本楽器は、日本市場を独占する楽器メーカーとなった。

山葉、西川、松本の明暗を分けたもの

それぞれの個性を持ちつつ、明治、大正の激動の時代を突っ走ってきた日本を代表する三大楽器メーカーの特質とその明暗を分けたものはなにか。

職人気質を残しつつ意欲的な経営で着実な発展を遂げてきた西川楽器は、第一次大

戦中には工場を拡張し、それまでのオルガンやピアノの生産からさらに手を広げて、ヴァイオリン、蓄音機、レコードの製作にまで進出した。しかし、会社の要職を家族で占める家族主義的な経営を進めてきたためか、経営トップの死はそのまま会社の崩壊へと結びついた。

西川の下で修業して独立した松本新吉は、職人的というよりも技術者的で、モノづくりにこだわった。自身だけでなく、息子も渡米させて父親と同じブラドベリー社などでピアノ技術を学ばせるほど情熱を傾け、自負も持っていた。それだけに、完成したピアノの音はほかの二社を上回るほどだったともいわれている。だが、仕事熱心な技術者にありがちな経営の面での甘さが見られ、したたかな外部の資本に足元をすくわれて、積み上げてきた事業の基盤を失うことになった。それればかりか、数度の火災や震災による工場の焼失は、あまりに不運であった。

両社とも、足腰が脆弱なまま好況の追い風に乗って事業の拡大路線を突き進んだが、数年にして経営上の問題が起き、折からの経済不況の不運もあって、破綻をきたすことになった。

一方、生き残って独占体制となった日本楽器は、ほかの二社と違ってはやばやと明治期に、唯一、株式会社の形態をとり、外部に開かれた企業体制として、つねに高所から時代の変化を読み取る姿勢も持っていた。しかし、創業者の寅楠は、本業である楽器づくりから、事業の拡大そのものに意義を求める経営の多角化を図り、企業集団の形成を企図した。ところが、計画どおりにはことが運ばず、業績の悪化を招いて、大株主である役員からの批判を受けて、社長の地位を失う結果となった。

三者三様の結末は、日本の洋楽器製造の黎明《れいめい》期における経営のあり方の難しさを教えていた。それは、ピアノやオルガンそのものが持つ属性とも関連していた。特にピアノの場合、木工や塗装などの手仕上げ的な面を持ちつつも、性格が異なる弦やフレームなどの近代工業で生産しなければならない金属部品も含んでいる。アクションなどは、近代的な工場で量産体制をとらないとコストは下げられない。

楽器の生産過程そのものは、感覚に頼る微妙な組み立てや調律、調整に見られるように、多分に伝統的で職人芸的な要素を必要とする。しかし、需要量からして、近代工業として一定以上の量産体制をとらねばコスト競争に太刀打ちできない。しかも、それを可能にする資金を集められる、開かれた近代的な経営体制がなければ事業の拡大は難しくなる。

伝統的な側面と近代的な経営体制という相反する二つの要素を含み込んだピアノ生産の事業は、時代あるいは経営規模に応じてどちらの経営スタイルを選択し、あるいは脱皮を図りながら、拡大発展させていくかが、資金調達の方法や人材および後継者の育成問題、経営者の資質ともあいまって明暗を分けることになった。もちろん、おのおのの楽器メーカーを取り挙げれば、多分に時の運、不運が左右したことはいうまでもないのだが。

国産ピアノへの批判

この頃、日本楽器は寅楠が渡米して購入した各種の工作機械だけでなく、独自に特殊な機械や工具類を開発するために、社内に鉄工部を設けた。若い河合小市を抜擢し、つぎつぎと新たな設備を考案して体制を整えていった。

さらには、明治三八（一九〇五）年二月、それまでの発明特許制度に、実用新案の登録制度が新たに加わったことで、日本楽器の社内に発明熱が醸成された。実用新案は、発明特許のように原理的な面での飛躍や新しさがない一段レベルが低い発明（改良、工夫）でも特許として認められることになる。これにより、各企業が競って実用新案を申請し、権利を獲得して有利な立場に立とうと熱を上げた。明治三〇年代末には河合小市が取り組んだアクション部品の製作機械や鍵盤セルロイド磨き機の発明に見られるように、各部門でアイディアが出され、開発が盛んに行われるようになっていった。

さらに、明治四四（一九一一）年二月に念願の関税自主権が確立されたことで、大きな変化が訪れた。ピアノ輸入の取り扱いが簡単になり間口も広がり、国内需要の高まりもあって外国製ピアノを扱う日本の輸入業者が増えたため、競争も激しくなって価格を押し下げる結果となったのだ。

当初、輸入ピアノにかけられる関税は五〜二五パーセント程度だったが、国産ピアノの水準があまりに低かったため、外国製ピアノが尊重されて、少数に限られていた輸入業者が暴利を貪って価格を不当に押し上げていたのだった。関税自主権が確立すると五〇パーセント近くにもなったが、その反面、それまで主流を占めていた高級品だけでなく、安価な製品が数多く入ってくるようになった。

このため、明治末から大正初期にかけて、日本楽器ではピアノに限らず、めぼしい楽器をつぎつぎと取り寄せてこれらに学び、あるいは模倣し、さらには独自の改良も加えて売り出すことになった。ピアノでは、新しいタイプの自動ピアノや電気ピアノが発売されたが、これらにはアイディアマンの小市が持ち前の能力を発揮した。

各楽器販売店はもちろんのこと、楽器メーカーまでもが販売代理店となって取り扱うようになると、安価な輸入ピアノと比較されるようになった国産ピアノの技術水準の向上が求められた。こうした現実を受けて、それまで雑誌などに掲載されることのなかった国産ピアノの水準を問題とする論評も登場するようになってきた[3]。

とはいえ、この頃の音楽雑誌のほとんどは有力な楽器店あるいは楽器メーカーのひも付きで成り立っていただけに、販売台数が急に伸びてきた国産ピアノの品質について正面から取り挙げ、あからさまに批評あるいは批判することはほとんどなかった。そんな中で、音楽好きで変り種の医学博士（精神科医）榊保三郎が国産ピアノを取り挙げ、雑誌「音楽」大正二（一九一三）年六月号の巻頭で、「苦言一束」と題して正面から批判したのはきわめて異例のことだった。

ここで榊は、まず国産ピアノの価格は高すぎることを批判している。ちなみに当時、外国ピアノでもっとも安いものが二二五円、山葉のそれが三五〇円で、もっとも安い松本ピアノが三〇〇円程度だった。国産ピアノの松本楽器、西川楽器、日本楽器の三者を俎上《そじょう》に載せ、その中では「山葉楽器製造が最優勢である」としながらも、山葉のピアノはアクションが悪い、買いたてのうちはいいが一、二年たつと不快な軋《きし》み音が出る、ハンマーが二度打ちを始めるなどの欠点を挙げ、辛辣《しんらつ》に批判している。さらに、山葉製セミグランドピアノの七五〇円という価格を高すぎると断じる。

松本ピアノについても一長一短を厳しく指摘する。仲間うちでは評判が悪かったが、使ってみると意外に悪くない、しかし一年ほどで音律が狂いやすい、といった具合である。

西川については使う機会がなかったため詳しい論評を避けてはいるが、「用いた人から聞くと、やはりアクションに欠点があるらしい。代価も決して廉価ではない」と、やはり批判的である。

榊の容赦ない批判の矛先は、楽器メーカーだけでなく音楽家にも向かう。
「楽器は音楽専門家の生命である。この善悪良否を判断する能力は皆有って居なければならないのである。ピアノの内部の構造などは、よく心得ておって、言わば音楽以外になお機械学の能力もなければならぬ。（中略）音楽学校に望むことは、学科の中に諸楽器の構造、音響物理学等の科目を科してもらいたいのである[4]」

音楽家や音楽の教師たちが、ソフトウェアとしての音楽しか念頭になく、音楽を奏でるハードウェアとしての楽器そのものにほとんど関心を示さず、重要性も認識しないで、ただメーカー任せとなっている現状を批判している。

楽器に対してまともな批評をすべき立場の日本の音楽家は、なにかにつけて国内の楽器メーカーや楽器店とつながりがあるだけに、国産の楽器を正面から論評することは避けてきた。そんな中で、榊は音楽を職業としていたわけではなく医学者であったから、はばかることなく論ずることができたのである。

ちなみに榊について紹介しておくと、彼は今日まで存続している日本最古の音楽団体でしかも「フィルハーモニー」の名称を明治末に最初に使った「九州大学フィルハーモニー」の生みの親であり、ヴァイオリンの名手でもあった。そればかりか、文部省から精神病理学の研究のためドイツに三年間留学を命じられた際、ベルリン国立音楽大学学長のヴァイオリニスト、ヨーゼフ・ヨアヒムに師事して腕に磨きをかけ、音楽の勉強にも情熱を傾けた。帰国後は音楽活動にも力を入れ、山田耕筰からは、日本的な先入観やしがらみにとらわれない自由さ、さらには、「この日本にも音楽が、音楽を楽しむことが人生だという日がきっと来ると信じている」とする姿勢が絶賛されていた。それだけ、日本の音楽業界は未熟であったというべきであろう。

この批判には大きな反響があったらしく、翌大正三（一九一四）年八月号の同誌には、さらに辛辣な「楽壇時評」として「我国の楽器製造業者に警告す」と題した文章が掲載された。日本の楽器製造者が「目前の小利」に迷って向上心を持たないことを批判したものであった[5]。

東京楽器研究所の創設

さらに新たな動きとして、音楽好きが昂じて、アメリカの音楽学校とピアノメーカーで本格的に学び、帰国した日本人のピアノ技術者が登場して、業界に一石を投じることになった。のちに東京楽器研究所を創設する福島琢郎[6]である。

中学の頃から楽器をいじるのが好きで、早稲田大学商学部卒のエリートが、財閥三井の重役である父親が用意した就職先を蹴って、明治四二（一九〇九）年、東京音楽学校元校長・伊沢修二の斡旋《あっせん》によって浜松の日本楽器に入社してピアノづくりに従事したいというのである。胸を躍らせながらいざ入ってみると、イメージと実際の仕事が一致しないばかりか、かなりの開きがあって、二、三年するとあっさり辞めてしまった。大正二（一九一三）年、親の七光もあってか、伊沢から「楽器の研究に入るよう勧められ」、農商務省の実業練習生に採用されて渡米した。ボストンにあるニューイングランド音楽院および成長著しい大手ピアノメーカーのチッカリング社で二年間、ピアノの構造や調律について修業を積んだ。

このとき、アメリカで演奏活動をしていたピアニストのパデレフスキーの調律作業に立ち会えるチャンスを得て、その技術に魅せられた。パデレフスキーがスタインウェイを愛好していたこともあってか、福島は、その後、ニューヨークのスタインウェイ社で一年間学んだあと、大正五（一九一六）年に帰朝して、東京音楽学校の講師となった。

音楽理論とモノづくりの両方を知り、しかも外国の一流ピアノメーカーでも技術を習得した貴重な経歴の持ち主だけに、日本楽器の招聘で何度か入社したが、やはり「理論と技術がかみ合わず」、そのたびごとに退社を繰り返すことになる。

大正七（一九一八）年、ついに福島は長年の夢だった東京楽器研究所を東京・大井に創設する。広く楽器の製造技術を研究すると銘打ち、資本金五万円をもって創立された。宿願であった独自の設計に基づくピアノづくりを始めようと、三越の重役などの出資を受けたのだった。このとき、日本楽器で最高のチューナー（調律師）と呼ばれていた広田米太郎を招いて女房役とし、日本楽器や西川楽器にいた職人も多く加わった。

二年ほどすると、なんとかまともなピアノが月産一二、三台ペースで製作できて、価格は、この頃最低五〇〇円だった日本楽器のアップライトより高い八〇〇円とした。それでも、最初は、アメリカの一流ピアノメーカーで学び、音楽理論も知る東京音楽学校の講師が興した工場で作られたピアノであるとの期待感もあって、そこそこに売れた。

だが、需要がひと回りして、世の中も不景気になってくると、これといった販売ネットワークを持たず、福島個人の名声に頼っていただけに弱点を露呈し、売り上げが落ち込んできた。毛並みがよいだけに、理論が先走りし、ワンマンだったこともあって、研究所の運営はギクシャクした。

関東大震災の翌年の大正一三(一九二四)年、女房役の調律師でありピアニストでもある広田米太郎が見切りをつけて袂を分かち、独自に広田ピアノを設立。東京楽器研究所の経営はますます苦しくなっていった。大正一四、五年頃には、給料も満足に支払えなくなって、つぎつぎと従業員たちが辞めていき、ついに廃業となってしまった。

東京楽器研究所の例は、ピアノづくりにおける理想と現実のギャップを埋める難しさを教えていた。

福島自身が「日本の風土とピアノ」と題する講演（『音楽世界』昭和一〇年一二月号所収）でピアノ作りの難しさを語っている。

「スタインウェイの工場に厄介になって社長の甥と一緒に製作に従事したのでありますが、向こうで秘密を有つ程のこともなかったと思います。しかしその方法で日本でやってみますと、向こうでやったのと全然違ったものが出来てしまうのであります」

たとえば、日本のエゾ松で製作する響板はその典型で、アメリカのそれとは違っていて、どうも木が堅いようだった。

「日本で採れる木のものは、どれも皆何と言い表していいか、カキクケコというような音が出る。あちらのはパピプペポのような音が出て、同じ拵《こしら》え方でありましてもそういう風で、日本の木そのものがどうも膨みのある音が出ない」

日本におけるピアノづくりの現実は、この楽器が醸し出す西洋的で優雅なイメージとはかなり異なっていて泥臭いものだった。技術の蓄積や経験の浅さ、さらには日本の気候風土の制約や原材料の違いも含めた地道で泥臭いモノづくりの現実や、日本的な商慣行も踏まえながら、一つひとつ乗り越えていかなければ実現しないのである。音楽理論を知り、本場西洋のピアノづくりを学んできたからとて、品質の高い製品がただちにできるほど甘くはないし、また売れる保証もない。東京楽器研究所の例は、日本におけるピアノづくりの難しさを物語っていた。ちなみに、この研究所が生産したピアノの総数は約五〇〇台だった。

福島自身はその才能が買われて、東京音楽学校（現・東京藝術大学）の講師を四〇年にわたって続けることになるが、その間に書かれた著作の『ピアノの構造・調律・修理』は現在も版を重ねている古典である。大正一一（一九二二）年には、ドイツを中心にして欧州のピアノメーカーを視察するなど、この業界にはめずらしい超インテリの理論家として知られる存在となった。

福島は、ことあるごとに日本の楽器製造技術の立ち後れについて言及した。(7) 洋楽が本格的に教育に取り入れられるようになって五〇年が経過し、音楽教育は著しく発展したが、それを支える重要な役割を果たす楽器は、製造業者に利益を生み出してはきたが、演奏者が満足できる品質には至っていないとして、日本における楽器製造技術の向上、ことに国産ピアノの品質向上のためには、演奏者という専門家の助力が不可欠と考えた。

欧米と比べて、日本のピアノメーカーにもっとも欠けている要素は、芸術としての音楽あるいは音楽性を追求する演奏者とのコミュニケーションを通じて意見を取り入れつつ、協同作業でピアノを製作して改良を重ね、洗練させていくことであった。福島は、その必要性を指摘したのである。

ピアノの作り手であるメーカーが工場内にとどまり、音楽家とのコミュニケーションを怠っていたのと同様に、その当時一流といわれる日本人ピアニストもまた、国産ピアノの水準を高めていこうとする情熱に欠けていた。また、そうした力も持ちあわせていなかった。国産ピアノなど端《はな》から相手にせず、もっぱら外国製ピアノだけを相手にしていれば事足れりとしていた。それが明治から第二次大戦前までの日本の音楽界の実状であり、国産ピアノメーカーにとって不幸な歴史でもあった。

舶来ピアノと外国商社

大正七（一九一八）年一一月、四年半近くに及んだ第一次世界大戦はドイツの敗北で幕を閉じた。その間、欧州各国は軍需品の増産に追われて、ピアノはほとんど生産されなかったため、大戦前と同様に、日本にはアメリカ製のピアノが輸入された。

しかし、敗戦後二、三年もすると、それまで途絶えていたドイツのピアノが以前にも増して、いっせいに日本に流れ込んできた。敗戦によってドイツマルクが暴落したこともあって、一五〇〇円の安いドイツ製のチンメルマン・ピアノが世界に輸出されたりしたのである。ドイツ政府はヴェルサイユ条約で天文学的な金額の賠償を要求され、しかも荒れ果てた国を復興するため、売れそうなものはなんでも輸出して大いに外貨を稼ごうとした。その結果、日本に輸入される外国製ピアノの八割をドイツ製が占めるまでになる。

その一方では、第一次大戦直前に一六五〇マルクだったドイツの名門ベヒシュタインの高級グランドピアノが、戦争にともなうインフレと生産台数の激減によって、大戦の終わった翌年の大正八（一九一九）年には六二〇〇マルク、その年の終わりには一万一〇〇〇マルクにまで跳ね上がった。そうなると、それまでのように楽器販売店だけでなく、商社までも儲けを当て込んでピアノの輸入に走り、有力な楽器販売店や楽器メーカーには、東京音楽学校や国内の楽団などから海外の一流楽器を輸入してほしいとの強い要望が寄せられていた。

こうした動きが目立つ中で、大阪の三木楽器店が出し抜いて、世界の一級品との折り紙付きのスタインウェイの特約専売権を獲得したとの情報が流れた。ほかに有名どころでは、ベーゼンドルファーとブリュートナーは外国ピアノ輸入商会（東京ピアノ商会）と、メーソン・アンド・ハムリン社は三菱商事と、それぞれ特約を結んだ。

こうした動きに対抗して、日本楽器も外国製ピアノの輸入を扱うことを決めた。スタインウェイに比肩し得るメーカーとの提携先を探すため、視察の一行を海外に送り出すことになった。(8)

大正一〇（一九二一）年三月、河合小市を団長とする熟練技術者と販売のベテランら一行四名は日本本を発って、アメリカ、イギリス、ドイツ、イタリアを回った。各国の有名なピアノメーカーを視察して、輸入に向けた交渉を行った結果、提携先をベヒシュタインに決めた。スタインウェイに匹敵する世界の一級品で、視察団のかねてからの希望であった。

ベヒシュタインは、カール・ベヒシュタインが一八五三年に創業したピアノメーカーである。義兄のピアノ工場を皮切りに、各地でピアノ製造の修業を積んだカールは、創業まもなく、後にベルリン・フィルの大指揮者となるハンス・フォン・ビューローの目にとまる幸運もあって評判となり、ロンドンで開かれた工業および芸術博覧会では、伝統ある有力メーカーを抑えて銀メダルを獲得する。受賞が世界的に知れわたって注文が集まり、工場は拡張されて、生産台数もまたたくまに増えていった。一九〇〇年、カールは死去するが、三人の息子が跡を継ぎ、第一次大戦が勃発する一九一四年には、ベヒシュタインの工場は工員数が一一〇〇人に達していた。ピアノの生産台数がもっとも多かったその二年前には、アップライト、グランド合わせて年産五〇〇〇台にもなった。同じ頃の日本楽器はオルガンの生産が中心で、ピアノは年産六七三台にすぎなかった。

ベヒシュタインとの提携をなしとげた河合小市は、海外の伝統メーカーをはじめて見聞し、その製造法や工作機械に目を見張ると同時に、目についた機械や工具を買いまくった。日本楽器との格差も素直に認めて帰国した小市は、欧米ピアノメーカーの水準の高さを率直に語った。

日本楽器の売上高を見れば、主力製品のオルガンが頭打ちになって、替わって、売れ行きが伸びてきたピアノが主役になろうとしていた。外国製ピアノの輸入が急増する中で、社長の天野は国産ピアノの強化と早急な生産技術のレベルアップを図る必要に迫られていた。

一方、ピアノ部門の最高責任者であるピアノ部長の山葉直吉は、寅楠が唱え続けた「独立独歩」の路線を堅持しようとしていた。海外視察の際にも、当初、社長から派遣員に推されたにもかかわらず、「外国へ行かなくても、その国のピアノを見ればすべてがわかる」として、弟弟子にあたる小市に譲っていた。また、英語、ドイツ語に堪能で外国のピアノメーカーとのやりとりや文献、資料の取り寄せも行って熱心に勉強していた愛弟子の大橋幡岩《はたいわ》が直吉にアメリカ留学を希望した際にも、渡米経験のある技術者を引き合いに出して「あの程度の技術であるなら外国まで行くことはない。将来、私が技術者にしてみせる」(9)と自信のほどを覗かせていた。

外国製ピアノを分解してそれをまねて作ってきたとはいえ、直吉は独自に考え抜き、さまざまな試行錯誤を繰り返すことで、日本の材料や風土に合ったヤマハのピアノを作り上げてきたという自負を持っていた。それだけに、欧米崇拝から、接木をするように安易に外国の技術を借り、手っ取り早くピアノ生産を進めていこうとする姿勢には素直に賛成できなかった。

だが、世界の一流メーカーを目にして帰国した小市らは、直吉が基本としてきた日本楽器のモノづくりの姿勢は〝井の中の蛙〟に陥る可能性があると危惧するようになっていた。

日本楽器として、いかなる路線を選び取るかの岐路に立ち、当時の社長であった天野は一つの決断を下した。大正一三（一九二四）年四月、直吉が部長のピアノ部に、小市が部長をしていたアクション部を吸収し、さらには兼任する形で、部長の上位のポストである工場長に就任した。役職のランクから見れば、部長職の上位である工場長に就任した直吉は、いかにも昇格して全体を統括するかのように見えるが、そうではなかった。実は直吉を名目上の工場長に棚上げし、彼に替わって、アクション部長を解かれて技師長に昇格した小市が工場の全体を指揮する実質的な工場長となったのである。

直吉が寅楠から継承した「独立独歩」の路線は捨てられ、小市の「海外からの技術移入」の路線が選択された。

ベヒシュタインの技師シュレーゲル

天野は組織改革をさらに進めた。大正一五（一九二六）年一月、ベヒシュタイン社の監督技師であるエール・シュレーゲルを、輸入商のL・レイボルドを介して招請したのである。

上級技術学校出身で現場のすみずみまでも知り尽くした技術者であるシュレーゲルは、ベヒシュタインに入社する前、ブリュートナー社でもピアノづくりの経験を積んでおり、ともに名門と呼ばれる両社の経歴を合わせると数十年に及んでいただけに、日本楽器では絶対的な自信を持って指導した。

一般に、外国の優れた技術を導入すると、これまで社内で培ってきた技術とぶつかり合い、どちらかの権威が否定され、一時的に混乱を招くことがある。それは日本楽器でも起こった。ピアノづくりの権威者として工場を掌握してきた直吉の立場がさらに微妙になったのだ。

それに加えて、日本楽器内での主導権争いも絡んだ。直吉は、依然として力を持っていた山葉家一門の意向を汲む「忠臣」であり、寅楠亡き後は山葉の「重鎮」的存在だった。その存在を煙たく思う天野社長との水面下での綱引きもあった。天野は御しやすい河合小市を重用して側近とし、なにかにつけて技術面では彼に信任を置いたため、寅楠がピアノづくりの名コンビとして育て上げた直吉と小市の関係に亀裂が入った。シュレーゲルが日本楽器で技術指導をするようになると、天野は、シュレーゲルに小市をつけて改革を進めようとした。直吉の立場はなおさら微妙となり、彼はより寡黙になっていった。

天野はシュレーゲルを重用することで、直吉が築き上げてきた技術を否定しようとした。しかも直吉が社内で維持していた絶対的な権威も貶《おとし》めると同時に、ベヒシュタインの技術を移入することで一気に日本楽器のピアノ技術の水準を高めて社内を掌握し、海外にも輸出できる体制を作り上げようとしたのである。

ベヒシュタインの技術を取り入れるか、それとも、これまでどおり日本楽器固有の技術路線に固執するかの純粋に技術的な問題と、社内の主導権争いとが複雑に絡んでいただけに、外からは見えにくい多くの軋轢《あつれき》があった。ことに、ピアノづくりの基本認識において、直吉とシュレーゲルとでは、その手法において異なっていた。それは先にも触れたピアニストと作り手との協力関係の有無、あるいは演奏される音楽そのものに対する理解の仕方や感性の問題だった。

それはまた、西洋音楽の土壌の中で生まれ育ってきたドイツのベヒシュタインと、明治になって極東の島国日本に花開いた、木に竹を接ぎつつも独自の試行錯誤を経て技術を積み上げてきた日本楽器との決定的な違いだった。

直吉が信じるこれまでの手法やノウハウが、シュレーゲルによって否定される場面も出てきた。世界が認めるピアノ先進国ドイツの名門ベヒシュタインの技術者シュレーゲルが進める技術指導の前に、「謹厳重厚」な直吉も沈黙せざるを得ず、ピアノ技術者としての面目はつぶれ、忍従を強いられる姿がしばしば見受けられたという。

山葉大争議

シュレーゲルの招聘から三ヵ月ほどたったとき、思わぬ事態が起こった。大正一五（一九二六）年四月、日本の労働史上にも残る日本楽器の大争議の勃発である。

争議勃発に至る要因はいくつもあった。まずは天野社長の拡大路線に対する反発である。たび重なる増資と、大正一二（一九二三）年からスタートした一連の支店開設や満洲での事業展開、さらに各種楽器の輸入販売、北海道釧路のベニヤ工場の新設など、事業は拡大の一途をたどっていた。

次に、従業員の大幅解雇に対する抗議があった。それまで急激な伸びを示していたハーモニカが、戦後の復興で盛り返してきたドイツ製品の逆襲にあって売れ行きが落ち、大正一〇（一九二一）年にはこの部門の従業員六二九人が解雇され、三分の一近くにまで減らされている。

さらには、拡大路線からくる運転資金不足を補うための巨額の社債発行への危惧である。「大正十一年と十二年は、当社にとって歴史的苦難の年であった」と、「社史」に記されているように、相次いで工場を火災で失い、関東大震災で東京支店を全焼させ、横浜工場の一部が倒壊していた。多年にわたり、事業の拡張だけに力を注ぎ、逆境への用意がなかった日本楽器では、一連の災害によって、運転資金が枯渇した。翌年には二回にわたり社債を発行、その合計が一一五万円の巨額にのぼった。

また、争議の背景には、震災などによる慢性的な不況が続く日本経済全体の低迷もあった。

労働争議という観点から、当時の浜松地域に目を向ければ、静岡県下で最大の工業都市にまで急発展をしたが、その中核を担っていたのは四大企業の帝国製帽、鈴木式織機、日本楽器、日本形染であった。鈴木式織機は現在のスズキの前身だが、大正一四（一九二五）年、ごく少数の従業員によって日本労働組合評議会系の浜松合同労組が結成され、労働組合加入の承認や労働条件の改善をめぐって経営者側と交渉し、翌年一月から二月にかけてストライキを打つなどして勝利を手にした。

もともと浜松の労働運動はほかの地域と比べて後れていたが、産業都市として発展するにつれて労働者の人口が増えてきた。これに加えて、大正デモクラシーの波が地方にも及び、前年頃から相次いで左翼の政治団体が結成された。一方、中央では、日本労働組合評議会の大会が開かれ、このとき、有力な指導者である三田村四郎が中央委員の席を失った。名誉挽回を図りたい三田村はやはり筋金入りの活動家で知られる同志の鍋山貞親とともに浜松地方の労働組合を指導、強化して勢力を拡大しようと工作を始めていた。そうした外部の活動家による工作が各企業の中でじわじわと広がり始め、労働争議は、鈴木織機に続いて日本楽器にも飛び火した。

大正一五（一九二六）年四月二一日、日本楽器の職工代表三名は合同労組の指導者二名とともに、山葉直吉に面会を求め、一二条からなる労働条件の改善を求める「嘆願書」を提出した。内容は、従業員の約八割にあたる一〇〇〇名あまりが連署した合同労組への加盟や最低賃金の制定、衛生施設の設置といった労働条件や職場環境の改善などを要望するもので、「下男がおそるおそる主人に口をきくようだ」と評される次元の嘆願だった。この「嘆願書」をめぐって上層部では緊急重役会が開かれた。議論はあったが結局、解決を天野社長に一任することに決まった。一任された天野は組合に対して、終始強硬姿勢で臨み、一切の妥協を排することになる。

天野は、小倉藩で代々剣術指南役を務めた家の次男で、師範学校を出たのち、各地の警察署長を歴任するなど、警察畑を長く歩んだ内務官僚だった。こうした経歴で、しかも剣道七段の剛毅で「忠君愛国思想の持ち主」でもあっただけに、勢いを増そうとしている静岡県下の労働運動および外部の政治・労働団体の介入を徹底して抑え込もうという強烈な使命感があった。

組合の要求を受け入れるか否かといった経営的判断など、天野の頭になく、元警察官僚のメンツもあって、強硬姿勢の一辺倒でことごとくはねつけて、仲介に入ろうとした地元名士や有力者ら調停団による数度の斡旋案も退けた。天野の強硬姿勢を受けて、当初は素朴な要求から始まった組合運動も組織化されることになり、労使の対立はエスカレートして、四月二六日から一〇五日間ものストライキへと突入することになる。

闘争が激しさを増すにつれて、組合および経営陣内部でも、穏健派と強硬派に分かれて対立するなど、深刻の度を増していった。経営内部では、対決路線を主張する天野が、「柔軟に対応すべし」とする宮本甚七や山葉直吉ら役員の意見を退けていた。街には宣伝ビラやアジビラが飛び交い、各地からは続々と支援団も乗り込んでくる。取り締まりに動員された警察官は延べ二万人を数え、凄惨苛烈な様相を呈して、浜松の町はさながら戒厳令下のごとくなった。

五年前に起こった神戸の三菱・川崎両造船所などで起こった二ヵ月近くに及ぶ大争議などと同様に、泥沼化したときによくありがちなパターンをたどった。やがて、激しさを増す組合運動を抑え込むために、天野は過激な右翼団体などを雇った。彼らは日本刀で組合員を襲撃する傷害事件を起こし、これに立ち向かう一部の組合員も過激な行動に走った。一部の組合員が工場の木材置き場に放火し、警察署の焼き討ちも計画した。さらには役員宅にダイナマイトを投げ込んで爆破したのである。

警察は、天野の叱咤《しった》も受けつつ企業サイドに立って組合運動を抑え込もうとし、右翼の介入も見て見ないふりをした。こうした現状に反発した一部の過激な組合員が凶行に及んだのだった。

こじれにこじれたこの争議は帝国議会でも取り挙げられ、全国の耳目を集めるところとなり、ついに調停機関の斡旋によって、組合側の完全敗北で幕を閉じた。組合員の検束者は六二〇名、解雇者は三四八名、全職工の三割近くに達した。一〇五日間にわたる激しい争議は、単に組合員と経営者とのあいだに不信感と憎悪を生んだだけではなかった。それぞれの陣営内部にも闘争に対する姿勢の違いなどから、社長派と反社長派とに分かれて反目し、亀裂は深まるばかりだった。長年培ってきた職場内での信頼関係や秩序は崩壊し、大きな傷痕が残った。

形としては組合の要求をはねのけて勝利した会社側だが、三ヵ月半にわたるストライキによる被害は甚大で、巨額の赤字を背負い込むことになった。争議後も、たえず強気の姿勢を崩さない天野は、ストライキで被った損失を新規借り入れで補塡しようと役員会に提案したが、不信感を抱く役員らに否決されてしまった。天野は対組合には勝利したが、強硬姿勢が必要以上の混乱と会社の損害を招いたとする批判が根強く、そのうえ拡大路線にともなう放漫経営もあって、昭和二（一九二七）年四月には退陣を余儀なくされた。

争議の最中でも、天野に信頼されて懐刀《ふところがたな》となり、率先して強硬路線に基づく組合対策に動いた小市は後ろ盾を失って立場は微妙となり、天野と時期を同じくして日本楽器を退職した。対組合には柔軟路線をとり、天野には批判的な立場をとった直吉もまた、役員会が住友電線の川上嘉市取締役を社長に招請する方針をほぼ固めた昭和二年二月、病気を理由に工場長を辞して休職。その一年三ヵ月後の昭和三年八月、川上嘉市の日本楽器社長就任を機に日本楽器を退職する。そのほかにも、争議のとき、強硬路線に与《くみ》した管理職クラスや、嫌気がさした一般従業員などが退職していった。

この社長人事については、寅楠の知己であり、日本楽器の最古参の重役で、浜松の四大会社のうちの二社、日本形染と帝国製帽を創立した地元の大御所、宮本甚七が動き、当地出身でしかもエンジニアでもある川上嘉市を推した。その理由は次のように伝えられている。

「当地出身で自分でも（日本楽器の）株主だった川上が、かつて日楽の総会に来て彼に漏らした経営批判が非凡だった印象に基因する」[10]

さらに、天野に批判的だった直吉が、川上の招聘に向けて山葉一族の合意をとりつけたと伝えられている。

第五章 戦前のピアノ黄金時代へ

川上嘉市新社長の立て直し

　大正一五(一九二六)年に起きた争議が終息したとはいえ、その後遺症は大きく、日本楽器の低迷は続いた。争議終結から半年後の昭和二(一九二七)年三月一五日には、日本経済にとってははじめて経験する大規模な金融恐慌が起こり、金融界はパニックに陥った。各地の銀行で取り付け騒ぎが起こり、この年の一月から五月までに休業した銀行は三七行にも及び、そのうち二八行が倒産した。

　業績の悪化にこうした経済情勢が追い討ちをかけ、日本楽器の借金は二七〇万円にのぼり、株価は額面の半分にも満たない惨状となった。まさに内憂外患、問題だらけの日本楽器の社長として白羽の矢を立てられた川上嘉市は、友人、親族らから「火の中に薪を背負って行くに等しい」と、猛反対された。川上は、当時の心境についてこう記している。

「まだ四十三歳の時でありまして、田舎に入る気持ちはなかったのでありますが、し

1879年、日本で最初の西洋音楽教育機関として設立された当時の音楽取調所
(現・東京藝術大学音楽学部)。

1883年にオープンした鹿鳴館。(復元模型。東京都江戸東京博物館所蔵)

1898年当時の日本楽器本社工場。

国産第一号ピアノを製造した
日本楽器の創業者・山葉寅楠。

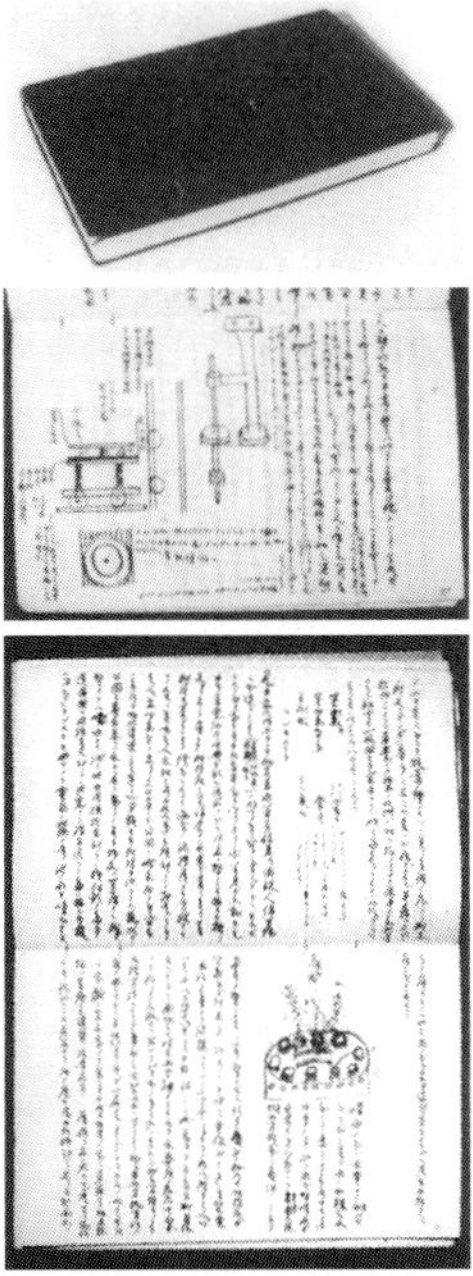

1899年、山葉寅楠が渡米した
際、その見聞を記録した日誌。

現存が確認される最古のヤマハ・アップライトピアノ。1900年に製造された国産三番目のピアノと推定。(国立音楽大学楽器学資料館蔵)

昭憲皇太后が購入した1903年製のヤマハ・グランドピアノ。

左：ピアノ製造の先駆者として、山葉寅楠と激しい競争を繰り広げた西川虎吉。
右：1885年、横浜に設立された西川楽器の工場。

松本楽器を興し、1903年からピアノ製造を始めた松本新吉。

1900年、松本新吉が渡米した際に記していた日誌。

1907年、東京・月島２号地に開設された松本楽器のピアノ工場。

東京楽器研究所を
設立した福島琢郎。

日本楽器第三代社長、川上嘉市。

1928年、来日した世界的ピアニスト、レオ・シロタ。

ドイツ人技術者エール・シュレーゲル。

1929年当時の日本楽器ピアノ工場全景と内部。

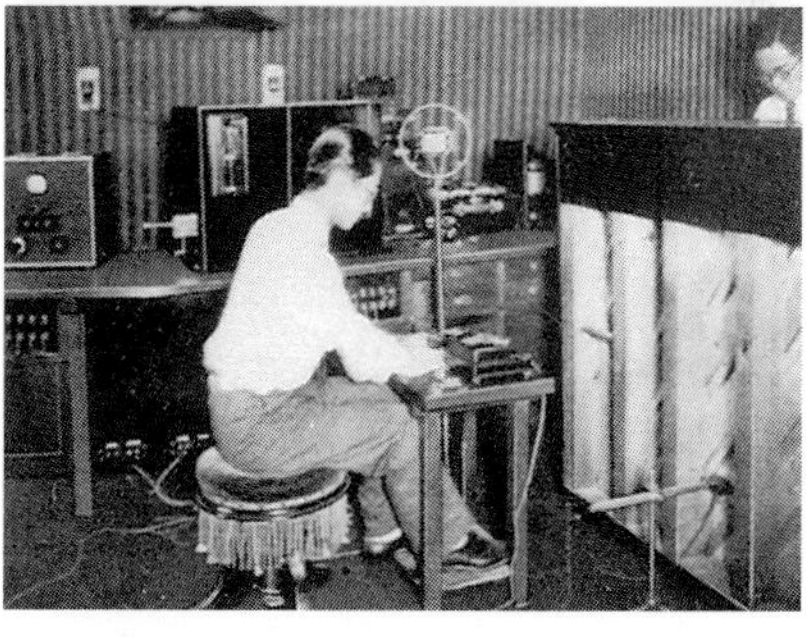

1930年に日本楽器のピアノ工場内に完成した音響実験室。

1920年代末、山葉直吉が愛弟子の大橋幡岩らと製作した「NヤマハB型」アップライトピアノ。

日本楽器で〝戦前の黄金期〟を築き、戦後、大橋ピアノ研究所を設立した大橋幡岩。

日本楽器の初代ピアノ部長、山葉直吉。

1927年、河合楽器製作所の前身である河合楽器研究所を設立した当時の河合小市（前列中央）。

1927年製造のカワイピアノ第１号機。

日本楽器第四代社長、川上源一。

1950年に日本楽器で完成した戦後初のコンサート・グランド・ピアノFC。(茨城県立スポーツセンター蔵)

上：1951年、銀座にオープンした日本楽器東京支店ビル（現・ヤマハ銀座店）
中：1956年、日本楽器天竜工場に完成した木材の全自動人工乾燥室。
下：1963年、世界初の完全オートメーション化を実現した日本楽器西山工場。

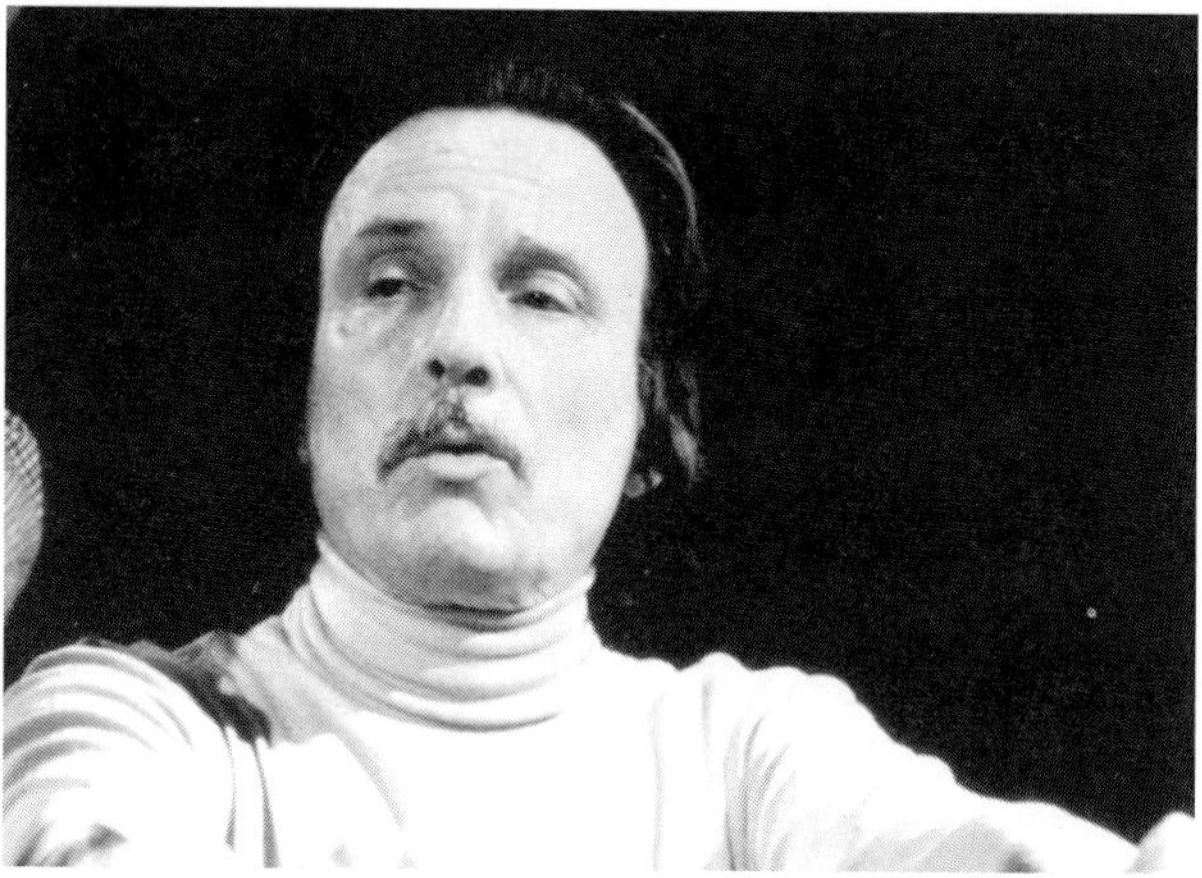

1965年、自前のピアノと専属の調律師を伴って初来日したアルトゥール・ベネデッティ・ミケランジェリ。

1965年、ヤマハのCF開発チームを指導したチェザーレ・アウグスト・タローネ。彼はミケランジェリの専属調律師でもあった。

1967年発表のヤマハ・コンサート・グランドピアノCF。

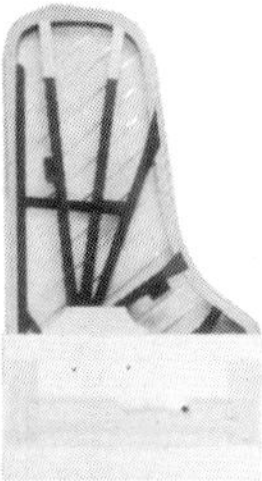

CFの放射状支柱(上)とフレーム(下)

1967年11月、ヤマハCFの発表披露演奏会で演奏するウィルヘルム・ケンプ。

マントン音楽祭でヤマハCFを演奏するスヴャトスラフ・リヒテル。

グレン・グールド所有のヤマハCF。

1998年の第11回チャイコフスキー国際コンクールでヤマハCFⅢSを弾いて優勝したデニス・マツーエフ。

2000年の第14回ショパン国際ピアノコンクールでカワイEXを弾いて第2位に入賞したイングリッド・フリッター。

単身ドイツに渡り、グロトリアン、スタインウェイで修業した杵淵直知。

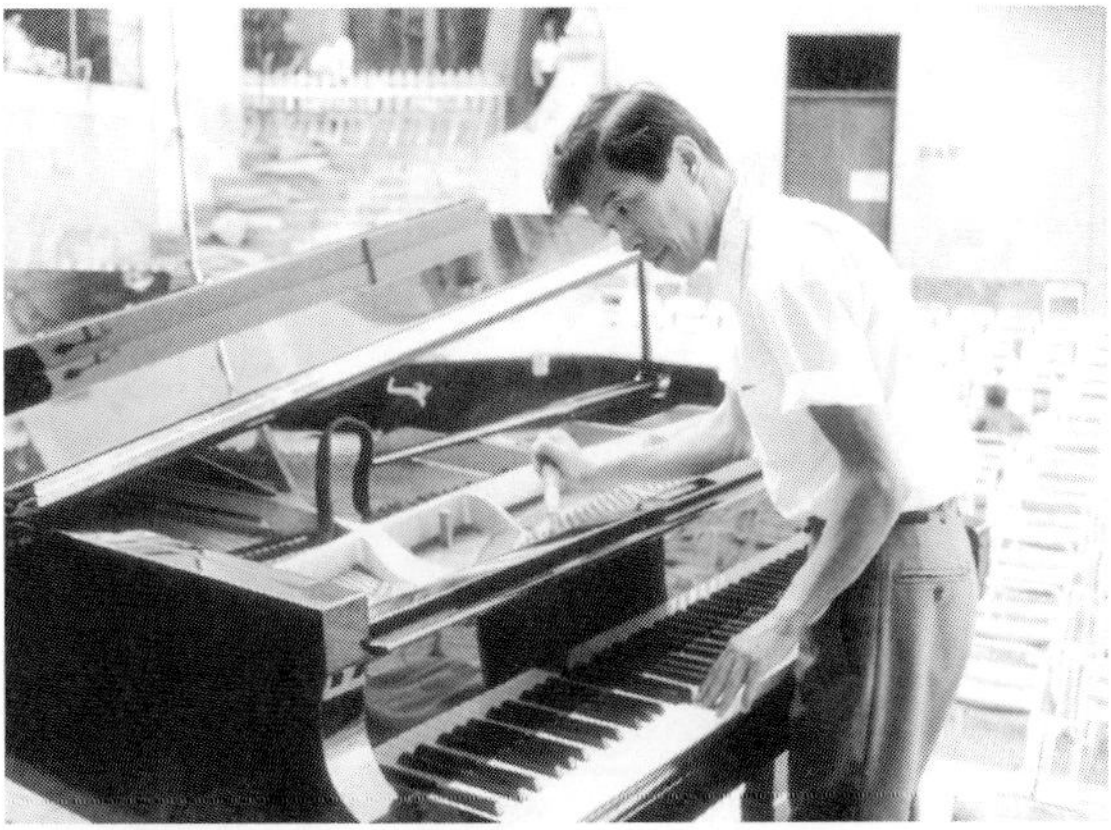

マントン音楽祭で調律する村上輝久。

ピアノ技術者の養成を目的に1980年に設立された「ヤマハピアノテクニカルアカデミー」

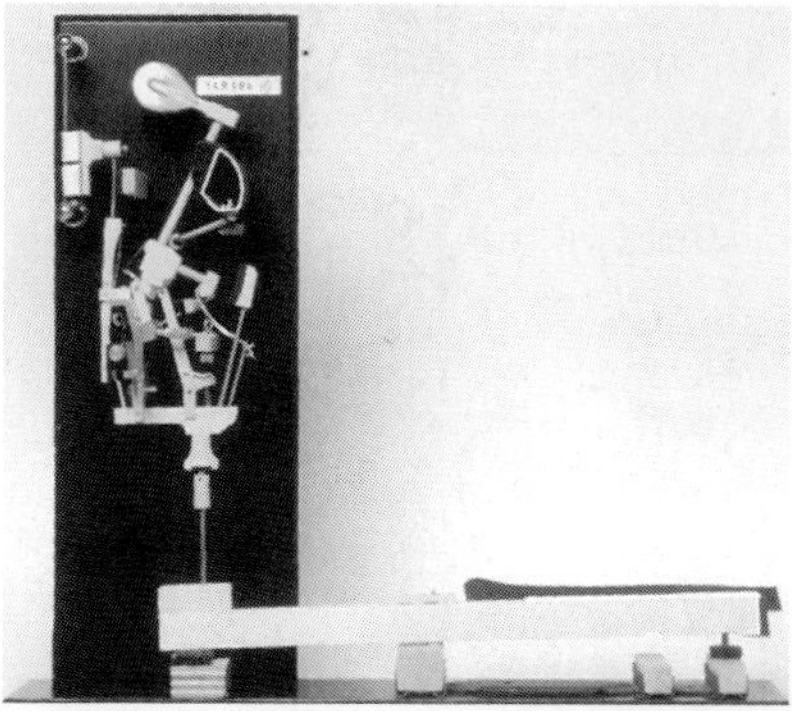

左：アップライトピアノのアクションモデル
下：グランドピアノのアクションモデル

写真提供：今泉清暉、岩野裕一、大橋とし子、尾島徳一、福島達夫、松本雄二郎、東京都江戸東京博物館、株式会社河合楽器製作所、ヤマハ株式会社

かしまた一方から考えて見ると、日本楽器という会社は、自分の出身地なる静岡県として、殊《こと》に浜松としては、どうしても潰すことの出来ない会社でもあり、また国家的に申しましても、洋楽器を作る代表的な本邦唯一と言ってもいい会社と思いますので、これを更生せしめ発展せしめて行きたいという念願もありました訳で、それで引受けた訳であります(1)」

たとえ浜松出身とはいえ、社業は傾き、経営陣も含めた企業内部は争議の後遺症が深刻であり、立て直しは至難の業である。そのうえ、未曾有《みぞう》の金融恐慌下である。そんな会社の社長を、なぜ川上は、ややきれいごとに聞こえる大義名分をもって引き受けたのだろうか。

川上嘉市は、明治一八（一八八五）年三月、静岡県浜名郡の小さな小野田村の農家に生まれた。祖父は庄屋、父親は名望家でもあって、村長や村会議長も務めた。

中学時代から飛び抜けた秀才で一高、東大とエリートコースを進み、工学部で応用化学を専攻した。大学でも成績は優秀で、卒業時には天皇陛下から銀時計を授与された。明治四二（一九〇九）年六月に東大を卒業した川上は、化学会社の中では当時、日本最大の資本金を有する東京瓦斯《ガス》に入社した。優秀な卒業生に送られる「銀時計組」だったことから、初任給は破格の年俸六〇〇円の特別待遇で、官吏ならば高等官相当にあたる技師にいきなり任ぜられ、新人ながらガスマントルの製造工場の新設を任された。

順調に仕事をこなして八ヵ月が過ぎたある日、川上は、住友財閥が新規事業として展開しつつあった住友伸銅所（後の住友電線）の副支配人と東大冶金《やきん》科の教授の二人の来訪を受けて、住友電線（現・住友電工）への入社を打診された。その後、東京瓦斯社長の理解もあって、住友電線に移った川上は、その当時、急速に需要が拡大していた電線の製造主任となった。以後、川上は住友電線で一七年間を過ごし、順調に昇進して取締役になっていたが、必ずしも満足のいく処遇ではなかった。

小学校以来たえず一番を通してきた川上にとって、住友での「普通の扱い」は、口にこそ出さなかったもののプライドが許さなかった。また、潔癖なまでに真面目な川上は、処世術や権謀術策がきわめて重要となってくる財閥系の会社とは水が合わなかったのかもしれない。

「私は青年の頃から、浮調子な人生観や物質的な成功などは夢見なかった。ただ人生を地味に、高尚に、精神的に暮らしていきたいと考えた。（中略）私は今日、六十八年の過去を振り返って、いささかの悔いがない。むしろ自分が、野心や私心が無く、自己完成の為《ため》、社会善と社会正義の為、同胞愛、祖国愛の為に、自己の信念に忠実であったことに、満足しているのである[2]」

人生を振り返ってのこの言葉の中に見られるように、いまの時代の経営者にはとても口にしがたい精神性の高さを求める姿勢である。やや、浮世離れした感さえ見受けられるが、生い立ちからしてそれが川上嘉市そのものであって、心の底からそう思って日本楽器を引き受け、その後の時代を突っ走ってきたものと想像される。

五月三〇日の臨時株主総会で社長に正式就任した川上は、心の動揺が著しい社員ら一同を集めて訓示した。

「当社の世評はすこぶるかんばしくない。世人からは浜松第一、いな県下第一のボロ会社と考えられている。株式の相場も払込みの半分ぐらいで、じつに安い。成績不良の会社では、従業員までが安値に見える。

社員、従業員諸君、私は誓って、この会社をよくしたいと思う。諸君も一致協力して、わが社をして優良会社に仕上げ、われわれが将来、日本楽器の社員であるということが世間的信用を得るというようにしたいし、また、われわれも日本楽器従業員たることをみずから誇りとするような状態にしたいものである」(3)

郷土を思い、「火中の栗を拾う決断」ともいえる川上の社長就任だが、その半面、怜悧《れいり》な合理主義者らしく、日本楽器の再建の可能性をしっかり計算していた。川上は住友本社の小倉正恒常務理事や湯川寛吉総理事らだけでなく、住友銀行をはじめとする住友財閥の支援もとりつけており、そのことを条件に日本楽器の社長就任を決断していた。

日本楽器の資本金三四八万円に対して、負債が二七〇万円あるが、この窮地を脱するためには、資本金を四〇〇万円にし、その増資ぶんの株式を住友で引き受けてもらえば、再建は可能であると算段していた。また、住友のバックアップで信用が上がり、銀行からの借入金の返済猶予や社債の発行にも便宜を図ってもらえるはずである。もちろん、住友からは目付け役の吉田季三が重役として送り込まれた。

大阪の住友から、当初は単身赴任で浜松入りした川上は、つねにノートと鉛筆を枕もとに置いて、床に就いても、思いついたアイディアをすぐに書きとめる。二四時間、会社の再建に向けて全力を注いでいたのだ。その間、愛児を失うなどの精神的な打撃も重なって心身ともに疲労困憊《こんぱい》し、自身も「今から考えてもよく耐えたものだと、独り感ずる事がある」(4)と振り返っている。

川上は金融面だけでなく、社内のあらゆる面にメスを入れて、いまにいうリストラを断行した。人事・職制改革の第一歩として、「一つの船の乗組員に、意気の合わない者があっては、船は走らない」として、一部の旧役員には退陣してもらい、また定年制をしいた。さらに、不採算部門の釧路ベニヤ工場や品川の家具工場を売却し、工場、経理、営業、販売など、すべての面で改革に基づく再建を進めていった。住友と比べて目にあまる「原始的経営」や「無統制・無方針」を一掃したのだった。

地縁血縁で成り立っていた人事面の改革、伝票の二重発行や従業員による原材料の無断持ち出し、また管理職が会計操作で金を浮かして個人の懐に入れるなどの乱脈ぶりを見た川上は、これらの綱紀粛正を進めた。

営業所や出張所の運営は、支店長任せで顧客や在庫管理がずさんで死蔵品も多く、本社との連携がまったく欠けていた。工事請負の入札でも談合が頻繁に行われている様子だった。

川上は、支店、出張所のすべてを独立した組織として、これらを本社営業部長に直属とし、末端組織まで経営の意思決定が浸透するように改めると同時に、工場見学や再教育を徹底させ、人材の養成を図った。「これまで彼らは本社の製品の特徴もなにも知らない。自社の製品を知らぬ者が、自信をもって商売することができるはずはない」(5)というのが、川上の考えだった。ローカルな企業である日本楽器は、企業体制の整備が追いつかず、川上の目には中小企業からの脱皮が図られていないと映っていた。

もともと寅楠社長の時代から地縁血縁で社内の核を固める経営スタイルがあったうえに、続く天野社長が元内務官僚であったため、人事の管理はできても、会社経営やモノづくり、販売の経験は皆無だったため、行き届かなかったともいえよう。さらには、西川楽器や松本楽器が脱落して競争相手がいなくなり、楽器市場を支配する独占企業となったため、内部に緩みが出ていたともいえよう。

こうした一連の大改革を断行したことで、社長就任からわずか一年半で一一一万五

○○○円の銀行借り入れの返済を完遂し、昭和二（一九二七）年から昭和二五（一九五〇）年までの社長在任中、無配はわずか二期だけで、昭和五（一九三〇）年五月には、天皇陛下の視察を仰ぐまでに立ち直って、驚くべき成果であった。

さらに、川上は進んだ海外の新しい技術を取り入れるため、積極的に社員を欧米に派遣して習得させることに努めた。

産業合理化運動の提唱

川上が大々的な組織改革を進めた時期は、第一次大戦と第二次大戦の二つの戦争に挟まれた「戦間期」と呼ばれる時代で、政治、経済、社会、思想、産業などあらゆる面で激しい変化が見られた。

第一次大戦中に、自国が戦場とはならなかった日米の両国が、戦争当事国であるヨーロッパ市場向けの輸出を急増させ「戦争景気」を享受した。国内産業は大発展したが、終戦となるや反動不況に見舞われて、経済は長く低迷することになった。いわゆる好況に浮かれたバブル経済の崩壊後に続く長期不況下で起こる現象である。政党政治の腐敗で信頼は地に落ち、国民の不満と怒りを買う一方、各種産業の大合併が盛んに行われて集約化や系列化の動きが急進展した。鉄鋼業を例にとれば、第一次大戦前のメーカー数は二二社だったのが大戦終結時には二三二社に膨れ上がるが、その四年後には三九社に激減していた。工作機械メーカーもまた一〇〇社から一〇社に激減していた。

鉄鋼や工作機械に限らず、戦争景気によるバブルがはじけて、持ちこたえられなくなった企業の倒産が相次ぎ、あるいは合併による集約化が起こって、企業の巨大化による合理化のメリットを生かそうとした。その姿は、一九九〇年代半ばから現在にかけての時代状況とそっくり同じである。さらに、三井、三菱、住友といった財閥の、産業を横断した系列下が急速に進み、ほとんどの産業でカルテルが結ばれていった。

川上は社長就任の動機について、日本楽器が彼の出身地である浜松を代表する企業であって、その窮地を見過ごすわけにはいかなかったことを挙げているが、それだけではなかった。別の角度から見れば、ほかの財閥と同様に、この時代に住友資本が進めた系列下の動きの一環として、川上は日本楽器に社長として送り込まれたのである。

このように出口の見えない不況下で、この機を逃さず強者の財閥だけがより巨大になって支配力を強めていく事態に、時の大蔵大臣・井上準之助は次のように呼びかけた。

「いまのままでは景気回復の見込みはない。金解禁をして財政や消費を抑えれば景気は一時悪くなるかもしれないが、やがて競争力が強くなって輸出も伸び景気は回復するだろう。国民はそれまでがまんしてほしい」

当時、第一次大戦の敗戦国であるドイツが全国家的、全国民的レベルで強力に推し進めている企業合理化によるコスト切り下げで国際競争力を高める「産業合理化運動」がめざましい成果を上げていたが、時のドイツ政府は現代の「科学技術立国」と似た「産業立国」を掲げたのである。

産業合理化運動の具体策として、部品の標準化や規格化のための研究がなされた。さらにはアメリカで成功している機械化やベルトコンベアなどを使った流れ作業によるフォードシステム、加えて、科学的管理法（ティーラー・システム）に基づく量産化や労働の単純化によって、非熟練工であっても作業が可能となり、しかも能率をアップさせる合理化を推し進めた。ちなみに、この産業合理化運動によって国の急復興を果たし、自信をつけたドイツにナチスのヒトラーが登場して第二次大戦へと突っ走るのである。

アメリカ全産業の生産性は、一九二一年から二七年までの七年間に、平均値で一・五倍に高まったが、それ以前の二〇年間は一・二倍でしかなかったことと比べると驚異的だった。それはドイツでも同様だった。

大正一四（一九二五）年にフォード社がアメリカから日本に進出して横浜に工場を建設し、翌年からT型フォードを年一万台量産することになる。二年後には、ゼネラル・モーターズ（GM）社も続き、大阪に組み立て工場を建設してやはり一万台を生産する。

ちょうどこの時代、世界では石炭から石油へ、あるいは大規模な水力発電へのエネルギー転換が起こっていた。それはフォードシステムの出現でガソリンを燃料とする自動車が急速に普及することにもつながっていた。

第一次大戦で飛行機が兵器として登場し、その重要性が認識されて以来、各国が力を入れ、航空技術も急発展を示していた。さらに船舶では石炭を燃料とする蒸気機関から、石油を燃料とする蒸気タービンあるいはディーゼル機関への転換が起こった。併せて、石油化学工業もめざましく発展して、人工繊維のレーヨンの生産も急速に伸びていった。

エネルギーと輸送の大転換は、あらゆる産業に波及し、それにともなって企業の近代化、効率化が推し進められた。川上のいた新興の住友電線はこうした大変化の最先端に位置しており、大規模な水力発電の電力を送電するのに使われるため、需要は急増してめざましい発展を遂げていた。電線の直径はミクロン単位の精度が要求されるので、品質管理の重要性が高まるとともに、さまざまな種類を大量生産する必要がある。また、電線の製造は金属加工業でもあり、不可分な関係にある当時の日本の製鉄業は、合理化によって五年間で生産性が二倍にも急上昇していた。

電線メーカーは欧米の最新技術や品質管理手法を積極的に取り入れており、川上自身、技術者としてイギリス、ドイツに二年ほど派遣されて学んでいた。それればかりか、電線製造の責任者として工場経営を任され、近代化に力を注いできた。

こうした欧米の最新技術や量産方式、品質管理、さらには、この時代に導入された近代的な会計手法などを手がけてきた川上から見れば、勘や個人の技量に依存し、多分に伝統的な要素を引きずる日本楽器のピアノ生産は「原始的経営」で、前近代的と映ったのは無理からぬことだった。

確かに、工場に設備された木工部門の鋸や鉋、穴開け機械、さらには弦を張る機械などの加工機械がかなり整っていて、個々の工程は機械化されてはいた。しかも、オルガンと共通する木材関係は量が多いだけに世界最大規模で、乾燥設備なども巨大であったし、生産の流れに沿って各職場が配置されてもいたが、この頃のピアノ生産量はたかが知れていて、せいぜいが日産五、六台程度であった。量産にはほど遠く、流れ作業の体制をとる必要もなかった。

ピアノの良し悪しを決定する最終工程の調律作業ばかりは機械化ができず、作業者の経験や勘に全面的に依存していて、品質保証の面でネックになっていた。こうした特殊な問題も含めて、川上はあらゆる点において住友との落差に驚かされたのだが、その中で象徴的な例を二つほど紹介しておこう。

日本楽器では膠の溶解釜の加熱や乾燥室、ベニヤに使う木材の蒸し煮用タンクなどに使う蒸気が必要で、そのため一五馬力の蒸気機関があった。寅楠の時代には最新鋭であっても、すでにそんな時代はとっくに過ぎ去って「一九世紀の遺物」でしかなくなっていたにもかかわらず、日本楽器では相変わらず使われていたのだった。工場を見て回った川上は驚いて工場長に聞いた。

「こんなものをなぜ使うのか、加工機械などはみな電動機を使用しているのに」

「元のが残っておったから、使っているのです」

工場内では一〇〇台近くの電動機を使っているのだから電化して、この蒸気発生もそれでやれば、経費ははるかに安上がりとなるはずだ。そう判断した川上は即日、蒸気機関の運転中止を命じた。

楽器づくりではもっともコストを占める木材部分でも改善すべき点がいくつもあった。鉄と違って木材は原木の太さや長さ、木質の良否が異なる。節やひびがあったり、乾燥させると、反りや収縮が起こって一定ではない。あるとき川上が工場を回っていると、一人の工員が幅一寸の板を鋸機械で八分五厘に切り落としていた。

「なぜ幅を切り落とすのか」

「最初、木取りするときに、余裕をつけてあるため、目的とする部材の規定寸法に合うよう切っているのです」

川上はすぐさま考えた。

「製造工場や木取りするときに、板の厚さも、幅も、長さも、最初から規定に合うようにすれば、二度切り落とす手数を省くことができて、そのうえ木材は、幅の余分をなくすだけでも、一割五分ほど節約になる」

ピアノやオルガンなど木工品を調べてみると、すべて幅も厚さも長さも一割ほどの余裕を見込んで作られていた。これを木材の容積に換算すると、五割余を木屑にして浪費していることになる。しかも、鋸で切り、鉋で削る加工賃も加わっている。

川上はただちに担当課長に命じて、木取りの際の余裕を極力少なくするように規格を変えさせ、今後一切、二重の木取りは廃止させたのだった。この頃、木材の使用量は年間、数十万から一〇〇万円だったため、相当な金額の節約になったと同時に、能率アップにもつながった。

川上が日本楽器で推し進めた一連の改革は、ピアノ生産の木工家具に近い伝統工芸的な工場に、工業製品である金属電線の量産的な考え方や最新の品質管理方式を含めた近代工場のセンスを持ち込んだのだった。

科学的なアプローチ

川上は、ピアノを工業製品として合理的に生産しようとしただけではなく、これまで熟練に頼っていて不可能だったピアノ音の良し悪しの測定に、まったく分野が異なる航空機の研究に使われていた最新の計測装置を活用した。

第一次大戦後、安価なドイツの輸入ピアノが大量に入ってきたため、年間需要（一五〇〇～二〇〇〇台）に占める日本楽器製ピアノの割合が半分にまで落ち込み、売れ行きが伸び悩んでいた。それと併せて国産品の品質が問われ、なんらかの立て直し策が求められていた。

川上は国産品が売れない要因の一つは「市中のいかがわしい音楽教師が理不尽に外国製ピアノを推奨しても、科学的資料によって反ばくすることができなかったからである」[6]と説明する。これは外国製が国産ピアノより販売斡旋料が多かったことや舶来信仰が根強くあったからだと強調する。

音楽教師たちの国産ピアノに対する主な批判は、次の三点だった。音色が劣る。調子が狂いやすい。最初はよくても耐久性が劣る。

これに対して、川上は指摘する。「これらの点は、専門家でない素人には、その真偽が判断し難いので、一寸《ちよつと》反証の挙げ方に困った。私はこうして弊害を顧みてピアノの選定を不公正な専門家に依存しないで、科学的方法で、音を誰にでも公平に判断し得る、目に見える形にしようと考えた」[7]のだった。

それは、つねづね川上自身が調律師に対して感じていた疑問とも重なっていた。「素人になにがわかるものか」といった調律師の態度が目につき、「俺たちは特別だ」といわんばかりに勤務態度もいい加減な者もいたからだった。このため、工場や販売支社を合わせて約四〇人いる調律師たちを一堂に集めて、さまざまなピアノの組み合わせで音の聞き分け能力を調べると、各人各様でまるっきり当てにならないことがわかった。これではピアノの品質保証がいい加減にならざるを得ない。

工学系の技術者である川上は、ピアノの音律や音階、品質といった音の良し悪しを、人の勘や経験に全面的に依存して判断するのは非科学的であるとして、これをなんとかしようとあれこれと思いめぐらした。そのとき、東京帝国大学航空研究所の技師・小幡《おばた》重一博士がオシログラフという測定装置を使ってプロペラの振動音を研究していることを耳にした。

日本楽器は大正一〇（一九二一）年から軍の要請を受けて木製プロペラの生産に乗り出していた。また、お雇い外国人の技術者に依存して飛行機を設計してきた三菱や中島飛行機、川崎などの日本の航空機メーカーも、自前で陸海軍の機体を試作する段階にさしかかっており、大正七（一九一八）年に創設された東京帝国大学航空研究所も次第に充実し、さまざまな研究が進められていた。

ピアノを打弦したときの反響音もプロペラの振動音もともに空気を震わす波形である点では同じである。小幡に依頼して、音をいったんマイクロフォンを通じてオシログラフで電気的な波形として表し、これを再び光線の波として写真に撮る装置を研究室に作った。この波形を分析することで音の良し悪しを判断するのである。

「これは世界中のピアノ工場で、音響記録装置を据え付けた最初である」と川上は自負している。

この二年後、川上はアメリカの鋼線メーカーがピアノ線の研究において、この方法を応用していることを雑誌で知った。さらには昭和八（一九三三）年、川上が訪欧したとき、ドイツのベヒシュタイン社およびアウガスト・フェルスターピアノ社がともにウィルヘルム科学研究所に依頼して、オシログラフで音を研究してもらっていることを実際に目にしたのだった。

「この研究装置は、音の音色、高低、大小を測定し得るもので、世界中のピアノ工場に率先して据え着けたのは、いささか先見の明があったと、ひそかに愉快に思っている。直接ピアノの改良に資した事は素《もと》よりであるが、これが我社の名声、信用を揚げる上に、効果があったことも少なくなかった」(8)

川上自身が工学（応用化学）の専門家だっただけに、従来のピアノの専門家ではとても閃かないオシログラフの利用を思いついたのだった。

それは、産業合理化運動や科学的管理法の基本理念そのものであった。とらまえどころのない人の経験や勘、感性にばかり頼るのではなく、科学的、定量的にものごとをとらえることで、非熟練者でも良し悪しを判断することができるようになって、結果的には機械化あるいは合理化が可能となり、能率を上げることになるし、品質も安定するというものである。

この音響記録装置は川上が日本楽器に来て三年目の昭和五（一九三〇）年に完成したが、彼の考案はそれだけにはとどまらなかった。国産ピアノはすぐに調子が狂うので、調律を頻繁に行わなければならないとする批判に対しても新たな装置を開発して対処した。ピアノの調子保持のため、安全率を測定して、国産ピアノが外国製ピアノと比較して劣らないことを、数字によって科学的に実証してみせる耐久試験装置も開発したのだった。

さらには打弦試験機も開発した。国産のピアノに対する批判の第一が、外国製に比べて寿命が短いことにあったからである。[9] このため、一〇〇万回まで記録できる打弦試験機を考案して、輸入ピアノと国産ピアノをハンマーで連続的に叩いて比較し、耐久性と余裕度としての安全率とを確認していったのである。その結果、舶来ものと比べて、アクションの寿命はむしろ長いことがわかった。

だが、こうした実証実験の結果にもかかわらず、「ピアノは西洋の楽器だからやっぱり外国のほうがいい」との先入観を持つ人間が多かったとも、川上は強調する。

一見、異質と思われがちな、これら一連の定量的、科学的な判断の導入には、次のような背景があった。第一次世界大戦で欧米の先進各国が航空機や軍艦などの兵器をはじめとする軍事技術の開発にしのぎを削り、基礎科学にも力を入れたことで、科学技術が飛躍的に発展した。戦後になると、その技術がやがて民需品にも移転されて、この時代、さまざまな分野で成果を上げげつつあった。そうした中で、音響工学の研究も盛んになり、音楽の世界にも取り入れられて、ことさら〝科学的〟であることを強調する時代風潮があった。

昭和六（一九三一）年四月、岩波書店は自然科学の専門雑誌「科学」の創刊号で、「時代の趨勢《すうせい》に促されて茲《ここ》に本誌は生まれた」と広告している。大正末から昭和初頭にかけて、「通俗科学」「趣味の科学」といった言葉が氾濫し、「子供の科学」「科学知識」「新科学的」といった雑誌もつぎつぎと創刊され、文部省も科学教育の重要性を力説していた。

こうした時代の潮流を踏まえつつ川上は、欧米の一流ピアノメーカーが有する歴史と伝統の厚みにおいては、どうしてもかなわないだけに、音程や音響を科学的に測定し、定量的に把握して、そのデータでもって良し悪しを判断する日本的な方式を打ち出したのである。

この考え方は、大量生産となってくるにしたがい一定品質の製品であることを保証するというメーカーにとって重要な要素となるが、その点においては、日本楽器がピアノ先進国である欧米ピアノメーカーの先を走ることになった。

昭和八（一九三三）年三月、日本楽器の経営が軌道に乗ってきたことでひと息ついた川上は、欧米先進国の楽器産業およびプロペラ工業を視察し、ドイツとイギリスにそれぞれ一ヵ月半、フランスに二週間、アメリカに四〇日、さらにイタリア、オランダ、スイスにも足を延ばした。

欧米歴訪によって川上が得たものは、日本製品そして自社製品に対する自信だった[10]。日本のピアノづくりは、伝統がないがゆえに、かえって過去の経験にはとらわれない。科学的なデータでピアノの良し悪しを判断し、品質を管理していく日本的なピアノづくりの生産手法が生み出されたのである。

これは、戦前の昭和の時代、そして戦後の日本楽器が大量生産へと飛躍するときのキーワードとなり、安価で品質にばらつきがないピアノを生産していくベースとなって、大きな飛躍の要因となった。その意味において、このあと紹介するシュレーゲルの起用も含めて、経営を短期間に、しかも見事に立て直した川上は、日本楽器の「中興の祖」となるのである。

シュレーゲルの活躍

科学的なピアノづくりと併せて、川上は、争議の前に天野が招聘していたドイツ人技術者のシュレーゲルの起用によって、ピアノの製作方法を大改革しようとした。住友時代、ドイツ、イギリスに二年間留学した経験のある川上は欧米への関心が強く、しかも合理主義者であるだけに、シュレーゲルの契約期間を延長すると同時に、工場長の下に置いて、広く日本人技師および工員を指揮する権限を与えた。破格の年俸一万円も出して雇いながら、その優秀な技術を利用しないのは「まことにつまらん」と感じていたからだ。

天野がわざわざドイツから招請したシュレーゲルだったが、日本人技師たちの抵抗もあって、実質的な活動はわずかに抑えられ、いわば宝の持ち腐れとなっていた。ところが、争議によって技師長の小市は天野に殉じて退社し、工場長であった直吉もまた争議の責任をとって辞職して、日本楽器のピアノ部門は車の両輪を失っていた。シュレーゲルはその穴を埋める役目があったし、争議前と違って自由に腕をふるえる環境が整っていた。

日本楽器に対するシュレーゲルの貢献については、彼の下で厳しく鍛えられた弟子たちの証言がある(11)。それによれば、シュレーゲルの指導ぶりは徹底しており、会社を混乱に陥れるほどだったが、それだけ真剣な取り組みだったともいえよう。

直吉や小市の高弟で、のちに日本楽器の幹部となり、ピアノづくりの中核を担うことになる松山乾次、宮本繁、森健、大橋幡岩の四人はシュレーゲルの指導を受けて鍛えられたが、いずれも彼の技術を賞賛してやまない。

松山乾次は徒弟を卒業した直後から、シュレーゲルの指導を受け、のちに日本楽器の取締役となり、昭和四〇年代前半にヤマハ最高のコンサート・グランドCFを作り上げる際の責任者である。松山は、次のように述懐する。

「ただ動けば良いと思っていた鍵盤やアクションの動きにも、最良の動きが要求され、またその理論が詳細に教えられた[12]」「彼は設計は余りやらなかったが、一台ずつ弾きやすいタッチに直す整調の達人だった。従来規格にさえ合えばよいとされていたのを改善した、この功績は大である。招聘の効果は充分あった[13]」

戦後になって、日本楽器から河合楽器に移ったピアノ技術者の宮本繁もこう振り返る。

「彼は、仕上げた内部に自らサインする根性の持ち主で、その勤勉魂にも敬服した。手厳しい整調・検品の規格は、まさに彼が据えたものである。また、彼の活動に触れて、皆が勉強し合う刺激が湧いてきた[14]」

シュレーゲルによってピアノづくりの奥深さや新しい世界が見えてきたことで、若い彼ら自身が活気づき、さらなる探求心に火をつけたのである。

さらには、小市の河合楽器研究所の設立に貢献するとともに、戦後は自ら森技術研究所を創設した森健も語っている。

「彼は整調の名人で、低音を出してこそ一人前の技師だとも教わったが、よく工場を見廻り、工具に手垢の汚れを口やかましく注意したり、自分の作るものがピアノのどこに納まるのかを知らなくては駄目だと啓発するなど、現場管理にも目を光らせた。また整音室内壁の外側にオンドル式の空間を設け、それに防音用の鉋屑を詰めて、無音室を造ったのも彼である。彼を得て、ヤマハピアノは丸っきり変わってしまった[15]」

さらには、直吉の高弟で、戦後、日本楽器から独立して自身が納得できるピアノづくりを極めようとして、戦後、大橋ピアノを創設した大橋幡岩も述べている。

「彼は立派な技術者であり、その克明な小言を聞いて感心させられたことは実に多い。彼の言動には、とにかく本場仕込の芯が通っていた。彼が来なければ、日楽の技術は旧態依然のままだったであろう。彼の功績は絶大であり、彼を境に日楽の、否日本のピアノは生まれ変わった[16]」

指導を受けた彼らのいずれもが、シュレーゲルの指導によって、従来までの日本楽器のピアノづくりを変えてしまったとまで言い切っている。と同時に、「ベヒシュタインが日本楽器と輸入販売の契約を結んでいるとはいえ、よくぞこれほど優秀な技術者を送ってよこしたものだ」と不思議がるほどだった。

シュレーゲルが日本楽器で繰り返し強調したのは、その後の時代から見れば、あまりにも当たり前のことだった。それまでのピアノの良し悪しの判断基準は、各部の個々の調整が定められた規格に入ってさえいればそれで製品として合格であり、いわば作る側がモノとしての物理的な判断で良否を決めていた。これに対して、シュレーゲルは演奏する側にも立ち、鍵盤を叩きながらアクション全体を調整していく、よりよい音楽を表現できる楽器としての観点から、ピアノづくりや整調技術を教えたのだった。それも、各部品の作り方も含めた、かなり広範囲にわたる分野で指導していた。

よいピアノを作るには、高度な製造技術だけではない。より素晴らしい音楽を演奏しようと努力しているピアニストの心を理解し、音楽を理解して、それを豊かに表現できる楽器を追求するべきであることを教えていた。

このため、シュレーゲルと指導を受ける技術者たちとの間で、「よい音とは」「よいピアノとはなにか」とする、抽象的で感性的、あるいは音楽的な熱い議論がたえず繰り広げられていた。一つの試みとして、ウィーンで名を轟かせていたピアニストのレオ・シロタを、来日早々日本楽器に招き、ピアノ作業者を一堂に集めて演奏を聴いたりしたこともあった。

これら四人の技術者たちがいずれも、戦後、日本におけるピアノづくりの水準を引き上げ、新たな境地を切り開いていったことを考え合わせれば、日本のピアノ産業におけるシュレーゲル、ひいてはベヒシュタインの影響がいかに大きかったかを物語っている。

それまで日本楽器はおもにアメリカのスタインウェイをモデルにして、直吉や小市が試行錯誤を重ね、独自のノウハウを作り上げていた。ところがシュレーゲルによって、アメリカ・スタインウェイモデルからドイツのベヒシュタインをモデルとする方向転換が行われることになった。

シュレーゲルはいかなるピアノづくりを日本楽器に持ち込んで指導したのであろうか。その具体的なノウハウを示す記録はないものと見られていた。ところが、七〇年を経たつい最近になって、幡岩が大切に保管していた遺品の中から見つかった。

幡岩はもっとも尊敬していた師匠、直吉のピアノづくりに対する姿勢を受けついでこれまた謹厳実直で、こまめに記録をつけ、かずかずの資料を残していた。しかも語学が堪能だった。英語だけでなくドイツ語もこなしたので、日本楽器内では貴重な存在であり、来日したドイツ人、シュレーゲルとのコミュニケーションは誰よりも緊密であって頼りにされたと想像される。

簡潔に記した合計一一ページにのぼるタイプ印刷の「シュレーゲル氏報告書より」と題する一ページ目には次のように記されている。

「日本に産する木材は、大陸に産する木材に比して、樹脂多く、かつその生育の状態及び性質、組成を異にするが故に、これを響盤（著者注・響板）に使用し、標準的絃（弦）の長さを与うるも、予期せる如き、充分なる共鳴を得る能わず、音が響盤に固着して、所謂、尻消えとなる傾向あり、よって種々の機会に、響盤と絃との関係を研究したる結果、日本産木材を使用せる響盤には、大陸において定める絃の長さより、やや長き絃を与うるの好結果なる事を、実際の試作物について、確認することを得たり。しかして、試験の結果、次表の如き、絃の長さと、打絃点とを求むる事を得たり。なお絃の長さ、及び打絃点に関連して、響棒の厚さ、高さ、及び響棒と響棒との間隔、駒の高さ、及び駒の響盤に加わる圧力、駒釘の上下間隔等を研究して、次の如く定めたり」

シュレーゲルの指導は、単にピアノの作り方の次元には留まらず、それ以前のもっとも基本といえるピアノ用の木材選びにまで及んでいた。しかも、良い音を得るためには、ドイツで決めていた弦の長さや打弦点までも、日本の木材の性質に合わせて変える諸々の工夫を行っている。

こうした取り組みは、それまでの日本楽器のピアノづくりを根本から変える必要が出てきて、「一時は会社も大混乱いたし能率に影響を及ぼしました」といわれるのも無理ないといえよう。

この「報告書」には、それぞれの弦の長さに応じた打弦点がすべて記されており、一二本と定めた響棒の一本ずつの高さや幅、響棒の配列間隔も決めている。さらには、駒の響板に加わる力や、駒釘の上下の間隔を図示している。

ピアノの音質を決める上でもっとも重要な「響盤の震動を平均ならしめ、震動の固着と、抵抗を除き、共鳴を多からしめんがために、響盤材料の、柾目の繊粗と、重量、長さ、音の高低及びその震動時間の長短との各関係を試験し、その結果を統合して、響盤用材の配列順序を定めたり」としている。

長さ、幅、厚さが同一寸法の響板用の板で、柾目の粗いものから細かいものまで四段階の種類のものを作って、それぞれの重量を計り、出る音の高低や振動の長短も記録している。このほか、アクションやハンマーなどの打弦体および打弦点に関する細かい位置や寸法も定めている。

このとき木取部次席の幡岩は、シュレーゲルの下に集められたスタッフのチーフとなっているが、彼が記録してきたノートには、ドイツ式の素材特性検査やフレームの加圧破壊実験のことなどが記されている。さらに注目すべきは、それまでのインチ寸法での記録が、メートル寸法に変わっていることだ。それまで日本楽器が手本としていたスタインウェイはアメリカであるため、インチ表示であるが、シュレーゲルの国ドイツは日本と同じメートル法だったからである。

シュレーゲルの来日によって、日本楽器はスタインウェイ路線からベヒシュタイン路線に変わるのであるが、しかし、単にベヒシュタインのピアノをそっくりまねしたのではなかった。シュレーゲルの指導を受けながら、日本の材料に応じて主要部品の寸法や構成など、基本的な要素から細々としたところまでも新たに考え出して試し、工夫してノウハウを積み上げていき、良い音が出るピアノづくりを目指してつぎつぎと試作していったのである。

昭和四（一九二九）年一二月、日本のピアノづくりに大きな足跡を残したシュレーゲルは日本楽器での約四年間の指導を終えて帰国した。

その直前、川上は住友から出向してきていた重役の吉田季三から助言を受けて、昭和四年一一月一日、争議の責任をとって辞職した直吉を技術顧問に迎え入れることになる。日本楽器における生産および技術部門の要の人物として人心を集めていただけに、この人事によって社内の融和を図ろうとしていた。それと同時に創業家である山葉一族への慎重な配慮から、支配人で寅楠の娘婿の林慶吉を留任させた。さらに、この年の九月二八日、日本楽器の創立三〇年を記念して、山葉寅楠の銅像を本社工場の正門入り口に創建し、関係者らが参列して除幕式を行い、偉業を称える小伝『山葉寅楠翁』を配布した。

ところで、直吉は日本楽器を退いたあとも独力でピアノづくりの研究を続けていた。

山葉直吉と名器「Nヤマハ」

昭和二（一九二七）年二月、直吉は病気を一応の名目として工場長を辞して休職届を出し、受理されているが、実際がそうでないことは明白である。争議による混乱の責任はもちろんだが、天野とともに小市が退社したことと同様に、住友資本をバックとして川上嘉市が社長として乗り込んできたことで、山葉一族の重鎮である直吉もまた身を引いたのであろう。また、天野が直吉を疎んじて、小市やシュレーゲルを重んじた経緯もある。さらにはこの後、社長に就任した川上は欧米の技術を重んじる傾向があり、シュレーゲルにピアノ部門を任せて、改革を期待したからでもあった。

このとき、シュレーゲルのスタッフであった大橋幡岩もまた、休職した（事実上の退職）直吉の後を追うようにして辞表を出していた。幡岩と直吉との関係は、単なる会社あるいはピアノづくりにおける上司と部下との関係を超えた師弟関係だったからであろう。

だが、幹部候補生として期待されていた幡岩だけに、日本楽器にとっては手放したくない存在であって退職願は受理されず、直吉の休職から一年四ヵ月たった昭和三（一九二八）年六月になってようやく、二八年勤めた日本楽器から「依願解雇」の通知を受ける形で退職した。退職金は高額の二一三五円であったが、幡岩は半分だけを受け取っている。もちろん、慰留の動きもあり、会社幹部のあいだでは意見の不統一もあったようだが、「今更遺憾の旨」を伝えて日本楽器を後にした。つねに行動や発言には慎重な配慮を欠かさない幡岩にしてはめずらしく大胆な行動だった。

幡岩はシュレーゲルから学んだ技術をベースとしつつ、戦前（昭和三年から八年頃まで）の日本楽器における最高峰のアップライトおよびグランドピアノの一連のシリーズを開発・生産したときの中心的なピアノ技術者でもある。それだけに、簡単な経歴と人となりを紹介しておこう。

明治二九（一八九六）年一月生まれの大橋幡岩は、八歳のとき、真言寺の僧であった父が死去、大橋家の養子となった。子ども時代を送った天竜川上流にある磐田郡池田は、有名な材木の集散地であったことから、製材工場では外国製の製材機械がうなりを上げており、その迫力ある動きを飽きずに眺めていたという。

明治四二（一九〇九）年に見習生として日本楽器に入社した。幡岩が一三歳のときだった。とりわけ語学力や計算能力に秀でていた幡岩は、見習生の中でもその優秀さで目立っていたようで、日本楽器に来た福島琢郎が、一五歳のこの少年に「将来有望之少年」と墨で記した書を贈っている。

大正三（一九一四）年五月、見習生として五年の養成期間を終えた幡岩は、小市が部長を務めるアクション部に配属された。ある日、「輸入した自動ピアノをテストしたが音が出ず関係者が種々試したがだめだった。私は本を読んで頭に入っていたのでパイプのところを直したら見事に鳴った[17]」。

上下関係が厳然としていた社内にあって、居並ぶアクション部の師匠や兄弟子の面目をつぶす出しゃばりの格好となったため、気まずい空気を生んだ。そればかりか、幡岩にとっては当たり前と思える行動も、なにかと目立ってしまい、まもない大正五（一九一六）年五月には、ピアノ部長を務める直吉の部下となるピアノ課に異動することになった。

想像するに、語学が達者な幡岩は、外国から取り寄せたマニュアルや解説書を読みこなして自動ピアノの機能を理解したのであろう。後に幡岩はこのときの事情を、「あのときは（子どもで）いたずらが過ぎて追っ払われた」と、いかにも幡岩らしい表現と関係者への配慮をもって語っている。

直吉という尊敬しうる師匠を得た幡岩のピアノ課での働きぶりには目を見張るものがあった。直吉からの全幅の信頼を得つつ、日本楽器の新たな取り組みである管楽器やヴァイオリンの製造や、海外の機械メーカーや楽器部品メーカーへの問い合わせと取り寄せ、新技術に関するやりとりを頻繁に行っていて、外国の情報には詳しかった。

この頃の外国メーカーとのやりとりを記録した幡岩のノートには、実に滑らかな筆致でびっしりと書かれた英語やドイツ語が認められるが、それは記録を欠かさない彼の几帳面な性格と研究熱心な姿勢を物語っているといえよう。

大正一二（一九二三）年九月、幡岩二七歳のとき、ピアノ課次席を命じられ、直吉にとって欠かせない存在となっていた。大正一四年六月には新設された木取部の次席に就任。ピアノやオルガンだけでなく、その頃手がけていた高級家具用の部材を丸太などの原木から適当な大きさや寸法にむだなく木取りする部門である。この後、来日したシュレーゲルの下に配属されるのである。

ところで、日本楽器を退職した幡岩が走った先はいうまでもなく直吉のもとだった。直吉は会社に休職届を出して一年半後の昭和三（一九二八）年八月、日本楽器を正式に退社する。このとき、日本楽器からは長年の貢献に対して金一封とともに「感謝状」が贈られた。

「山葉ピアノ今日の声価を高むるの基礎を築かれたるの功績顕著なるものあり今回病を以て退社せらるるも健康回復の上は更にピアノ製造上の研究をなし斯界に貢献せんとする意図ありと聞き、ここに金一封を贈呈し其の功労を表彰し併て研究費用の一端に供せんとす」

やや特異とも思える感謝状だが、文面にあるように、直吉は休職するとまもなく自らが納得できるピアノづくりを目指して一人で動き出していた。浜松で独立して家具製作に励んでいる木工職人の田中喜三郎を訪ねてその腕に感嘆し、協力をとりつけて自宅に招き、ピアノづくりに引き入れていた。

この年の一〇月頃、幡岩を得た直吉は自らが代表者となり、山葉ピアノ研究所を旗揚げした。自身の名字ではあるが、日本楽器の創業時の社名であり、創業者でもある寅楠の名字をあえて使ったところに、直吉のこだわりがあったといえよう。

研究所といってもいわゆる小さな工場で、直吉の自宅の敷地内に新築した二階建て（延べ床面積一四五平方メートル）だった。所長に就任した幡岩は部下となる木工や組立工、仕上工、塗装工ら数人ずつを集めた。田中喜三郎をはじめとして、田中利三郎、鈴木喜三郎、それに、宮大工や指物師、久能山東照宮の改装にもあたった伊藤釘次郎ら名人級の職人を揃えた。

直吉、幡岩の両人とも、ピアノづくり、工場経営の経験が豊富なだけに、手回しよく必要な種々の機械や工具を揃えるなど、小所帯とはいえ、研究所の運営は手抜かりがなかった。

研究所に賭ける幡岩の意気込みは凄まじく、二四時間体制だった。それまで住んでいた広い敷地の屋敷を出て、研究所の片隅にこぢんまりした自宅を建てたが、窓が工場とつながっていて、幡岩はそこから出入りしていた。職住接近ならぬ職住一体で、しかも直吉一家とは家族同然の扱いで、米、味噌、醤油も現物支給されていて、両家はピアノ製作の共同体であった。

日本を代表するピアノづくりの名人二人の、満を持してのスタートだけに、工場の新築から五ヵ月後の昭和四（一九二九）年三月、さほど大きな問題が起こることなく第一号のアップライトピアノが完成した。「N　YAMAHA」とロゴマークが付けられたR型で、高さ一二五センチ、チーク材に黒の塗装が施された外観だった。その後、毎月一台を超すペースで生産されるが、この一年三ヵ月後には、同じくアップライトのB型（一三〇センチ）も製作される。

これら二つのピアノは、いずれもドイツの名門ローゼンクランツのアップライトピアノ九号型（八五鍵、高さ一二五センチ）をモデルにしていた。これは三木楽器店が提供したと伝えられている。三木楽器店は、日本を東西に二分してともに日本楽器の製品販売を一手に引き受けていた一方の共益商社が日本楽器に吸収されたことで、二の舞になることを恐れ、山葉ピアノ研究所に肩入れして、別の入手ルートを開拓する狙いがあったのであろう。

第一号のR型を例にとると、日本の多くのピアノと同様に、アクション、ハンマーは外国からの輸入で、響板や駒に使う材料も輸入していた。しかし、もっとも重要で微妙なノウハウが必要となる響板の加工や組み立てはもちろん自分たちの手で行い、「響板の厚みは高音九ミリ」と記しているが、第二号では「八ミリ」としていて、単にローゼンクランツをまねたものではなかった。

また、一般のアップライトピアノでは、鉄フレームに弦を固定するねじ込み式のチューニングピンの方式はプレッシャー式であったが、これを思い切ってグランドに使われているアグラフ式を採用してしっかりと弦を支え、音質や余韻をよくする工夫を行っていた。このほかの材料はおもに国産材を用いていた。

Nヤマハは、昭和七（一九三二）年九月に生産された第三四号をもって終わるが、幡岩のノートには、その一台ごとのピアノの特徴が記されている。

「音柔らかく中音より高音は非常に良好なるも低音やや劣るの感あれども、人によりこのピアノを喜びたり」「音量共々非常に良好なり、特に低音は力強き音を発し全般的に申し分なし、キーボードアクション共に硬き感あれども使用に差し支えなし」

直吉と幡岩がいかなるピアノを作り出すかは、この業界の誰もが注目していただけに、Nヤマハの第一号が完成すると、三井合名の益田孝など大物や三木楽器店の社長・三木佐助など有力な楽器販売店のお歴々、それに川上嘉市社長も研究所を訪れた。

直吉と幡岩は、これまでの技術屋の枠を超えて、営業マンとしての才覚も発揮し、三木楽器店との直接商談や、日本楽器との取引条件についても巧みに交渉していた。なにしろ、製品については日本楽器のそれを上回るとの自負は充分に持っていたし、シュレーゲルもNヤマハを高く評価して、賛辞を惜しまなかったと伝えられている。

R型の価格はローゼンクランツA型より一〇〇円安い一二五〇円と設定したが、作る先から買い手がつく人気だった。直吉と幡岩はまさに面目躍如で、やがて日本楽器からの強い要請で、工場を引っ越すことになった。日本楽器本社の正門から入って少し左に折れた場所で、これまでよりひとまわり大きな建物の工場であった。

日本楽器と山葉ピアノ研究所とのあいだで、どのような取引が成立したかは不明である。いずれにしろ、山葉ピアノ研究所は日本楽器に戻る形となったが、川上社長の要請によるものと思われる。

Nヤマハ第一号の完成から七ヵ月後の昭和四（一九二九）年一一月、R型を六台生産したところで直吉は、日本楽器技術顧問に迎えられている。依願退職した幡岩もまた、山葉ピアノ研究所所長のまま日本楽器の技師嘱託になり、七五円の給料が支給されることになった。昭和六（一九三一）年一〇月になると、幡岩は日本楽器専任技師に、同八年には「社員に採用月給九十二円」を支給されて、元のさやに収まることになる。

両人がわずか一、二年で日本楽器に返り咲いた理由はなにか。確かに、川上からすれば、山葉一族への配慮と社内の融和を図る意図もあっただろうが、Nヤマハの成功によって如実に示したその実力を前に、日本楽器としても両人らを必要とすることをあらためて確認する形となった。加えて、助っ人として日本楽器のピアノづくりに力を注いできたシュレーゲルが、思わぬ病で体調を崩して帰国することになったからであろう。こうなると、ピアノ部門をまとめあげる人物がいなくなって、混乱をきたす恐れが出てきたことも大きな理由である。

シュレーゲルの起用や、小市を重んじて山葉一族の影響を振り払おうとした天野、同じく、山葉一族の残滓をできるだけ早く消して気兼ねのない経営を推し進めたい新社長の川上の思惑などもあったが、振り返ってみれば、直吉と幡岩のピアノづくりの実力は、まぎれもなく日本楽器で培われたものである。日本楽器で存分に実力を発揮するのが自然といえば自然な姿であった。

とはいえ、一度は日本楽器を飛び出した身であるだけに、復帰した幡岩はその性格からしても、なにかにつけて気を使うことも多かったはずである。それでも、これまでと同様に、ピアノづくりに専心し、Nヤマハを引き続き生産するとともに、すでに紹介したB型を作り上げた。

幡岩は「湿度の多い日本に適したピアノを作りたい。北海道はドイツと同じように梅雨がないのでいいものが作れるかもしれない」などと口にしながら、ピアノの試作や生産に没頭していた。

この後の数年間で、驚くほどの数のコンサート・グランドをつぎつぎと試作していく。その数、約一〇台で、加えて、小型、中型のグランドピアノ、アップライトも中型、大型を、小型の二段鍵盤式アップライト、ミニピアノまで手がけるのである。

これほど手を替え品を替えて試作を行えるのも、やはり日本のトップメーカー日本楽器ならではであって、幡岩の一生においてこの時期がもっとも多くの試作を手がけており、その数、合計で二〇種類近くに及び、そのうち製品化されたのは一四種類にのぼった。

幡岩は単につぎつぎと新しいピアノを試作していっただけでなく、アクションや鉄フレーム、打弦装置、ブリッジピンの規格の変更など、さまざまな部品の改良や規格化、共通化、あるいはハンマーフェルト切断機などの、部品生産および組立機械までも考案して作り上げていた。

天才職人・河合小市の独立

一方、昭和二(一九二七)年に日本楽器を退社した河合小市であったが、河合楽器の社史的な性格を持つ『限りなき前進〜河合楽器』によると、小市の辞職理由は、単に争議の責任をとったからだけではなかったという。

「天野はついに辞任を決意、後任社長に、住友系の川上嘉市氏が就任することが決定した。このことは、天野からピアノ部長(著者注・技師長の誤り)の職を任じられていた小市に大きなショックを与えずにはおかなかった。山葉寅楠はこの世を去り、いままた、自分に縦横に腕をふるわせてくれた天野が退いて、会社は財閥資本(住友)に支配される。名人気質に生きる小市には、これは耐えがたいことだった[18]」

小市が辞職すると、彼を慕う愛弟子が日本楽器を退職して集まってきた。その中には、のちに〝河合の三太郎〟と呼ばれることになる平出幸太郎、県松太郎、伊藤勝太郎らの顔ぶれがあった。昭和二(一九二七)年八月、この三人に森健、斎藤哲一、杉本義次、青木金吉らが加わった七人が中核となり、小市を担ぎ上げて「河合楽器研究所」を現在の河合楽器の本社である浜松市寺島町に設立した。このとき、小市は働き盛りの四一歳であった。

「研究所」の名称には、隠然たる力を持つ日本楽器からの圧力をできるかぎり避けたいとの思いと、小市の楽器技術へのこだわりが込められていた。とはいえ、ここにはまともな機械もなく、畳の部屋でピアノを作ることになった。

彼らは小市のリーダーシップのもとでピアノの図面を引くが、これもまた、必至と予想される日本楽器との摩擦をできるかぎり避ける意味から、標準的なピアノと競合しない、六四弦の小型アップライトとした。確かな腕と豊富な経験を持つ彼らは、手づくりで「昭和型」と名付けたこのピアノをまたたくまに完成させた。

新参者のメーカーが作り上げたピアノだけに、値段も格安の三五〇円とした。ちなみに山葉のアップライトは五〇〇円から一二〇〇円であった。小市の名とその優秀な技術は業界に知れわたっていたため、楽器店からの注文が殺到した。

当時、多くの弱小ピアノメーカーが細々と生産をしていたが、河合楽器研究所の場合は、小市が設立したことでその前途は明らかに異なっていた。名古屋の販売店・佐藤商会がすぐさま名乗りを上げて販売を引き受け、つぎつぎと河合のピアノを売りさばいて販売台数を伸ばしていった。そして、これに目をつけた大阪の三木楽器店も加わって一段と伸びていった。

河合が好調なスタートを切ったことで、さらに日本楽器を退職して入ってくる職人が増え、これに、争議で退職していた職人たちもつぎつぎと加わって、従業員数は次第に増えていった。このため、工場も設備も拡張に次ぐ拡張を重ねていった。設立わずかにして早くも月産三〇台に乗り、日本楽器のそれが約一〇〇台だったことからすると、河合の伸長ぶりは驚異的であった。

河合の躍進は、国産メーカーとしては抜群の知名度と販売の地盤を有する日本楽器の独占体制に風穴を開けることになった。それとともに、ほかのメーカーも値下げを余儀なくされて業界の競争がより激しさを増し、ピアノ全体の市場価格を押し下げる結果となった。

販売の好調を背景に河合楽器は意欲的な姿勢で臨み、昭和三（一九二八）年には早くもグランドピアノを完成させて、続いて八五弦のアップライトも製作した。順調に伸びていく河合は、少なくともピアノ生産においては、またたくまに日本楽器の競合相手としてのし上がった。ピアノメーカーとして展望も開けてきたことから、昭和四（一九二九）年三月、「河合楽器製作所」と改称して生産体制を整えていくことになる。

自信を深めた河合は手を広げて、昭和五（一九三〇）年にはオルガンを製作した。これまた日本楽器の三分の二の価格の三〇円という安さのため、日本楽器の市場を侵食していった。しかし、低価格のために収益は向上せず、経営的には苦しい年月が続いた。

この後、発売したハーモニカもヒットするが、工場の拡張が追いつかず、浜松市内の安い家賃の建物を借りて、にわか工場に仕立て上げて生産をこなしていった。

ところで、こんな話が伝わっている。独立してまもない小市は、僚友である日本楽器の直吉を訪ねてピアノづくりの指導を仰いだという。人目をはばかることもなく昼間に直吉を訪ねたのだが、なにごとにも慎重な配慮をする直吉はこれを叱って、夜、人目を避けてくるようにと促し、往来は続いた。日本楽器からすれば、直吉の行為は敵に塩を送ることとなるからである。

いまや競争相手となっている二人だが、元をたどれば寅楠の下にあって苦楽をともにした兄弟のごとく、二人三脚で国産ピアノをなんとか作り出そうと、互いに励まし合いながら生きてきた三〇年余の仲である。それだけに、企業の枠を越えて交流が続けられたのだった。

日本楽器時代のように一部長としてではなく、自身の企業を束ねて引っ張っていく社長の座についた小市だけに、これまでと違って、部下の進言も受け入れて、自らが発明した特許や実用新案を積極的に申請して権利を取得していった。その数は二八件にのぼり、その多くがピアノとオルガンに関するものだったが、〝日本の楽器王〟と呼ばれるにふさわしい多彩な活躍ぶりだった。この中でも、アクションと響板に関する特許は世界的なものであったとの評価を受けている。また、昭和九（一九三四）年に製作して売り出した塗孔ハーモニカは、小市が大正一五（一九二六）年に実用新案を取得していたアイディアで、楽器ブームの追い風もあって大ヒットした。

日本楽器時代においても小市は、得意とするピアノのアクションや、オルガンおよびピアノの黒鍵量産用機械、ハーモニカの弁をリベット打ちする機械装置、さらには、ほとんどが日本で初の卓上ピアノや自動ピアノ用和楽ロール、オーケストラホーンなどを生み出し、研究開発の重要性を教えていた。

幼い頃から寅楠の直々《じきじき》の弟子として厳しく鍛えられた小市の中には、楽器づくりのクラフトマンとしての誇りがあり、それをなによりも重視していた。このため、昭和一〇（一九三五）年二月、発展した河合楽器製作所は合名会社に改組したが、寅楠が日本楽器でとったように株式会社にはしなかった。その理由を、河合楽器の「社史」は、日本楽器の社長として川上が登場したことを、住友資本による乗っ取りとして恨んだ、彼の名人気質の宿命だったと解説している。

ピアノそのものが近代的な要素と伝統的な要素の両方を備えた楽器だけに、それを生産するメーカーもまた、どちらを選択するかが迫られることになるが、昭和の戦前の時代、日本楽器と河合楽器は似た路線ながら、それぞれ違った道を選んでいたのだった。

こうして河合楽器の業績は急激に伸び、日本楽器がたどった総合楽器メーカーとしての道を後追いするように確実な歩みを始めていく。昭和九（一九三四）年三月刊の「静岡県工場名簿」によると、この時点で、日本楽器の従業員数が一〇二八名であったのに対し、河合楽器製作所は一七五名である。昭和一二（一九三七）年度の浜松商工会議所刊の統計では、急激に増えて六〇〇名になっている。

河合の急成長は市場を独占して磐石《ばんじゃく》だった日本楽器の地盤をじわじわととり崩していき、脅威を与えるまでの存在となっていった。このため、さまざまな面で河合に対する日本楽器の圧力は増し、ことあるごとに衝突も起こってきた。なかでも特許をめぐっては、双方が特許局に異議申し立てをして、互いが相手を非難し合い、告訴し合う泥仕合のケースが増えてきた。両社はともに同じ浜松で、しかも出自も同根だけに、近親憎悪の恩讐もあって、戦後にしばしば再燃する両社のどぎついまでの確執を予感させる片鱗《へんりん》も見せている。だが、大局的に見れば、こうした激しい競争や確執もまた、結果としては両社の切磋《せっさ》琢磨《たくま》を促し、日本の楽器産業を大きく発展させる要因ともなったのである。

中小ピアノメーカーの勃興

河合楽器の急速な発展は稀有な例であるが、それでも、昭和三（一九二八）年前後のピアノブーム期には、いくつもの中小ピアノメーカーが存在した。その背景には、大正期の西川楽器の日本楽器への吸収や、松本楽器の解散、日本楽器の大争議がある。これらの大変動によって職を失うことを余儀なくされた職人たちが、家内工業的にピアノづくりを始めて、一国一城の主となっていたのである。

さらには、昭和七（一九三二）年頃ともなると、河合楽器や日本楽器からあえて飛び出して独立し、自分たちのピアノづくりを始める者も出てきた。この頃には、大小合わせたピアノ工場が製品に付けるマーク（ブランド名）の数だけでも三〇種近くあったといわれるが、今日では正確な記録が残っていないものも多い。彼らは、日本楽器とは異なる手づくりの良さを前面に打ち出していた。

彼らの設立動機の一つには、河合の成功が頭にあったことは事実である。明治の半ば、西川虎吉、山葉寅楠に源を発する日本におけるピアノ生産の流れは、時代を経るにしたがい大きくなっていくが、やがて昭和の時代に入ると、枝分かれして小さな流れをも生み出していた。それらのメーカーの中で代表的な例を簡単に紹介しておこう。

昭和九（一九三四）年、日本楽器および河合楽器で約一〇年間にわたり、ピアノづくりを学んだ石川隆己は静岡県の天竜川東岸にある竜洋町に三葉楽器製作所と名付けた小さなピアノ製造工場を作った。これが、戦後まもなく、東洋ピアノと改称して、ギリシャ神話からとった「アポロ」をピアノのブランド名として、日本楽器および河合楽器に次ぐピアノの生産台数を誇るメーカーにまで発展する。

東洋ピアノは、終戦までは細々とピアノの生産を続けていた零細メーカーにすぎなかったが、戦後の混乱の中で初代社長・石川がいち早くピアノづくりに着手して、会社を成長させていった。

石川は日本楽器、河合楽器で厳しく鍛えられてきただけに、部下に対しては厳格で「恐ろしい親方」であった。気に入らないアクションができたときなど、惜しげもなく乾燥炉に投げ込んで燃やしてしまったといったエピソードも残っているが、男っぽさとその容貌ゆえに、多くの女性からもてはやされたことでも知られている。戦後は、山葉直吉の一番弟子として知られた疋田幸吉を顧問に据えて技術指導を受けていた。

一方、昭和四（一九二九）年、各所でピアノ製造技術を学んだ松崎妙が、木工の松川賢一、塗装の小原太作らとともに、一〇〇円ずつを出資して設立した協信社ピアノ製作所がある。三人が協力して設立したことからこの社名が付けられた。

松崎は明治三二（一八九九）年生まれで、愛媛県三島村（現・西予市）の農家出身である。子どもの頃から音楽好きで、大正一〇（一九二一）年頃、東京・大井にある福島琢郎の東京楽器研究所に雑役として入った。この研究所は、後に独立してピアノづくりを始める優秀な職人や技術者を多く輩出することになるが、そんな職場だけに、向上心の旺盛な松崎は多くの技術を習得することができた。だが、関東大震災によって工場が崩壊したため、蒲田ピアノ、さらには松本ピアノに入って技術の習得に努め、協信社を設立してからは、もっぱらアクションの製作や調弦を担当した。

わずか一二畳の小屋でピアノの製作を始め、三人が交替でオヤジ（親方兼社長）を務めた。協信社が製作するピアノは一種類だけ。手づくりで丁寧に作るので、月平均一台から一・五台程度しか作れず、価格は一台が一〇〇〇円もする高価なものだった。それでも充分に利益を上げて、三人の暮らしが成り立ったのである。松崎は戦後、「シュベスター」（ドイツ語で姉妹を意味する）ピアノを創設して発展させるが、これは協信社の後身にあたる。[19]

昭和七（一九三二）年頃から中小ピアノメーカーが相次いで設立され、「久しく日本楽器会社が独占を誇っていた浜松の楽器産業界も次第に多彩となって来た」。[20]たとえば、先の三葉楽器のように、河合楽器から独立した野田秀治、富永某の二人が昭和七年に天竜川筋に設立した富士楽器製作所がある。さらに、銀行員の馬淵真蔵が出資して、その兄が日本楽器に勤める縁故で山葉直吉の指導を受けた浜松楽器製造所などもある。これに、千代田、遠州の楽器メーカーを加えた五つのピアノ工場は、戦前浜松の黄金時代を形づくったともいわれている。昭和一二（一九三七）年には浜松市内で七つのピアノ工場があり、周辺地域を含めると一一ヵ所にも達していた。

だが、これらの中小ピアノメーカーは、いずれも家内工業的な手作業だった。ちなみに、一工場の平均従業員数は数名から数十名程度がほとんどで、これらのメーカーの合計生産台数は日本楽器と河合楽器の合計生産台数の二パーセント程度でしかない。

中小ピアノメーカーは浜松周辺地域だけでなく、京浜地域でもつぎつぎと設立された。これらもまた小規模の工場だった。たとえば、斎藤喜一郎が創設した蒲田ピアノは東京・大田区の蒲田にあって、「ブッホルツ」のブランド名を付けたが、その由来は自慢であったドイツ人の妻の名、ゲルトルド・ブッホルツからとっていた。戦後になると、「ウィスタリア」ピアノと命名して作っている。同じく大田区の東六郷に、福島仁が創設した三共ピアノがあるが、ブランド名は不明である。日本楽器東京支店所属で福島琢郎に招請されて東京楽器研究所の創設に加わった調律師兼ピアニストの広田米太郎が、数年で袂を分かって大田区大森に設立した広田ピアノもあり、高い評価を受けていた[21]。

このほか、昭和一三（一九三八）年時点での中小ピアノメーカーは、関東では松本ピアノ、李ピアノ、斎藤ピアノ、横浜ピアノ、関西ではアカシヤ木工、日本ピアノなどがある。これらのピアノメーカーの付けたマーク（ブランド名）が次のとおりである。

アカシヤン、バッハシュタイン、バッハスタイン、ベルトーン、チュウ、デーネルト、フリンゲル、フォルスター、ホルーゲル、ラムール、ランゲル、モルゲンスターン、ミキ、モンドリヒト、ニシカワ、マイスナー、ニーンドルフ、オノ、オリムピック、レンナー、ローゼンリッヒ、ショエンベルク、スピネット、ヤチヨ――。
自社名を冠したブランド名もあるが、いかにもそれらしく西洋の香りを漂わせることを狙って、クラシックの大作曲家の名をもじったものもある。ちなみに、これらのマークが戦後も引き継がれたのは六から八にすぎず、ピアノメーカーの消長の激しさを物語っている。

こうした戦前の浜松や東京周辺で設立されたさまざまな小規模のピアノ工場は、その多くが、アクションなどの量産部品をドイツから輸入し、ワイヤーやチューニングピンなども輸入品が多かった。

これら戦前の中小ピアノメーカーがいずれも浜松と東京・蒲田、大森地域に集中しているのはなぜか。浜松は、楽器生産のメッカとして数十年にわたる歴史から、中小の下請けや部品メーカーが育っていた。蒲田、大森も京浜工業地帯の中心地区で、鉄工、木工、塗装などの中小メーカーが集まっており、アッセンブリー（組み立て）工業的な性格を持つピアノづくりには最適な場所であったからだ。それと同時に、昭和七（一九三二）年以降ともなると、これら地域では、ピアノを構成する各部品を生産する各専門部品メーカーが現れてきた。

たとえば、昭和三（一九二八）年から河合楽器でハンマーづくりに携わっていた今出川松四郎は、昭和一二（一九三七）年に独立してハンマー専門のメーカーを興して、ピアノを作る小規模な工場に納める商売を始めた。こうしたピアノ産業の分業化の動きがこの頃から始まり、響板やケースなどは自製するが、アクションや鍵盤、鉄フレームなどは外部の部品専門メーカーから購入することができるようになって、中小ピアノメーカーの出現を容易にしたのだった。

しかし、「良い音を出すピアノさえ作れば必ず売れる」と一方的に信じ込んで、雨後の竹の子のようにつぎつぎと生まれた中小ピアノメーカーはさまざまな問題に直面した。自らの腕を頼りとする職人気質の手づくりで、かなりの水準のピアノを作り上げても、ブランド力は無きに等しく、販売は他人任せで資金繰りも厳しい。そのうえユーザーとの意識のギャップもあって苦戦を強いられ、やがて消耗して廃業に追い込まれるケースも少なくなかった。

山高帽に洋服姿の調律師

日本のピアノ生産は、昭和二（一九二七）年頃から右肩上がりで伸び始め、昭和一二（一九三七）年七月の日中戦争の勃発まで続くが、通産省の『工業統計五〇年史』によると昭和四（一九二九）年の生産台数が三四二八台、昭和一二年には過去最高の七五一五台を記録している。その反面、輸入ピアノは関税率の引き上げによって価格が一気に上昇したため、販売台数は昭和五（一九三〇）年頃から激減する。日本楽器におけるピアノ生産の累計を見ると、昭和五年にはほぼ一万台に達している。全体で見れば、輸入品も含めて、この頃、日本には二、三万台のピアノがあったと推定される。

昭和の初め頃ともなると、ピアノの急増につれて、そのメンテナンス（調律および修理）を行う調律師（ピアノ技術者）が数多く必要となってきた。また、時代を経るにしたがい、ピアノの水準は向上し、構造も複雑で、精巧になればなるほど調律技術の重要性は増す。ピアノの潜在的特性をどれだけ引き出せるかは、調律師の肩にかかっている。ところが、調律師として一人前になるには、最低でも五年の経験は必要だから、簡単に増やすことはできない。調律師不足は深刻だった。

日本では、まだ台数が少なかった明治そして大正の前半頃までは、おもにピアノメーカーの職人的技術者や大手楽器店専属の調律師たちが調律を行っていた。西川虎吉やその息子の西川安蔵、山葉直吉、河合小市、松本新吉およびその息子の松本広などは、ピアノの工匠であると同時に、調律もこなせる技術者であった。それだけに、ピアノのすみずみまで知り尽くしており、調律に限らず、さまざまな故障にも対応できた。

ようやく国産のピアノが売れだした明治三〇（一八九七）年頃、調律師は、外国人を除けば、共益商社の大島、独立した福山松太郎、杉野一郎など数人でしかなかった。

大正の初め頃ともなると、独立した調律師が一〇人程度になっていた。調律料の一般的な相場は二円から一〇円くらいだった。

明治・大正時代の一流調律師は、山高帽に洋服姿を決め込み、人力車に乗って出かけた。その頃のピアノは外国製が多かったので、調律師はそれこそ見たこともないピアノに出くわすこともあり、どんなメーカーのものでも調律する腕を持っていなければならなかった。その頃、外国製のピアノは一台が一〇〇〇円から二〇〇〇円を超えることもめずらしくなく、東京山の手にある家が一軒買える金額だった。そんなピアノを購入できるのは、ほんの一部の超上流階級だけに、調律師を乗せた人力車は、庭の手入れが行き届いた広い屋敷の大玄関に堂々と乗りつけることになる。

ともあれ、急激に増えてきたピアノの数に対して、確かな技術を持つ調律師の数が追いつかなくなってきた。当時の自称調律師の中には、まるで技術のともなわない者もいた。なにしろ、調律は感覚的で、客観的な判断の基準がないだけに、その良し悪しは素人には見分けがつきにくい。となると、かなり低級な調律師がまことしやかに調律して高額の費用をせしめていくケースも出てきた。少々腕に覚えがあって、もっともらしくチューニングハンマーやウエッジ、ミュート、音叉などを持って顧客の家に乗り込めば、調律師を自称できるからだ。

その一方、顧客の家に出向いて一人で行う孤独な作業だけに、とかく孤立する傾向がある。さらには、公的な資格試験もなく明確な基準もないだけに独自の方法に偏り、技術を磨く機会が少ない。

こうした弊害を少しでも減らし、お互いの技術や知識、情報交換などを行って研鑽する団体を作ろうとの声が高まった。強大な力を持つメーカーや販売店との交渉力を高め、調律師としての自立した立場を確立する意味からも、専門職の協会を設立して団結する必要があった。

大正末期、関西のピアノ調律師十数名が集まり、「関西ピアノ技術者協会」が設立された。さらには、東京楽器研究所を設立した福島琢郎が発起人となり、彼がアメリカで見てきた調律師の団体「ピアノ・チューナー・テクニシャン・ギルド（ピアノ調律技術者組合）」をまねて、「ピアノ・テクニシャン・ギルド」と称するハイカラな名称の調律師組合を発足した。当時、一流といわれた調律師で、共益商社の研修生として日本楽器で技術を学んだ杵淵直都《きねぶちなおと》や中谷孝男、東京楽器研究所の広田米太郎や木下乙弥、松本ピアノで五年間の修業の後、スウェーツ商会の調律師になった沢山清次郎などがピアノ・テクニシャン・ギルドに集った。

ところが、福島がワンマンぶりを発揮し、一人で組合を牛耳ってしまった。こうしたこともあって、会の性格や運営をめぐって意見が折り合わず、日本楽器系統の技術者がつぎつぎと脱会していき、まもなくこの組合は消滅した。その後、昭和五（一九三〇）年、杵淵、中谷、広田の三人が集まったとき、誰とはなく、新しい調律師団体結成の話が持ち上がった。下準備が進められ、その年の九月二一日、日本楽器、河合楽器、松本ピアノ、元西川楽器、元東京楽器研究所、全国の楽器店、さらに独立したそれぞれの調律技術者ら会員四六名からなる「全国ピアノ技術者協会」が発足した。

当時、調律師は全国で二〇〇名近くいたが、「全国ピアノ技術者協会」は京浜間の有力技術者のほとんどを網羅していた。常任委員には、杵淵直都（東京音楽学校）、中谷孝男（中谷ピアノ調律所）、広田米太郎（東京ピアノ商会、広田ピアノ社長）、松本広（松本ピアノ工場および松本ピアノ店社長）、福山松太郎（福山楽器）の五名が選出され、協会の名誉会員には大先達の河合小市、松本新吉、山葉直吉の三氏が名を連ねた。

会員同士の交流も次第に盛んとなってきた昭和六（一九三一）年七月、一泊二日で日本楽器および河合楽器の工場見学会が行われた。すでにこの両楽器メーカーを熟知する調律師たちもいたが、多くはピアノ工場の見学ははじめてであった。関西のピアノ技術者協会員一四名も参加して、総勢四九名の調律技術者一同が浜松に乗り込む、これまでにない「画期的な企て」であった。

調律師の役割は調律だけでなく、ピアノを購入しようとする顧客に対してよきアドバイザーの役割を果たすことでもあった。また一方で、セールスマンの役割も担っているだけに、楽器メーカーとしても彼らを無視できない存在として重要視するようになってきた。このときの工場招待は、その現れでもあった。浜松の見学会では、調律師たちの一行が、楽器メーカーからそれまでにない鄭重《ていちょう》な歓待を受けて、やや面食らった二日間であったという。

昭和一〇（一九三五）年前後ともなると、日本楽器、河合楽器、それに中小ピアノメーカーも加わってこの業界は三つどもえとなり、客の側から見ると百花繚乱の様相を見せ始めていた。こうした国内メーカーの競争激化の状況下で、外国製ピアノか国産ピアノかといった論議も盛んになってきたことを受けて、全国ピアノ技術者協会では、音楽業界ではほとんど試みられなかった調査を手がけた。楽壇の著名人へアンケートを送り、国産ピアノについての感想を聞いたのである(22)。

回答者三八人が指摘した国産ピアノが改善すべき点を集計すると上位は次のようになっている。

タッチをもっと敏感に・九／耐久力を増す様・八／低音をより良く・八／高音を尚良く・五／音色に不純・四

昭和一〇年代に入ると、音楽業界における調律師の地位が確立してきて、その存在が大きくなってきたことを如実に物語る一大イベントが催された。昭和一一（一九三六）年一一月九日から一週間にわたって、銀座にある伊東屋の七階で開かれた全国ピアノ技術者協会主催の「躍進国産ピアノ展覧会」である。

展覧会は日本楽器や河合楽器など大手だけでなく、中小の国内ピアノメーカーや楽器店など一五社が参加した。展示品はアップライト、グランド、参考出品として歴史的なピアノや内部構造などを知ることができる実物のカット模型など三八点、その他、写真なども一堂に集めて展示した。

この頃、政府はさまざまな機会をとらえて、「国産品を愛用すべし」との通達を出して啓蒙していた。昭和の初め頃には国内販売の半分近くにまで落ちていた国産ピアノが七割近くに盛り返していた。それでも、外国製のピアノの評価は相変わらず高く、スタインウェイ、ブリュートナーなどの高級品をはじめとして二、三〇種が輸入されていた。だが、関税率が高くなってくると、これが障壁となり、部品で輸入して国内で加工、組み立てをするケースが増えてきた。部品で輸入したほうが関税が安いからである。

ヤマハの路線転換

政府が強要する「国産愛用」の追い風を受けて、異様なまでの熱気を帯びた「躍進国産ピアノ展覧会」が終わってみれば、軍靴の音はいちだんと大きく響いてきて、国内では戦意高揚をあおる空気が満ち満ちていた。

昭和八（一九三三）年三月、「満洲国」が国際社会に受け入れられなかったため、日本は国際連盟を脱退して孤立の道を歩み出していた。躍進国産ピアノ展が開かれる八ヵ月前には、二・二六事件の衝撃が走った。皇道派の青年将校らが一四〇〇余人の部隊を率いて決起し、高橋是清蔵相らを殺害。そのあと、永田町一帯を占拠して国家体制の改造を要求し、首都東京には戒厳令が敷かれた。

強権を振るう軍部のゴリ押しに短命内閣が続き、躍進国産ピアノ展の半月後にはベルリンで日独防共協定が調印された。翌昭和一二（一九三七）年六月には、国民や軍部からの大きな期待を担い第一次近衛文麿内閣が成立。その一ヵ月後に起こった蘆溝《ろこう》橋《きょう》事件を発端として日中戦争が勃発した。破竹の勢いで中国大陸を進攻する日本軍は連戦連勝で、半年後には南京を陥落させ、国内ではこれを祝う提灯《ちょうちん》行列が全国各地で催された。

もはや日本国内は戦争一色に覆い尽くされて、戦意高揚が叫ばれ、この年の一〇月には国民精神総動員中央連盟が結成された。翌年四月に国家総動員法が公布されると、もともと婦女子の西洋趣味と見られがちな西洋音楽は贅沢とされ、敵性音楽の禁止となって、ジャズやダンスは禁止となり、歴史の表舞台から急速に姿を消していった。それと並行して洋楽器の売れ行きも急下降し始めた。

昭和一二年の日本楽器のピアノ生産は二六六九台だったが、翌年には一六九三台に、さらにその翌年は一〇九三台にまで落ち込むことになる。当然、舶来楽器の輸入は禁止された。これに対して業界は全国楽器組合連合会を結成して、反対運動を展開して次のように要望した。

「音楽の重要性を強調しこれに用いる楽器が貴金属、宝石類と同率の課税は当を得ない、最低の一割にして欲しい」

ピアノの販売台数は過去最高を記録する一方で、日本をとりまくアジア、世界情勢はにわかに緊迫の度を加えていた。そんな昭和一二（一九三七）年五月頃、日本楽器の大橋幡岩は二度目の辞職願を提出する。一つのきっかけは、長年の親友である小野ピアノの技術顧問で日本最高の調律師とも謳われた杵淵直都から直吉に、「小野ピアノに入ってひと働きしてくれないか。年俸三二〇〇円は最低保証、成績次第で増額支給もある。諸条件は約定書を取り交わし決定する」[23]と申し入れがあって、ことが動き出していた。

小野ピアノは東京・蒲田にある小規模のピアノメーカーであるが、それが大胆にも、トップメーカーの準幹部クラスにあたるエリート技術者の引き抜きをしようというのである。日本楽器で縦横無尽の活躍をして、前代未聞の数のピアノをつぎつぎと試作し生産に移している、その指揮をとっている幹部技術者を引き抜こうというのはどうも事情がわかりにくいし、日本のピアノ業界にとっても大事件といえよう。果たして日本楽器内でなにが起こっていたのであろうか。これには、日本楽器における幡岩の仕事を振り返ってみる必要がある。

それまでコンサート・グランドをつぎつぎと試作し、加えてNヤマハなどの高価格の各種アップライトの試作、生産を手がけた幡岩は、やがて会社の命令により、安価なピアノの試作、量産も手がけるようになった。その理由は、次のような大きな変化があったからだ。

ピアノ業界を見渡せば、河合楽器の成功を皮切りに、以後、中小メーカーが続々と生まれ、特に、昭和七（一九三二）年ごろからそうした動きが目立っていたが、その背景の一つには、外国製ピアノを輸入する場合の関税が次第に高くなってきて、適度な価格では手に入りにくくなったことがある。

高級な外国製ピアノは価格がより高くなったことから、先の協信社のような国内の中小ピアノメーカーは、かさばるケースや重要な響板などは自前で作り、あとは完成品のピアノより関税率の低い輸入部品を使って組み立てて、かなり高価な値段で売るようになってきた。

それこそ、日本楽器や河合楽器である程度の修業を積んだ技術者や熟練の職人が設立した小メーカーは、工作機械などの設備が整っていないだけに、手作業でカバーして丁寧に作り上げることになるが、それでもかなりの音質のピアノができるし、投資額も少なくてすむので原価は安くなる。

一方、幡岩が日本楽器で生産している一〇〇〇円を超える価格のアップライトのNヤマハなどは、大手メーカーだけに、どうしても間接費がかさんで原価は高くなり、中小メーカーのピアノより価格も高くなってしまう。となると、ピアノブームの割には期待したほど売れ行きは伸びないために、売値を下げなければならず、そうなると利益を生まなくなってきた。事実、評判の高かったNヤマハだが、昭和七（一九三二）年九月に完成した第三四号をもって生産は中止された。ちょうど、中小メーカーの設立が盛んになった時期である。

一方、廉価なピアノを見れば、規模が小さい後発の河合や中小メーカーが安く作れて、日本楽器より三割近くも低い価格を設定し、これまた市場に投入してきて販売競争は激しくなってきた。

昭和に入ってからのピアノの平均価格の推移を見ると、昭和一二（一九三七）年は三九七円で、昭和四年のときから約四〇パーセントもダウンしている。ところが逆に、この間の物価指数は約四〇パーセントも上昇していたのである。ということは、ピアノの実質価格の低下がいかに大幅だったかがわかる。高価格、低価格の両価格帯から挟撃に遭って日本楽器のピアノ事業は充分な利益を上げられなくなってきた。

こうした状況下となり、幡岩はこれまでに手がけてきたNヤマハの生産やコンサート・グランドの試作を中断して、売れ筋を狙った安価な玩具ピアノやミニピアノの製造を命令された。さらに、昭和八（一九三三）年には、やはり会社命令で設計、試作したヤマハ「一〇〇号」ピアノを量産することになる。このピアノには、幡岩が考案した裁断機で生産した国産のハンマーや標準化したアクションを組み込むなどして大幅なコストダウンに成功したこともあって、価格が低く抑えられた。大衆向けに発売されたこのピアノは大当たりし、その結果、売り上げは五割も伸び、会社の利益に貢献した。

相前後する昭和八（一九三三）年三月、川上社長の外遊で見学した欧米のピアノメーカーは、たとえ有名ブランドでも、思っていたよりかなり規模が小さく、しかも手づくりの工程も多かった。そんな現実に、川上は一面で、日本楽器の規模の方が大きくて科学的、近代的設備で生産をしていると誇って自慢してみせたが、頭が切れるだけに、その反面では、危機感を抱いたに違いない。

外国の現実から察するに、ピアノメーカーはさほど大きな規模でないほうが経営的には得策であるかもしれない——。

これまで川上は、Nヤマハの評判が高かったこともあって、直吉と幡岩を日本楽器に再び取り込んで、かなり自由にピアノの試作をつぎつぎとやらせてきた。それも、手づくり的な要素が多いコンサート・グランドなども一〇種類近くも試作して、製品化の可能性を探ってきた。

しかし、投じる資本も少ない手づくり的なやり方のピアノづくりで、国内中小メーカーがつぎつぎと生まれて、価格攻勢を仕掛けてくる。加えて、この外遊において世界の有力ピアノメーカーの現実を自分の目で見てきたことで、方向転換を図ろうとした。

規模や機械設備においては世界でもトップクラスになっているその利点を生かしたピアノづくりはなにかと、あらためて考え続けていたが、川上の外遊から二年一〇ヵ月を経た昭和一一（一九三六）年一月二〇日、日本楽器の幹部によるピアノ協議会の席上、相佐春作副長が強い調子で方針決定を伝えた。

「今後ピアノ設計は優良モデルに依り、模倣為すことに決せる[24]」

量産性を充分に考慮して作られた外国製ピアノをモデルとして設計し、大量生産すれば、コストダウンも可能となって、中小メーカーの価格攻勢にも対抗できると判断したのであろう。

ここに、日本楽器のピアノづくりの路線転換が正式に決定された。すでにその兆候は現れていたので、来るべきものが来たとの受け止め方ではあったが、ともかく、直吉とともに幡岩が進めてきた、たとえ手間がかかっても試行錯誤を重ねて良質なピアノを作り出していこうとする姿勢は敬遠されたのだった。

直吉と幡岩は再び、日本楽器内での自らの立場と今後の身の処し方を思いめぐらしたに違いない。決定から一〇日後、幡岩は日本楽器を辞める意志を固めていた。

川上社長が新たに打ち出した科学的で効率的な量産方式と、直吉や幡岩が固執する手間暇かけての伝統的なピアノづくりの二つは、メーカーの規模や競合関係、また客層の変化、顧客の嗜好性の変化などによって、左右に大きく揺れ動くものだった。

このときから四半世紀を経た昭和三〇年代末から四〇年代にかけて、日本楽器は世界に通用する高価なコンサート・グランドCFの開発に取り組んで成功させる。このあと、社内の工場には、アップライトピアノや廉価なグランドピアノが流れる量産ラインと、手間暇かける手づくり的な要素を多く含むCFのラインとを別々に分けて、二つの工場が並立することになる。直吉や幡岩が目指した路線に近い要素を取り入れてのCFの生産となるのである。

それは、これまで何度も指摘してきたが、近代工業の量産性を必要とする側面と手づくり的な伝統的側面という相反する二面を併せ持つピアノそのものの属性からくる宿命でもあった。

昭和一二年という時代情勢を見きわめつつ、川上は長い試行錯誤で完成までに時間を要する効率の悪い自前路線を手放さざるを得ない決定を下した。経営のトップである川上は、国内では軍部の強権的な行動が一段と目立ち始め、ヨーロッパ情勢は緊張の度を高めてきているそんな中で、ピアノづくりに徹する直吉や幡岩とは異なる認識を持ったに違いない。

たとえ地方の浜松にあっても、つねに日本全体だけでなく、世界の情勢も注視して経営の舵取りをしてきた川上である。多額の投資を行って進めてきた幡岩らのピアノづくりを一面で評価しつつも、大所帯となった日本楽器を今後とも維持、発展させていくための方策としてこの決断をせざるを得なかったのであろう。

幡岩の退社をめぐって、川上社長や日本楽器内の幹部、吉田季三常務、林慶吉常務などから数ヵ月にわたって再三の慰留がなされたが、彼の決意は変わらず、七月に退社した。幡岩四一歳である。慰留が続いていたこの間、幡岩は会社に義理を返す意味からも、新しい路線に沿った安価なミニピアノを設計、製作して、量産化できる体制づくりまで行ってから日本楽器を後にした。

幡岩のピアノに賭ける情熱からして、日本楽器の退社そして小野ピアノへの入社は、高額の年俸に惹かれたのではなかった。日本楽器ではピアノづくりのリーダーシップをとっていたとはいえ、最初の退社、そして再び元に戻るなど、社内的には微妙な立場にあっただけに、必要とされた高級ピアノの製作が中断されれば、留まり続ける必然性はなくなったと判断したのであろう。紆余曲折のあった日本楽器との関係を、この際、清算して出直そうとしたのである。

日本楽器の路線転換を聞きつけた杵淵は、三〇年近くにもなる古い付き合いの幡岩の実直で自らをごまかせない性格を知っているだけに、声をかけて新しい職場を勧めたのであろう。ちなみに、東京・蒲田の六郷にある小野ピアノに移った幡岩は、ブランド名「ホルーゲル」ピアノを四種類、ディアパソンを六種類作り上げ、生産の先頭に立って奮闘することになるが、かといって、この工場が日本楽器を上回るピアノづくりの技術や職人を有していたというわけではないし、高級ピアノの生産を志向していたわけでもない。単なる中堅のピアノメーカーであった。まもなくして、他のピアノメーカーと同様に戦時体制へと突き進んでいくことになるのである。

「ピアノ技術を温存せよ」

昭和一四（一九三九）年九月一日、ドイツ軍のポーランド侵攻によって、英、仏がただちにドイツに宣戦を布告して第二次大戦が勃発した。こうした緊迫した国際情勢を受けて、日本はいちだんと戦時統制を強め、軍需生産をより拡大していく中で、贅沢品とみなされた楽器には軍部から圧力がかけられて、昭和一五（一九四〇）年七月には「奢侈品等製造販売制限」によって実質的な生産の中止が命じられた。

それでも、楽器メーカーは「楽器生産の技術温存」を名目に、細々と生産することが許可された。しかし、軍需生産の原材料として必要な鉄製品を広く巷から回収する全国的な運動が進められると、鉄フレームやピアノ鋼線などの金属を使うピアノの生産はいよいよ難しくなってきた。

昭和一六（一九四一）年には物品税が五割に上昇し、さらに一八年には八割、一九年には一二割に引き上げられた。しかも、全国の楽器メーカーが所有する楽器にはすべて特別証紙が添付されて、必要と認められるもののみ販売が許可されるありさまだった。

楽器の生産に必要な各種の原材料や部品、なかでも金属部品の入手は困難になり、昭和一九（一九四四）年の日本楽器におけるピアノ生産は二三一台にまで減り、翌年にはついに全面中止となった。

ピアノの生産が許可されていた時期でも、日本楽器では、しばしば経済警察から嫌がらせや叱責を受けたりした。こうした中で、昭和一五年に日本楽器東京支店長に就任していた大村兼次は、危機感を抱いて、軍部の圧力に抗して「ピアノ技術の温存」を強く訴えた。

「せっかく明治以来培ってきた楽器製造の技術をムダにしてしまうことになる」

大村は関係官庁や軍部の関係者らに足繁く通って「音楽は軍需品なり」「楽器も兵器なり」「音感教育が飛行機の爆音の聞き分けや機種の判別に役立つ」と説いた。さらには、前線の銃後における士気高揚を図るためとか、傷病兵の慰問などにおいても音楽は重要な役割を果たすとして、楽器生産の必要性を力説して回った。その結果、内閣情報局に楽器販売協議会を設置してもらえることになった。これにより、内務省や文部省、厚生省、鉄道省、逓信省、軍需省などの関係者らから、楽器の製造にともなって必要となる原材料の配給について便宜を図ってもらえるようにしたのだった。

大村は、たとえ戦時下であっても、日本の音楽文化を守ることの重要性を認識していた。

日本楽器東京支店が日比谷公会堂に預けてある専門家用のピアノに関しても、「たとえ東京が敵機のため焦土と化しても、東京の文化及び文化人のために運命をともにし、最後の瞬間まで東京を離れさせてはならないのだ㉕」として、疎開させたり、購入を希望する顧客に売り渡したりはしなかった。

河合楽器でも、軍の監督官に見つからないよう神経を使って工場内を転々としながら、わずかに残っている手持ちの材料を用いてピアノの生産を続けていた。戦況が悪化していく昭和一九（一九四四）年においてもなお、当局の目を盗みながらピアノ生産が続けられていたのは、技術を温存していきたいとするメーカーの執念であった。

だがそれとは別に、ハーモニカやアコーディオンなどの生産はさほど減らず、ハーモニカは約二〇万個、アコーディオンは約四万台ペースであった。戦意高揚を図るために駆り出された芸人や大衆歌謡の伴奏のために必要とされたからだった。

軍需産業への全面転換

日本楽器では軍部からの要請もあって、先代の天野社長が、将来的に拡大が見込める軍需生産の分野に進出しようと、大正一〇（一九二一）年から飛行機用の木製プロペラの生産を手がけていた。プロペラは二センチくらいの厚さの木を積層にして接着し、流線型の形に削り出していくが、日本楽器はその合板の木工技術を持っていた。そこに陸軍省が注目した。日本楽器は浜松の中沢町に新工場を建設して、プロペラの生産を始めた。

楽器からプロペラに生産の比重が移っていった。日中戦争が本格化した昭和一三（一九三八）年八月には、プロペラ生産の設備増強のために資本金を四〇〇万円から八七五万円に増資し、静岡県天竜市に天竜工場も建設した。本社工場からここに製材と合板の両部門を移し、ここでささやかに楽器の生産を行い、その一方、プロペラ関係は陸軍の管理工場となった。

日米開戦の昭和一六（一九四一）年には、資本金は一七五〇万円に増資され、本社工場の全員が現地徴用されて、日本楽器の主力は完全に航空機用プロペラ、落下式燃料補助タンク、航空機の翼に使う部品などに集中した。楽器づくりの技術者もつぎつぎに召集されて戦場へと駆り出されていった。

そんな中で日本楽器も河合楽器も、新任した軍部の若い監督官からよく叱られたものだった。

「なんだ、お前のところは、まだ楽器なんていう軟弱な名前をつけておる」

社名の変更を強いられたが、これには川上も小市も最後まで守り通した。軍部は「軍用ラッパ以外の楽器生産は不要」としたが、それでも、楽器づくりの技術で大いに尊重されたものがあった。陸海軍で重視された音感教育である。その指導のために徴用された調律師や演奏家も少なくない。

上空に飛来する敵機の機種を、爆音で判別する必要がある上空監視隊や高射砲隊の隊員を教育するため、さらには、潜水艦の乗員が航行する敵艦の機種をスクリュー音から識別するため、音感教育が海軍の水雷学校で行われたりしたが、いささか付け焼き刃的な耳の訓練であった。

徴用された一人に、戦後の日本を代表するピアニストの園田高弘がいた。東京音楽学校二学年だった園田は、戦況も押し迫った昭和二〇年六月、千葉県の木更津航空隊に呼び出された(26)。

航空隊では、園田がどの程度の聞き分ける能力があるかの実験が行われた。まず目隠しされた園田の周囲にスピーカーが置かれた。「正面から聞こえるとき」「左のこの角度で聞こえるとき」に、「はい、と手を挙げてくれ」と指示された。園田は「ここだ」と思って手を挙げると、必ずその位置にスピーカーがあった。

園田は合格となり、次には実践的な実験が続いた。任意に戦艦や駆逐艦、潜水艦、商船などの航走する音をつぎつぎと聞かされた後、これらを順不同にしたうえで、「この音はどの船の音だ」と問われた。園田はすべて間違いなく答えることができた。

実験はさらに続いた。今度は航空機の爆音の識別である。B29など幾種類かの爆音を聞かされ、高度と飛来する方向をほとんど当てることができた。すべての実験を通じて、園田の正答率は九八パーセントだったため、軍の関係者は驚き、音楽家の音感の良さをあらためて認識した。

やがて戦況の悪化は如何ともしがたく、昭和一九（一九四四）年六月からはB29による本土爆撃が始まり、工場の疎開も始まった。工作機械などはつぎつぎと地方の工場へ移転された。そんな最中の一二月七日、東海地方を大地震が襲った。日本楽器では浜松の本社工場の一部と天竜工場の大半が倒壊した。昭和二〇年に入ると、米機動部隊による東海地方の工業地帯に対する爆撃も始まり、社内ではこんな噂がまことしやかにささやかれていた。

「撃墜された日本の飛行機の燃料タンクやプロペラに、〝ハママツ・ヤマハ〟と書いてあるのを見つけたから、敵は浜松に仕返しに来るんだ」

東京、名古屋、大阪など全国の主要都市だけでなく、浜松などの地方都市も爆撃され、五月一九日には、復旧してわずか四ヵ月の天竜工場がまたも空襲に遭い、木製プロペラ工場など二万三〇〇〇平方メートルが全焼し、三〇余名の死傷者が出た。本社工場も大半が焼失した。

六月に入ると、一〇日に続いて一八日も浜松市内は大規模な焼夷弾攻撃を受け、日本楽器本社工場も含めて、市の中心部のほとんどが灰燼《かいじん》に帰して無残な姿をさらしていた。従業員の罹災も多くなり、出勤率も著しく低下してきて、生産も低迷した。さらに、七月二九日には、艦砲射撃も受けて工場の被害はさらに増し、浜松市の七割以上が焼け野原と化した。「窓硝子の飛び散った浜松駅舎のあたりから、弾痕と爆煙にうす汚れた本社工場の残骸が、広い廃墟の向こうに眺められた(27)」という。

廃墟からの復興

昭和二〇（一九四五）年八月一五日、川上嘉市の息子で天竜工場長の川上源一は工場の構内で五、六〇〇〇人の従業員とともに整列して玉音放送を聴き、打ちひしがれて涙を流した。しかし、これまでたえず強気で押してきた源一は「長たる私が皆と一緒に沈んでいたのではしようがない」として気持ちを奮い立たせて、従業員を励ました。「日本は戦に負けたが、これで自決を決意した人は別として、生きていく以上は、しっかり生きて働く以外にない。すぐに仕事にかかろう(28)」

浜松は焼け野原と化し、住む家も場所もなかったが、幸いにも工場には軍用の木材が山のように積み上げられていた。これを使って家具を作り、さらには小さな簡易住宅のバラック建築にとりかかった。市役所と話し合って市民からの申し込みを受け付け、二年間で一〇〇〇戸を建て上げた。さらには、鋳物製の粉ひき器など種々雑多の生活用具の製作なども手がける一方、焼けただれた工場内の工作機械も修理して復旧する作業も続けられた。

敗戦から二ヵ月後、早くも、ハーモニカやシロホンなどの小型楽器の生産に着手した。翌年一月には、待望のオルガンとアコーディオンが、二月にはチューブホンとギターの生産が再開した。

昭和二二（一九四七）年四月になると、ピアノや蓄音機、電蓄の製作へと手を広げていくが、なにしろ原材料不足で資材が思うように入手できず、闇ルートで調達するしかない部品もあって、完成した量はわずかだった。この間、日本楽器では、軍需生産のため戦時中に動員学徒や女子挺身隊などが加わって約一万人にも膨れ上がっていた従業員を大量解雇して、一六八五名にまで減らしていた。

この年の一月には、日本楽器はアメリカ向けハーモニカ二〇〇〇ダースの輸出を始め、ほどなくしてピアノが香港に向けて積み出されたが、どの産業も混乱のただ中にあっただけに日本楽器の復興は注目され、早々の輸出成功は明るいニュースとして業界を勇気づけた。昭和二四（一九四九）年八月には小型ピアノ、九月には鍵盤改良のスピネット型ピアノの生産にも着手した。

河合楽器でも同じように家具やラジオケース、それにハーモニカやシロホンなど小物の楽器から生産を始め、昭和二三（一九四八）年にはオルガン、ピアノの製作に着手することになるが、やはり、戦時中に一〇〇〇余名にまで増えていた従業員数を七六名にまで減らしていた。

空襲による破壊と敗戦による混乱で、鉄鋼や電力、石炭などの基幹産業も含めてあらゆる産業の生産が低迷し、資材の不足は続いていたが、それでも、昭和二二（一九四七）年、文部省の学校教育に器楽が取り入れられることになった。これにより、将来に向けて大きな需要が見込まれることになり、楽器業界の再建に向けて希望を抱かせることとなった。

ピアノなどの生産再開は、浜松周辺に戦前の技術者たちが温存されていたからにほかならない。戦後のピアノ技術界で重要な役割を果たす山葉直吉の甥の尾島一二、戦前は中小の東洋ピアノ、アトラス、大成ピアノなどで指導した疋田幸吉、榊原清作、原市太郎、そして東京から馳《は》せ参じた全国ピアノ技術者協会の重鎮である調律師の沢山清次郎、中谷孝男などが、浜松とその周辺にいた。

とはいえ、極端に貧しいこの時代、贅沢品として見られていたピアノの物品税は八割もかけられ、売れ行きは芳しくなかった。

こうした状況下における昭和二四（一九四九）年一月、敗戦後の立て直しに奔走していた川上嘉市社長は、戦時中に続いた無理もあって脳出血で倒れ、経営の第一線から退き、会長に就任することになった。翌昭和二五（一九五〇）年九月、息子の源一が三八歳の若さで日本楽器の社長に就任する。

大争議で破綻に陥っていた日本楽器の再建を引き受けて立て直した嘉市はまぎれもなく〝中興の祖〟であり、その業績は計り知れないものがあった。もともと頑強ではなかった身体を酷使して倒れるほど全精力を日本楽器の経営に打ち込んできた嘉市だけに、息子に経営を継いでほしいと望んでも不思議はなかった。

加えて、日本楽器からは創業者の山葉一族が次第に退社していたし、住友から派遣されていた重役陣も財閥解体で一掃されていたため、嘉市は経営の采配がよりやりやすくなっていた。昭和二二（一九四七）年四月、嘉市は第一回の参議院議員選挙において、静岡地方区に立候補し、最高得票で当選して、内外での影響力を強めていた。

一方、源一は、社長抜擢の理由について、次のように回顧している。

「父が私を社長にしたのは、他の役員に、適任者がいなかったからだろう。いま亡くなった人たちを批評するのは、まことに申し訳ないが、父との落差がありすぎ、地方的な視野でしかない人ばかりで、戦後の日本楽器を発展的に経営する能力は、とてもなかったと父は判断したのだろう(29)」

源一は続けて述べている。

「社長を引き受け、当時の幹部級を集めて、いろいろと話をしてみると、地方の会社だけに人材がいない。皆、旧制高等学校程度が最高で、大学卒は数えるほどしかいない。しかも優等生が来ているわけではない。中心になっている幹部は、創立者山葉寅楠翁時代から技術を見習い、永年勤続した人たちである。近代経営、合理化、科学的管理などの問題に取り組めそうにない(30)」

日本楽器は楽器業界のトップだったとはいえ、基幹産業と違ってこの頃の楽器メーカーの世間的評価はまだまだ低く、そのうえ地方都市が拠点だっただけに、一流大学の優秀な卒業生がなかなか集まらないのが現実だった。

同じようなことが河合楽器でも起こっていた。川上嘉市が日本楽器社長を退いたのと時期を同じくして、河合小市も胆石の大手術をして体力を衰えさせ、実質的に第一線から退くことになった。このあと河合楽器は経営上層部で内紛が起こり、さらには昭和二六（一九五一）年に大火で工場を焼失する。翌昭和二七（一九五二）年一月、すでに河合家の養子となっていて活躍めざましい滋が社内を掌握し、二九歳で専務取締役に選ばれ、実質的な社長として腕をふるうことになる。

戦後篇

世界の頂点へ

一九五〇年から二〇〇一年まで

第六章　戦後の再出発

川上源一、日本楽器新社長に就任

昭和二五（一九五〇）年九月一五日。日本楽器製造株式会社は、この日開催された臨時株主総会で新たに会長職を置くことを議決し、その後行われた取締役会で、昭和二（一九二七）年以来社長の座にあった川上嘉市を会長に、常務だった川上源一を社長に選出した。嘉市は、参議院議員、経団連理事といった公務が多忙となり、社業から距離を置きつつあった。かねてから後継者と定めていた嗣子・源一へのバトンタッチの時期を見計らっていたが、前年から中風を患い、自宅療養を余儀なくされたことで交代を決意したのである。

このとき川上源一は三九歳。明治四五（一九一二）年に生まれ、関西の名門・甲南高校に入学したものの、エリートの父への反発から社会主義にかぶれたあげく放校処分となり、なんとか編入学した高千穂高等商業学校（現・高千穂大学）では特待生で通したが、源一自身が「劣等生の学校だからトップになれた」と公言してはばからなかった。

昭和九（一九三四）年に高千穂高商を卒業した源一は、大日本人造肥料（現・日産化学）を経て、昭和一二（一九三七）年七月に日本楽器に入社。以来、一五（一九四〇）年に天竜工場長、二一（一九四六）年には取締役天竜工場長と、駆け足で出世している。とはいうものの、東京帝国大学工科大学の〝銀時計組〟で、住友電線（現・住友電工）から三顧の礼をもって日本楽器の社長に迎えられ、見事に立て直した父・嘉市があまりに偉大な存在だっただけに、源一の社長就任挨拶には、先代に対する強烈な対抗意識と劣等感がないまぜになった、複雑な心境が見てとれる。

「前社長は、諸君もご承知のとおり、わが国においても稀に見る傑出した人でありました。私は、識見において、また経験において、前社長の三分の一、四分の一にも及ばぬことを心得ております。（中略）前社長には、かずかずの長所があられましたが、私の特に敬服する点は、生涯を通じて自己の信念に終始したことであります。不肖私も、良心に従って行動いたす覚悟であります。それは自己の信念に忠実な者のみが、他人にも誠実であることができるからであります[1]」

ワンマン社長になることを自ら宣言したような、この声明に対して、社内の要所でにらみをきかせる年嵩の重役たちは、「まずはお手並み拝見」といったところであったろうが、源一の社長就任を待っていたかのように、ヤマハのピアノづくりの根幹を揺るがすような事件が起きる。戦後五年を経たこの年の夏にようやく完成した「コンサート・グランドピアノＦＣ」が、音楽評論家からこてんぱんに酷評されたのである。

コンサート・グランドＦＣの酷評

コンサート用に使われるグランドピアノは「コンサート・グランド」と呼ばれ、ピアノメーカーにとってはその技術力の評価を決定づけるものである。日本楽器常務の大村兼次も、「各国とも一流ピアノ製造家としては、職業的にも社会的にも、コンサート・グランドピアノを作る責務があり、これを作り得ないものはその技術、製作能力の欠如したものとみなされている」(2)と述べている。

この時期、すでに「ホルーゲル」ブランドを掲げる小野ピアノによって「グランド・コンサート」モデル（定価七〇万円）が発売されていたものの、日本を代表するピアノメーカーとして自他ともに認める存在であった日本楽器が「ヤマハ」のブランドで新しいコンサート・グランドを発表するのは、音楽界こぞって待望するところであった。

なにしろ、ピアノの輸入は日中戦争が起こった昭和一二（一九三七）年以来、ほぼストップし、部品類の輸入も厳しく制限されていたために、国内にあるピアノは、スタインウェイやベヒシュタインの銘器といえども調整が行き届かず、ガタガタの状態だった。安川加壽子の専属調律師を務めた斎藤義孝によれば、昭和二五（一九五〇）年当時のコンサート・ホールのピアノは悲惨な状態にあったという。日比谷公会堂には「演奏中にしばしば弦が切れ、（音）響板にも数条の亀裂がはいっているためメロディの歌えぬ」古いブリュートナーが置かれ、毎日ホールのピアノは「強いが打鍵には音が割れ、音域バランスがとりにくい」ベヒシュタイン、読売ホールはスタインウェイだが、「サロン型小型で演奏会に不適、アクションの能力を失っているので連打に音が抜ける、アクセントが容易に付かず音楽が歯抜けになる、バター無しのパンのような」潤いのないピアノが置かれていたという(3)。

日本楽器は昭和七（一九三二）年、大橋幡岩によってコンサート・グランドの試作品をすでに完成させていた。ただし、名古屋の朝日新聞社に納入されたこのピアノは、大橋があえて「模造品」と称したように、ベヒシュタインの完全なコピーであった。昭和二二（一九四七）年に再開された日本楽器のピアノ生産は、当初のアップライトから、グランドピアノについても小型機種のG20を皮切りに、三種類のモデルが順次作られるようになっていた。新しいコンサート・グランドの開発は、日本楽器にとって次に挑むべき最重要のテーマであり、当時は役員だった川上源一が陣頭指揮をとることになったのである。

源一は父親の嘉市とは違って音楽の素養もあり、自らシューベルトをピアノで弾く趣味人だっただけに、コンサート用のピアノ開発に賭ける意気込みは並々ならぬものがあった。演奏家の助言と協力があってこそピアノの品質向上が可能である、という欧米流の考え方を身につけていた源一が、アドバイザーとして白羽の矢を立てたのは、当時東京音楽学校研究科を卒業したばかりの新進、園田高弘である。

昭和三（一九二八）年に、ピアニスト園田清秀の長男として生まれた高弘は、幼少時から父にピアノの英才教育を受け、七歳でレオ・シロタに入門。東京音楽学校に進んでからは豊増昇に師事し、戦時中は自宅のピアノが空襲で焼かれるという辛酸を嘗めながらも、卒業後まもない昭和二三（一九四八）年五月には、尾高尚忠指揮日本交響楽団（現・NHK交響楽団）の定期演奏会でショパンのピアノ協奏曲第一番を弾いて颯爽とデビュー、「楽壇にようやく男子出現」と好意的に迎えられていた。

園田が東京音楽学校研究科の卒業演奏会で弾いた、プロコフィエフの「戦争ソナタ」を聞いて感動した川上は、園田をさっそく浜松の本社工場に招いて、開発中だったコンサート・グランドについて助言を求めたのである。

いまや巨匠として押しも押されもせぬ存在である園田は、当時のピアノ開発についてこう振り返る。

「戦前の私の自宅には、父が愛用したヤマハのグランドピアノがあったので、子どものときからヤマハの音には親しんでいました。その頃のヤマハは、ベヒシュタインをモデルにした、柔らかく艶やかな音が特徴だったのです。戦後はそれを、より強靭で堅牢な性質をもったピアノに改革すべく、川上源一さんを先頭に取り組んでいたところでした。

弦の張力や、ハンマー、アクションなどさまざまな部分に改良を加えながら、新しい試作ピアノができるたびに私が浜松に呼ばれて、試弾をしては『これではだめだ』とか『試弾前の弾き込みが足りなくては判断できない』といった感想を、川上さんに直言しました。私自身、ピアノのメカニックには興味があり、自分なりに研究もしていましたので、川上さんも納得して若かった私のことを信頼してくれたのだと思います」

こうして昭和二五年夏に完成したコンサート・グランドFCは、高さ一メートル、幅一・五六メートル、奥行二・七三メートルの大きさ。ワイヤー、フェルト、クロスは輸入品を用い、鍵盤は象牙を使用したもので、小売価格は一五〇万円と定められた。八月二七日には音楽評論家の野村光一、山根銀二、遠山一行らを浜松の日本楽器本社に招いて試演会が行われ、最終的な調整が施されたのち、九月三〇日午後二時から、日比谷公会堂で「山葉コンサート・グランドピアノ発表演奏会」が開かれた。会場に集まった聴衆や音楽関係者は、ステージの上でスポットライトを浴びる真新しいグランドピアノに、あらためて戦後や平和を実感し、その音色に期待を膨らませたのである。

この日演奏したのは、若い世代の二人のピアニスト、園田高弘と大堀敦子だった。プログラムは、第一部が大堀で、バッハ＝リスト編「幻想曲とフーガ、ト短調」、ムソルグスキー「展覧会の絵」、リスト「演奏会用練習曲変ニ長調」、パガニーニ「練習曲第五番ホ長調『狩』・同第三番嬰ト短調『鐘』」。第二部が園田で、メンデルスゾーン「厳格な変奏曲」、ベートーヴェン「ピアノ・ソナタ第二一番ハ長調『ワルトシュタイン』」、ブラームス「ラプソディ」、ラヴェル「水の戯れ」、同「道化師の朝の歌」、リスト「ハンガリア狂詩曲第六番」という多彩なもので、戦後初の国産コンサート・グランドの門出を祝うにふさわしく、ピアノの性能を十全に引き出すことを企図した曲目が並んでいた。

ところが、作曲家の清水脩《おさむ》はこの演奏会で披露されたコンサート・グランドFCについて、業界紙の「音楽新聞」一〇月中旬号で次のように評したのだった。

「日比谷のステージに置かれた所だけを見ると、真新しいすがすがしい、黒びかりのする姿は、いかにもたのもしい。が、率直にいって、戦前の山葉とは大分距離があるようだ。ソフトペダルの音色は、新品の持前か、一寸類《ちよつと》のない甘いものだが、一度《ひとたび》フォルテとなると、これはまた二三十年も使いふるしたドイツ製のピアノかと思う。つまりワイヤー（弦）の精密度が低いのであろう。したがって、味のない、固い音を発する。なにか、たがのゆるんだような、下帯のゆるんだような感じを与える低音、素気ない高音など、まだまだ信頼できる日の遠きを思わせる(4)」

確かに、日本楽器常務の大村兼次が、「戦後わずかに五年、敗戦後の我が国の政治経済、文化、国民生活環境の面において、戦前への回復には、なお道遠き現在、製作上資材的には、戦前と雲泥の差の難関がある(5)」と明かしているように、質の高いピアノを作るための資材が不足していたために、品質について内心忸怩《じくじ》たるところがあったことは否めなかった。また、その当時日本を代表するピアニストであった井口基成も、このコンサート・グランドについて、「ともかく披露演奏会をするところまでこぎつけた努力に敬意を表さねばならないと思う。確かに戦後品質も年ごとに向上していて殊に昨年出来たものと今年の作では相当の進歩を見ることができる」と評価しながらも、「しかし戦前の山葉の三号などの良い品に比較すると未だしの感がある」と率直な感想を漏らしていたのだった(6)。

ところが、清水の酷評に憤然と真正面から噛みついたのは、当の新社長である川上源一であった。「音楽新聞」一一月中旬号に、川上は製作責任者として「清水脩氏へ山葉ピアノの批評に答える」という一文を寄せている。

「私が清水脩氏の批評に対して納得できないところは、十数年前に製作した我が社の製品に比して今回の新しいフル・コンサートピアノが遠く及ばないという言葉と、下帯のゆるんだような低音の音色という表現である。これは山葉ピアノに対する最大の侮蔑の言葉であって、いかなる事実に基づいてこの様な表現がなされたかということに私は非常な疑問を持つものである」[7]

大楽器メーカーの社長とは思えない激昂ぶりであったが、ことさら源一が許しがたく感じたのは、清水に代表される楽壇人のあいだに、「国産品のピアノを伸ばし、育てよう」という愛情がまったく感じられないことであった。清水の「下帯のゆるんだような音」という言葉は、のちのちまでヤマハ社内で語り継がれ、臥薪嘗胆《がしんしょうたん》の合言葉のような存在になっていく。

折しもこの発表演奏会直後の一〇月一〇日に、フランス政府派遣の芸術使節としてピアノの巨匠ラザール・レヴィが来日したが、レヴィはこのとき用意されていた外国製ピアノに満足できず、ヤマハのコンサート・グランドを使って全国各地で演奏したことが、川上にとっては大きな自信となっていた。野辺地《のべち》瓜丸（勝久）、安川加壽子、原智恵子など、多くの門下生を日本に持っていたレヴィは、六八歳という高齢ながら、東京、大阪、京都、名古屋でのリサイタルや協奏曲演奏、放送録音、そして東京芸術大学での公開講座と精力的に演奏活動を行っただけでなく、東京から大阪に向かう途上、浜松に立ち寄って日本楽器の工場も訪れていた。

レヴィは、三〇代の頃ピアノの奏法を研究するためにエラールの研究室にこもり、技術者とともにピアノの持っている可能性を追求したという経歴の持ち主だっただけに、レヴィの「日本に於て斯かる優秀なピアノの出来る事は知らなかった。日本の文化向上の為真に喜ぶべき事である(8)」という感想は、多分にリップサービスのきらいはあるにせよ、ピアノづくりに携わる日本楽器の関係者を大いに勇気づけたのだった。

そこで源一は、レヴィがヤマハを使用したことを例にとって「山葉ピアノが決して清水脩氏の批評の如きものではなかったことを事実を以って証明したものであると思う」と反駁《はんばく》した。

ところが、源一の反論を受けた清水は、「レヴィ氏は確かに使用した。だがやむなく使用したというのが正しい」として、ピアノ選択の〝舞台裏〟を暴露してしまう。それによると、各ホールともオンボロの外国製ピアノしかなく、特に名古屋では用意されたスタインウェイが三〇年近くたったもので、あまりにひどかったため、ヤマハを使用したものの、大阪と東京では日本放送協会（ＮＨＫ）からスタインウェイを借り受け、二台のピアノのための曲目に際してのみヤマハを使ったが、レヴィは大いに不満だったというのだ(9)。

泥仕合と化してきた二人の論争は、年を越した昭和二六（一九五一）年一月中旬号に「音楽新聞」編集部が「山葉フル・コンサート・ピアノ問題を打切るために」という一文を掲載してようやく終止符を打った。だが、いずれにせよ、コンサート・グランドのデビューに際して苦杯をなめた川上が、捲土重来を期して製造部門のスタッフに厳しく品質向上を迫ったことは間違いない。

国産ピアノの弱点

では、戦前から戦後にかけての国産ピアノには、果たしてどのような弱点があったのだろうか。ピアノ技術者たちの証言からたどってみることにしよう。

たとえば、昭和三（一九二八）年から月島のH《エチ》松本ピアノ工場で外国製のアクションの取り付けと整調を担当していた原信義は、工場主の松本広からタッチについてさまざまな注意を受けたものの、「耳にたこができるほど教えられても残念ながらピアノを弾く事が出来ないので、どんなタッチが良いのかさっぱり要領を得なかった」(10)という。そこで一念発起した原は、東京音楽学校の選科ピアノ科に入学して、工場の仕事を終えると連日五時間はピアノに向かって練習した。だが、彼が猛練習の末に悟ったのは、「和製のピアノではグランドの場合でも本当の音楽は弾けない」という現実であった。当時、ピアノ演奏の専門教育を受けた技術者は皆無に近かったので、原の証言は貴重なものといえる。

まずタッチについては、「一般にキイの深さが浅くて、あれでは曲を表現しようと思う間にもうハンマーが線に当ってしまい」、その原因として「技術者が形式にのみとらわれやすく、寸法に固執して本質を忘れがち」となることを挙げている。つまり、キイ（鍵盤）の深さを設計上で一〇ミリと決めても、アクションによっては手応えがなくて弾きにくい場合もあるので、ピアノによって微妙に浅くも深くも決めなければならないにもかかわらず、作り手に音楽的な知識がないために不具合が生じやすいと指摘しているのである。

また、音色についても「和製ではどこで出来たのも同じように甘味がなく、ひどいのはのっぺら棒で弱く弾いても強く弾いても大きさはあまり変りません」。原に言わせると、明治時代にできたものと近年のものと比べても大した進歩はなく、特に「側鳴《そば》り」、つまり近くで聞けば大きな音がするのに、少し離れると音が割れてしまう欠陥を挙げている。

もちろん、山葉直吉と大橋幡岩が生み出したNヤマハのようなアップライトの銘器が存在した事実もあり、この評だけをもって国産ピアノの品質すべてを判断するわけにはいかないが、原の指摘は、その頃井口基成がヤマハのピアノに対して呈した苦言――「一体にいって山葉のピアノの欠点としては、自分の経験では、力を入れれば入れる程音がなくなってしまうのが多い。この欠点はどうしたことか。ところが外国の良い品物はそれをどれだけでも応答してくれるのである」[11]――と相通ずるものがある。

戦後はじめて輸入されたスタインウェイのフルコンサート・グランドがＮＨＫに納

入されたのは、昭和二七（一九五二）年一月のことであったが、「スタインウェイ独特のガッチリした歯切のよさ、低音のグウーンと鳴り響く荘重さ、それも低音に至るに従ってますます腹にこたえる程の音量を持った点、高音の華麗さ、これも高くなればなる程増大される程の美しさ、全くここ十年以上船来の新しいピアノを聴かぬ私の耳は驚喜した⑫」という、大御所調律師・杵淵直都のスタインウェイへの讃辞は、そのまま国産ピアノに対する不満の裏返しであったといってもよい。

昭和二七年当時、日本でピアノを生産していたのは、浜松を中心に関東、関西合わせて二十数社。合計月産台数はグランドピアノ約二五〇台、アップライトピアノ約四五〇台の合計七〇〇台と推定されたが、その規模は、大は月産数百台から小は数台と各種各様で、品質もまさにピンからキリまで千差万別であった。中には「粗製濫造」という言葉がそのままあてはまるメーカーもあったようで、名古屋のある調律師はそうしたメーカーの姿勢を次のように厳しく批評している。

「支柱の造り方、響板の作り方、駒の太さ高さ位置等そして響板の枠への張込み方等は各社とも相当苦心されておりますが、なんと言っても是等材料の選択と乾燥と組み立て方とが合法的に行われねば駄目だと思います。最近多く造られている新品ピアノは早く社会に送り出さねばならん諸事情のために前申したような条件に当て嵌まらぬ状態であることは実に遺憾とするものであります。設備のない工場で早く造って、早く、多く、安く、売るピアノを造らず、数は少なくとも充分精錬された良品を相当値段にて売る計画のもとに進んでもらわないと貴重な資材が浪費されるばかりでなく、一回の調律修理ですまないために技術者と使用者側との間に色々な問題も起りがちでまことに困った事と思われます。また買った人も本当に迷惑なことでしょう」[13]

戦後のピアノの生産台数[14]は、昭和二一（一九四六）年の二四台から、二二年三九九台、二三年一六四六台、二四年三〇一九台、二五年三七七一台、二六年五五九五台と、朝鮮戦争による特需景気などもあって急増し、まさに「作れば売れる」時代が続いていた。さらに、アップライトでも一台二〇万円近い高値で売れただけに、見よう見まねで外観ばかり立派な粗悪品を作るメーカーも後を絶たず、買い手の不満を直接に浴びる調律師にとって悩みの種だったわけである。

「スタインウェイに負けないピアノを作る」

さて、作曲家の清水脩から酷評された第一号のコンサート・グランドＦＣだが、その最大の弱点は音量の不足であった。広いコンサート会場を充たすだけのパワーがなかったのである。そこでヤマハ技術陣は、響板やハンマーの重さ、弦のテンションなどさらに改良を加えて第二号、第三号のコンサート・グランドＦＣを製作し、日比谷公会堂を借りきってレオニート・クロイツァーに試弾を依頼した。だがその結果は、音は非常に大きくなったものの音色が芳しくないため、その後はハンマーの硬さを中心に試作を繰り返し、翌年の昭和二六（一九五一）年の八月中旬になってようやく、第四号と第七号のコンサート・グランドが完成した。

この間、社長の川上源一は、ことあるごとに、「我々はスタインウェイに負けない——敢えて勝てるとは言わないが——ピアノを、一年以内に必ず作る」と、社内外で公言してきた。

到底実現不可能と思われたこの言葉の裏には、社長就任早々にぶつかった試練に対する反発だけでなく、〝敗戦国民〟として戦勝国アメリカのピアノには負けたくないといった意地も感じられる。

そして、改良を重ねたヤマハのコンサート・グランドがその真価を問われる機会は、あの発表演奏会から一年、昭和二六年九月に戦後はじめてアメリカからやってきたヴァイオリニスト、ユーディ・メニューヒンによってもたらされる。

初来日したメニューヒンとピアニストのアドルフ・バラーにとって最大の悩みは、日本に思うようなコンディションのピアノがまったくないことであった。主催の朝日新聞社は、コンサートに際してアメリカからスタインウェイを運び込もうと計画したが初日に間に合わず、当時東京でもっとも状態がよかったＮＨＫのスタインウェイの借り受けにも失敗してしまった。そのためバラーは、演奏会前日の九月一七日に都内四ヵ所を回って外国製ピアノを試奏したが、満足のいくものは見つからず、結局一八日の公演では日比谷公会堂のオンボロのブリュートナーで演奏せざるを得なかったのである。その状態の悪さは、東京での演奏会を終えて大阪に向かうメニューヒンが、公演の感想を尋ねる新聞記者に対して、「いいピアノがないから、デリケートな演奏ができない」と答えたほどだった。

困り果てた朝日新聞社は、一〇月四日の名古屋・名宝劇場における演奏会ではヤマハのピアノを使用したいと、日本楽器東京支店に申し入れた。そこでヤマハでは、八月に完成したばかりの第七号のコンサート・グランドFCを提供することに決め、検査課の小幡四郎を調律担当として、社長自ら名古屋へ出向いてメニューヒン一行を迎えたのである。

その前夜は不安でよく眠れなかったという小幡が、それでも入念に調律をすませてメニューヒンとバラーにピアノを引き渡したところ、はじめて目にする日本製ピアノに最初は半信半疑だった二人だが、少し弾いただけですぐに気に入った。演奏会の休憩時には源一をわざわざ楽屋に招いて、「ヤマハ・ピアノを弾いてみたところが非常に宜しい。今迄日本で色々ピアノを選定してみたけれども、どれも思う様なものがなかった。今日始めてこんなに気持ちのいい、ピアノで演奏できたので非常に有難い(15)」と、感謝の言葉を述べたのだった。

演奏会が終わってからあわただしく浜松へ戻った源一は、翌朝出社すると、課長以上の管理職全員を緊急招集して、メニューヒンの演奏会でヤマハ・ピアノが絶賛を博したことを誇らしげに報告した。

「是非、日本楽器の全従業員に、このピアノの成績をあなた方管理職から伝えてもらって、喜びを分かち合いたい」と、昂揚した気持ちで演説した川上は、このとき一年前の清水脩との論争についても触れた。

「しかし考えて見ますとこうした事が無ければ、今日ヤマハピアノがシュタインウェイ《ママ》にも負けないと云う自信を摑む機会は持ち得なかっただろうと思うのです。（中略）あの時私がもし清水氏と議論しなければ、ヤマハピアノをこれだけ良くする決心がつかなかったに違いない。自分ではいいと思い、清水氏の批評が間違いだと敢えて自分で思うだけの事であって、それだけに終ってしまうのみであります。偶々《たまたま》私が自ら意見を述べた為にヤマハピアノの品質を良くしなければならぬ責任を引受けた訳であります⒃」

泥仕合の様相をも呈した件《くだん》の論争をきわめて肯定的に振り返るあたりに、川上の負けず嫌いの一面がよく現れている。

その後、朝日新聞社がメニューヒン一行のために手配していたスタインウェイは間もなく日本に到着し、一〇月一五日に日本ビクターのスタジオで行われたレコード録音に際しては、スタインウェイとヤマハ双方のコンサート・グランドが持ち込まれた。大方の予想に反してピアニストのバラーはヤマハを選んで吹き込み(17)、翌一六日のコンサートでもバラーの意向でヤマハを使用した。もちろん、バラーの選択にメニューヒンが首肯したことはいうまでもない。

すでに新聞紙上では、「一六日の演奏会では新着のスタインウェイ・ピアノを使用する」と発表されていたため、舞台で黒光りするピアノから奏でられる音色を聴いた聴衆の多くは、さすがスタインウェイと賞賛の声を上げたというが、実はヤマハのコンサート・グランドが使われていたわけである。続く一九日、二〇日の演奏会でもヤマハが採用され、結局わざわざアメリカから運び込まれたスタインウェイは一度も使われることがなかった。

世界的な演奏家に、スタインウェイをおいてもヤマハを使いたいと言わせた――。わずか一年前に評論家から酷評され、「スタインウェイに負けないピアノを一年以内に必ず作る」と大見得を切った川上源一にとって、これほど大きな勲章はなかった。

と同時に、このときの自信と、スタインウェイへの憧れとコンプレックスとがないまぜになった強烈なライバル意識が、ヤマハという企業におけるピアノづくりの方向性を決めたのである。それは、「スタインウェイに勝てるピアノを作る」という、とてつもなく大きな目標であった。

第七章　大量生産の時代

冷徹な現実

昭和二七（一九五二）年四月二八日、対日講和条約の発効によって日本は連合軍の占領下を離れて独立し、国際社会の一員としての地位を取り戻しつつあった。それは日本人にとって長年待ち望んだ日の到来であったが、わが国のピアノ業界にとっては、世界的規模で展開されている熾烈《しれつ》な競争の場に飛び込んでいくことも意味していた。その最初の衝撃波ともいうべきものが、外国為替に関する規制が緩和されたことによって可能となった、スタインウェイの輸入再開である。

昭和二六（一九五二）年秋にメニューヒン一行がヤマハを選んだことに対して、皮肉にも楽壇の論調は、快挙と喜ぶよりもむしろ「一刻も早くスタインウェイを輸入せよ」という方向に向かっていった。国産ピアノの実力がある程度は認められたとはいえ、コンディションが良好な海外メーカーの銘器に及ぶものではなかったし、彼我の実力の差が縮まるまでには途方もない時間が必要なように思われたのも、当時としては無理からぬことであった。

日比谷公会堂に新しい外国産ピアノを求める陳情の署名運動は、山田耕筰、近衛秀麿、井口基成、安川加壽子、藤原義江といった楽壇を代表する人々だけでなく、徳川夢声、小宮豊隆、サトウハチローなどの文化人にも広がりを見せ、同年一二月には約四〇〇〇名の署名と陳情文が、日比谷公会堂を管理する東京都の安井郁知事と石原永明都議会議長に提出された。

陳情を受けた東京都は、日本総代理店の松尾楽器商会を通じて、スタインウェイのコンサート・グランドを購入することに決定した。三六四万円で購入されたピアノは、昭和二七（一九五二）年九月三〇日のアルフレッド・コルトー独奏会で弾き初めされたのである。当時、三六四万円といえば、都内に立派な一戸建てが買えるほどで、ヤマハのコンサート・グランドFCと比較しても二倍以上の価格であったが、輸入自由化を受けて同年一一月には大阪産経会館と第一生命ホール、一二月にはラジオ東京（現・TBS）第一スタジオと日本相互ホールと、その圧倒的な品質とブランド力によって、主要なホールや放送局に続々と納入されていく。

外国産ピアノの輸入が途絶状態にあった昭和一〇年代から二〇年代半ばにかけて、あれほど高まっていた「国産コンサート・グランド待望論」は、スタインウェイが手に入るようになると、日本の楽壇からあっというまに雲散霧消してしまったかのようであった。

翌昭和二八（一九五三）年三月から四月にかけて、ドイツの巨匠ワルター・ギーゼキングが来日した際、ヤマハの第一九号にあたるコンサート・グランドFCが皇居での御前演奏のほか、東京以外の地方公演（名古屋、大阪、福岡、札幌、仙台）の会場に運ばれて使用され、ギーゼキングから一定の評価を得たものの、音楽ジャーナリズムがメニューヒンのときのような関心を示すことは、もはやなかったのである。これは、その翌年の昭和二九（一九五四）年四月に〝鍵盤の獅子王〟ウィルヘルム・バックハウスが来日し、ヤマハを使用した際も同様であった。

結局のところ、スタインウェイがまだ備えられていない地方都市や皇居での御前演奏では、ピアノを輸送したうえで調律・調整する体制がかなり整っていたヤマハが使われる、という図式ができあがりつつあった。

日本楽器社長の川上源一は、その後も引き続きコンサート・グランド改良の研究を続ける一方で、こうした現実を冷徹に見据えていた。すでに昭和二七年の年頭訓示で、これからのピアノ産業について次のように述べている。

「当社の主製品であるピアノについても学校方面を調査した結果、既に大体新設の学校の半分に行き渡って居ります。資金の少ない学校で、ピアノの設備が望めない学校が二割くらいはあると思われますから、残るところはおのずから想像できるだろうと思います。したがって現在まで非常に需要が多かったという安易な気持ちで進むならば、恐らく遂には臍《ほぞ》をかむ時が来る懼《おそ》れがあります。これを避けるには安くて良い品物を造って需要を大きくして、学校以外の一般の需要を喚起するとともに、外国の製品との競争にも打勝って、さらに輸出を増進せしめる事が必要であります。今これだけの準備をいたさなかったならば、必ず後悔する時が来ると存じます(1)」

源一の単刀直入な言葉の中には、コンサート・グランドFCの開発に意地をかけた血気盛んな経営者の顔とは別の現実主義者としての一面、すなわち、その後のヤマハ、ひいては日本のピアノ産業全体を巨大化したいというドライな産業人としての姿勢が明確に示されていた。後段の部分の「学校」という言葉を「既存の市場（マーケット）」と置き換えれば、すべての製造業にとって共通のテーマだったといってよい。生きていくためには、夢を追い求める前にまず足場を固めなければならなかったのである。

新しい工場管理手法の導入

第二次世界大戦の終結後、アメリカは、戦争によって壊滅的な打撃を受けた日本の製造業がある程度復興することは容認したが、日本経済がめざましく発展することは望まなかった。だが、ソ連との対立という冷戦の始まりによって、日本に西側陣営の一員として経済力を高めさせるべく、対日政策が転換された。そして、昭和二五（一九五〇）年六月に勃発した朝鮮戦争で予期せぬ「特需景気」に沸いた日本は、海外から資源を輸入して、それを加工して輸出するという「加工産業立国」こそが生きる道として、アメリカの援助と指導によって産業体質の転換を図っていく。それは、カンフル剤として補助金や助成金を注ぎ込むのではなく、あくまで企業の自助努力を促すものであった。ひとことでいえば、「合理化」と「生産性の向上」である。

ピアノづくりを産業としてとらえた場合、小は五、六名の町工場から、大は数千人の工員を擁する大工場まで、その規模は千差万別である。また、製造工程の中に職人の手作業による工芸品的な部分と、大規模な工業産品として効率的に工程を進める部分とが混在していたために、労働集約型のスタイルから脱却することができず、業界最大手の日本楽器においても、生産工程の効率化は至上課題であった。

昭和二六（一九五一）年当時、日本楽器のピアノ製作の現場は、本体（外形）や響板を作る「木工部門」と、鍵盤、アクション、ハンマーなどを作る「アクション製造部門」、それらを合わせる「組み立て・調律部門」の三つに大きく分かれていた（その頃はまだフレームを自社で製造することはできず、鋳物工場に外注していたため、鉄工部門はなかった）。しかし、その工程が進むごとに大きくて重たいピアノを別の現場に運んだり、工員たちが工場の中を移動したりといった非効率ぶりが、生産台数が急増するにつれ問題化してきた。

そんな折に、日本楽器は労働省の行政指導で「TWI」を導入することになった。TWIとはTraining Within Industry for Supervisors（監督者向け職場訓練）の略称で、一九二〇年代に大恐慌下のアメリカで始まった工場の生産性向上プログラムを、GHQ（連合国軍総司令部）が官庁を通じて日本の産業界に広めようとしたもので、ヤマハではさっそく研究課の課員だった杉山友男をトレーナー養成の講習会に派遣して、全社的に導入することとなったのである。

一課員であった杉山に白羽の矢が立ったのには理由があった。生家が破産したため浜松一中を中退せざるを得ず、昭和一〇（一九三五）年に臨時工としてヤマハ入りした杉山は、図面が引けない臨時工のままでは一人前の技術屋になれないと意を決して、会社で働くかたわら夜学で製図を学び、ヤマハが軍需産業向けの技術者を社内養成する段になると、努力が認められてそのメンバーに抜擢される。楽器製造に用いる資材が不足してきたこの時代に、杉山はオルガンの空気吹き込みに用いる金属製のバネを竹で代用する「竹バネ」を発明したことで、時の内閣総理大臣・東条英機から「総理大臣賞」を受けている。

いまや世界語となった「カイゼン（改善）」だが、杉山の職場における小さな改善や工夫の積み重ねは新社長・川上源一の目に留まるところとなり、杉山はその後TW

Iを推進すべく新設された「能率課」の課長に任命されて、全社的な改善運動に取り組んでいく。

ＴＷＩとは、現場のリーダーが指導をする際に、それまで当然とされていた「見よう見まねで覚えろ」「技術は先輩から盗め」といったあいまいな指示ではなく、それぞれの現場で行われている作業を標準化し、その目的、手順、ポイントを明快にして指導することで生産性を上げようというもので、杉山自身の言葉を借りれば、「新しい工場管理手法の革命」ともいうべきものであった。

杉山は、労働省での研修が終わると受講報告も兼ねて、源一ら重役を前にして社内講習を行うことになった。講習は本来二時間ずつ五回にわたって行われるものだが、社長を含む幹部が並んでいるのに遠慮して、二時間で切り上げようとしたところ、源一は「上司だからといって遠慮してはいかん。コースに従って講習を続けるように」と杉山を叱ったという。

社長が率先して講習に取り組んだことで全社的にＴＷＩの機運は盛り上がり、幹部社員、課長、主任、工長、組長と逐次講習が行われていった。また、杉山が率いる能率課のもう一つの仕事は、いわゆる「ＱＣ（品質管理）運動」の走りのようなもので、生産ラインに立つ人の一挙手一投足について、非効率な部分はないか、工場内での指導や社内報での啓蒙を繰り返すことで、現場レベルの意識改革を促して生産性の向上を図っていくことであった。

当時の「日楽社報」のページを繰ると、「仕事の研究室」という連載記事には「能率を上げるとは」「簡単な改善はその日から」「身体を有効に使うために」「身の廻りの配置と設備」「『ムリ』なく『ムラ』なく『ムダ』もなく」「水の流るる如く」「簡単な工具や器具を考案する要点」といったタイトルが並んでいる。これらはすべて川上社長の強力な後押しがあってのことだった。

のちにヤマハ発動機の役員となった杉山は、こうした川上源一の取り組みについて、「おそらくは、父親の嘉市会長のやり方を一切変えていくために、TWIを導入したり能率課まで設けたのではないでしょうか」と述懐する。

源一はピアノ以外のメーカー、たとえば三洋電機の工場などを見学することで、ピアノメーカーの従来の生産方式を根本から見直し、アメリカ式の大規模な流れ作業に転換すべき時代が目前に迫っていることを感じていた。

そこで源一は、TWIと並行して昭和二七（一九五二）年一月に、研究課の若手社員だった松下力にアメリカ視察を命じた。一般の海外旅行者はまだ数えるほどで、社長当人でさえまだ外遊していなかったこの時期に出張を命じられた松下の戸惑いは大きかったが、ピアノの塗料や塗装の研究をしていた松下が指名された背景には、「ピアノ生産においては木材加工、とりわけ塗装の近代化がポイントとなる」という源一の考えがあった。

ここで見逃せないのは、松下が視察したのはアメリカ国内の繊維板工場、合板工場、家具木工会社、塗料会社と国立マジソン林産試験場など、あくまで木工や塗装に関連する場所であったことだ。道中、スタインウェイも訪問して商談を持ちかけてはいるものの、「日本の後発メーカーが、海外の先進メーカーからピアノづくりそのものをトータルに学ぶ」という発想はまったくなく、会社として最重要視していたのは「生産工程の改善」だったわけである。このことは、同じ年の秋から二年間の予定で、吉村直行がアメリカのシラキューズ大学の工学部林産学科で木材について研究し、増田吉男がデンヴァー大学で経営工学やインダストリアル・エンジニアリング（生産工学）を学んだことからもうかがえる。[2]

考えてみれば、海外のピアノメーカーにとって日本楽器は同業のライバルであり、その社員を受け入れて研修させることなどあり得なかったのかもしれない。だが、自動車や家電など他の多くの産業が「技術提携」といった形で海外のノウハウを直接吸収しようとしたのに対して、ヤマハが独自の道を歩もうとしたのは、ピアノ産業の特殊性ゆえであった。すなわち、ピアノづくりには、伝統的な工芸品に近いモノづくりの要素と、近代的な工業製品としての性格が混在しており、こと生産ラインの合理化という観点から見た場合、昭和八年に海外を視察した川上嘉市が「科学的な研究や検査は日本楽器のほうが進んでいる」と感じたように、海外のピアノメーカーから学ぶよりも、大胆な合理化を推進する内外の他産業を参考にしながら、現場をよく知る社員たちが自ら改善を試みるほうがよりよい成果が得られると判断したからであろう。

手押しでスタートした流れ作業

昭和二七（一九五二）年秋、山葉寅楠が明治三三（一九〇〇）年に国産第一号ピアノを完成させてから半世紀あまりを経たこの年、ヤマハの累計ピアノ生産台数は五万台を突破した。

それを記念して発表されたアップライトピアノの「一〇〇号」（八八鍵、一九万五〇〇〇円）、「二〇〇号」（八八鍵、二三万円）は、はじめて「一般家庭向き」と謳われたものだった。この二モデルは、その後ヤマハの主力となって世界中の家庭を席巻するアップライトピアノ「U型」の原型ともいうべきもので、このとき付けられた定価は、以後、諸物価の高騰にもかかわらず昭和四四（一九六九）年まで実に一七年間にわたって据え置かれる。

この時期、学校用の需要が一巡する中で、ピアノメーカー各社は次なるターゲットを家庭向きに変えつつあり、河合楽器がやはり家庭用に「三〇〇号」を発売、八五鍵とやや小ぶりながら一七万八〇〇〇円という定価は、他メーカーに波紋を呼び起こしていた。経営者からすれば、ピアノ需要を拡大させながら競合メーカーとの競争に打ち勝つには、「低コストで高品質のものを、いかにして大量に作り上げるか」という道に進むよりほかないことは、自明のことであった。

そこで川上はまず、能率課長の杉山に命じて、ピアノ製造の「流れ作業」に取り組む。これは、昭和二八（一九五三）年一月に本社内にピアノ組み立て工場が増築されたのを機に、従来は各工程別、職場別に分かれていた組み立ての工程を一つの平面に並べ、いわゆる〝製造ライン〟を設定したものであった。

ラインとはいっても、ピアノのような大きくて重たいものをベルトコンベアで運ぶのでは、巨大なコストを要する。そこで一計を案じた杉山は、ピアノに取り付けられていたキャスターを利用することを思い立った。フロア全体にキャスターがちょうどはまるようにレールをぐるりと敷き、その上を移動させていく方式をとったのである。一工程の作業時間は二五分とし、五分前になると音楽を流してまず予告、時間になると別の曲で合図して、作業者はそれぞれにゴロゴロと手押しでピアノを横に送り、次の工程にとりかかるようにした。

この流れ作業化で問題になったのが、調律の工程であった。これまでは、ある程度静寂が保たれたピアノ置き場の中を調律者が移動して作業を行っていたが、今度は騒がしいライン上で行わなければならない。そこで杉山はさらに一計を案じ、製造ラインに防音の完備した小屋を設けて、そこで調律することにした。ただ、最初の調律（第一調律）をすませたあと、本来ならば時間を置いて二回目の調律（第二調律）をしなければならなかったが、経時変化の状態を見るのはライン上では不可能である。そこで考案されたのが、戦前に開発された打弦試験機を応用した「強制打弦機」だった。これはピアノの鍵盤を機械で連続して叩くことで、一定時間ピアノを弾いたのと同じ変化を得るためのもので、やはり防音した小屋の中に機械を設置して、経時変化を把握できるようにした。こうして、きわめて簡素なものではあったが、世界ではじめてピアノ製作の流れ作業がスタートしたのである。

アメリカの物量に圧倒――川上社長の欧米視察

川上源一は、さらにピアノ製造の近代化を推し進めるために、昭和二八（一九五三）年七月八日から八〇日間にわたる欧米視察の旅に出発する。そこでヤマハの総帥・川上が、なにを見て、なにを感じたのか――。日本楽器という一企業のみならず、戦後日本のピアノ産業にとって大きな転機となったこの視察旅行をたどってみることにしよう。(3)

社員の盛大な見送りを受けて、ハワイ行きのパン・アメリカン機で羽田を発った源一と随行の栩木《とちぎ》仲貿易課長代理は、食べきれないほどの機内食と酒、洗面所に行けば小さな石鹸がいくらでもある機内で、すでにアメリカの物量の豊かさに圧倒されていた。乗り継ぎのため一泊したワイキキでは、なにかの参考になれば、と軽い気持ちでパイナップルの缶詰工場の見学に出かけるが、そこで見たのは、当時の日本の企業人にとっては想像を絶するほどの、巨大な流れ作業の工程だった。

山のように積まれたパイナップルがベルトコンベアによって次から次に送られてくると、皮が機械によって自動的に除かれ、どんどん積まれていく。皮や芯は絞られてパイナップルジュースに、果肉部分は缶に詰められ、絞った滓《かす》は肥料や家畜の飼料になり、ホースから水が出るようにつぎつぎと飛び出してくる。源一は「ここの会社で一日分造れば、日本で一年中食べるパイナップルの缶詰ができてしまうのではないか」と驚嘆すると同時に、「日本でもしパイナップルの缶詰を造れば、恐らくあの三〇分の一かそこらの能率しか上がらないのではないか」と、その高い生産性に目を見張った。

ロサンゼルスでは、栩木の知人のアメリカ人家族を訪問して、自家用車や電気冷蔵庫、自動皿洗い機のある豊かな家庭生活にはじめて触れ、ハワイで垣間見た物量と生産性がアメリカの生活水準の高さを支えていることを、あらためて実感したのだった。

ロスからシカゴに到着した源一は、一流ホテルのパーマー・ハウスで行われていたミュージック・コンベンション（楽器ショー）に足を運ぶ。ホテルの三〇〇以上の客室を使い、アメリカだけでなくヨーロッパからもメーカーが集まって、ピアノ、アコーディオン、ギター、管楽器、電気オルガン、ステレオなどを展示し商談するこのコンベンションのスケールに二人は気圧《けお》されたが、とにかく全部見て帰らないことには責任が果たせないと、二日間かけて一つひとつ細大漏らさず見て回ることになった。

源一がまずショックを受けたのは、その当時わが国の楽器産業を支えていたハーモニカが、ここにはまったくなかったことだった。「アメリカでは、ハーモニカは楽器ではなく、玩具なのです」と、源一は悔しがっている。

アメリカ製ピアノの大半はスピネット型と呼ばれる背の低いもので、音色よりもデザインや塗装優先の、いわば家具として家庭のリビングに置かれるタイプのピアノだったが、それらがマホガニーやウォールナット色にしつらえられ、室内家具とマッチしたデザインを競い合っていることに、源一は愕然とする。「黒塗りのピアノなどもはや時代遅れ」と感じ、日本からせっかく持参したヤマハのカタログを「恥ずかしくてとても出せないと引っ込めてしまった」ほどであった。

また、アメリカ製のピアノでは、「スタインウェイとボールドウィン以外は、ほんとうの音色についての良さは見られなかった」としながらも、ウィーンのベーゼンドルファーが出品していたコンサート・グランドにはじめて接し、「いったいピアノとはこんなにも美しい音が出るものか」と、一流メーカーの実力をまざまざと見せつけられたのだった。このとき源一は、部下に向けて「日本人として生きているのがたまらなくいやになってしまいました」とまで書き送っている。

コンベンションの興奮さめやらぬまま、次に訪れたウーリッツァーのピアノ工場で見たのは、年産三万台という大量生産の流れ作業であった。ウーリッツァーは源一らを警戒し、技術者ではなく事務系の職員を案内役に立てて、肝心なところになると説明をはぐらかしたが、機械化できる部分は可能な限り機械化し、日本では四〇人くらいでやる作業を四、五人ですませていることや、木材も大量に用意して天然乾燥させるのではなく、材木業者に在庫を持たせて機械乾燥まで委託するなど、徹底した合理化が進んでいることを目の当たりにして、充分に学ぶところがあった。

ウーリッツァーで源一がもっとも注目したのは、技師長の席に掲げられていた「Think（考えよ）」というスローガンだった。従業員が毎日一つは新しい改良を提案し、工具を使いやすいようにあれこれと工夫している様子を見た川上は、「日本とは、なんと考えない人間の多い所だろう!! 日本とは、なんと他人のことばかりが気になる所だろう!! 工夫しないもの、考えないものは生きておれないのが、アメリカの繁栄と進歩の原因です」と断じている。その後、カルブランセン、ボールドウィンなどのピアノ工場を視察した際にも、目を見張ったのはその大量生産ぶりと生産性の高さ、そして従業員のモラールの高さであった。

ニューヨークでコニー・アイランドに遊んでも、ラジオ・シティ・ミュージックホールでレヴューを見ても、アメリカ人がなにごとにも積極的で、新しいものを創り出していこうと絶えず考えていることが、川上の頭から離れなかった。

「もう二、三年早くアメリカに来ているべきだった」——源一は、幹部社員に宛てた手紙の中で繰り返し述べている。そして、「我々も考えに考えて、少なくとも現在の三倍に能率を上げないと、これではかなわない」というのが、アメリカを体験した源一の結論であった。

日本のピアノが生きる道を見いだす

活気に満ちたアメリカから大西洋を越えてヨーロッパに渡った川上は、ドイツでスタインウェイとベヒシュタインの工場を、フランスでプレイエルとガヴォーの工場を見学している。

ハンブルクで訪問した待望のスタインウェイは、その頃三〇〇名ほどの従業員で月産一〇〇台のピアノを生産していたが、「工場の機械は、木工機械はだいたいうちと同じくらいで、作業方式もだいたい似ていました。アメリカとは全然違ったやり方をしていました」と観察した源一は、「これならうちの能率のほうが少々よい」と結論づけている。

世界一のピアノメーカーに対して、いくぶん傲慢なようにも思える感想だが、源一の興味が音楽性や芸術性よりもむしろ「生産の近代化」という一点に絞られていたからこそ、こうした思いを抱いたのだろう。非常に仕事が丁寧であることを認めながら、従業員の年齢が高く、「年寄りがこんなに多いと、ピアノが安く出来ない」と感じたのも、いかにも企業経営者らしい観察だった。ただ、工場のエアコン装置にはいたく感心して、帰国後さっそく浜松の本社工場にも取り付けている。

大戦の爪痕が残るベルリンでは、戦前からヤマハと深い関係にあったベヒシュタインの工場を訪れた。空襲で焼け残った昔の工場の半分だけを使って操業しており、材料の入手もいまだ困難で、かつてシュレーゲルが活躍した時代の輝きはなかったが、それでも川上はあらためて総代理店の契約を結んだのは、スタインウェイへの対抗意識と、同じ敗戦国として打ちのめされたベルリンのピアノメーカーへの同情ゆえだったのだろうか。

その点、フランスのピアノメーカーは、源一から見れば、プレイエルもガヴォーも「生産意欲なんか全然ありませんでした」。生産性も労働者の意欲も低いために価格ばかりが上昇し、ますますピアノが売れなくなる、という悪循環は、近代化を怠ったピアノ産業の末路と映ったに違いない。

とりわけ、市民の小型自動車熱がピアノのような高額商品の売れ行きを鈍らせている現実を見て、源一は「われわれの作る楽器の競争相手は、河合楽器や浜松楽器といった同業他社ではなく、自動車、電気冷蔵庫、電気洗濯機、テレビジョンである」と実感した。そして、「日本における楽器の需要を安定させるには、どうしても日本人の多くが音楽そのものを楽器を使って楽しめるよう、基本から準備しておかなければ、いつか欧州の楽器メーカーの轍を踏む」ことを悟ったのだった。このように、楽器産業の将来像をほぼ見据えることができたのは、源一の海外視察における最大の収穫だったに違いない。

初の海外視察から帰国した源一は、全従業員を本社内のピアノ新工場に集めての帰朝報告会で、予定の時間を大幅に超えて熱弁を振るった。

「楽器工場では、アメリカ以外では我々の工場が世界一です。スタインウェイとボールドウィンを除けば、真面目に、真の音楽のための楽器を造っている工場は、日本楽器が、まあ世界で三番目です。それだけの実力を持っています。ですからドイツでも、フランスでも、イタリアでもあまりいいピアノが出来ていませんから、輸出には絶好のチャンスであります」

このように社員を励ましながらも、日本製品は「安くて悪い」ということが世界の常識になっており、国内では二〇万円で売っているヤマハのピアノがわずか二〇〇ドル（七万三〇〇〇円）でしか輸出できない現実に触れてから、こう述べている。

「それですから、あなた方の給料は上げてあげたいけれども、先ず価格を上げない事を考えなくてはならないのです。価格を上げたならば、私達の仕事は将来性がない、という事だけは、どうしても心に留めて置かねばならないのです。少しでも定価を安くして、そして売った利益なり、能率を上げた事によって、我々自身の生活を向上させるのだ、という事を、頭に入れて置かねばなりません。ただ漠然と、我々の給料をよくしたいというのは、自殺するようなものです」

ピアノの生産を拡大していくには、絶対に価格を上げてはいけない――誤解を恐れずにいえば、源一のピアノづくりに対する「哲学」は、このときこの一点にあったといってよい。いや、それはむしろ、当時の日本のピアノ産業がヨーロッパやアメリカに伍して生きていく道は、これしかなかったというべきであろう。

職人的な仕事を追求して、仮に世界一のコンサート・グランドを作ったとしても、企業として成り立たなくては意味がない。そのことを見抜くことのできる目を持った経営者を擁していたことが、ヤマハ、ひいては日本のピアノ産業が急発展する起爆剤となったわけである。

大量生産を可能にした木材の人工乾燥

世界一周から戻った源一が最初に手がけたのは、アメリカで強い印象を受けた生地仕上げの「デザインピアノ」の試作だった。従来の楽器づくりの固定観念を打ち破るべく、川上は建築家のアントニン・レーモンドにスピネット、東京芸術大学助教授の山口正城にアップライト、同助教授の小池岩太郎にグランドピアノのデザインをそれぞれ委嘱したのである。

そして、昭和二九（一九五四）年八月に東京、大阪、神戸の日本楽器支店で、これらデザインピアノの展示会を行った。側面と鍵盤の部分は黒、その他の部分は白というツートンカラーのアップライト「U3B」などは、見た目こそユニークだったものの、さすがにユーザーのニーズとはかけ離れて不評をかこったが、生地仕上げのピアノは家庭用のアップライトに次第に取り入れられていった。

また、研究部門の若手大卒社員を積極的に海外へ送り出すようになったのも、源一が外遊で得た成果の一つだった。その年の一〇月には、執印《しついん》智司が鋳造技術習得のためドイツのマックスプランク研究所に、近藤道夫が電気音響学とインダストリアル・エンジニアリングを修めるべくアメリカのエール大学に、それぞれ二年間の予定で留学を命じられている。執印の学んだ鋳造技術は外注していたピアノのフレームの内製化に、また近藤の電気音響学は、のちのエレクトーン開発（当時、すでに電気オルガンは盛んに輸入されており、ヤマハも国産第一号の電気オルガン「Ｎｏ・１」を昭和三〇年春に発表する）に大きな力を発揮することになる。

昭和二九（一九五四）年の国産ピアノ生産台数は、アップライト、グランド合わせて年産一万一六一八台と、はじめて年産一万台の大台を超えた。当時の主力メーカーは日本楽器（浜松、ブランド名ヤマハ）のほか、河合小市率いる河合楽器（浜松、カワイ）、名匠・大橋幡岩技師の設計製作による浜松楽器（浜松、ディアパソン）、ドイツから輸入したレンナーのアクション使用を売り物にしていた東洋ピアノ（浜松、アポロ）、杵淵直都の指導下にあった東京ピアノ工業（宇都宮、イースタイン）、沢山清次郎の指導を受けた富士楽器（磐田、ベルトーン）などが挙げられる。

こうした中で、社員を海外に派遣するほどの力を持っていたのは日本楽器ただ一社であり、技術開発に力を入れることで他社との距離をさらに拡げようとしていた。

経済白書が「もはや戦後ではない」と高らかに復興を謳い上げた昭和三一（一九五六）年の一月、日本楽器は「浜松技術研究所」を開設。続いて同年五月に完成した天竜工場の木材を機械乾燥する「木材乾燥室」は、日本のピアノ製造に大量生産の道を開いたものとして特筆すべきであろう。

ピアノ製造の一つのポイントとなるのは、原材料となる木材の乾燥、すなわちシーズニングであった。伝統的に自然乾燥を旨としてきたヨーロッパに対し、湿度の高い日本では従来から人工乾燥は行われていたが、人工乾燥室から取り出したのち、さらに三ヵ月から一年にわたって放置して自然に含水率のばらつきを少なくすると同時に、残留した歪みを取り除く「枯らし」という処置を必要としていた。だが、一年の長きにわたって高価な材木を寝かせておくという工程は、楽器メーカーにとっては生産面のロスだけでなく、資金繰りを悪化させる要因ともなっていた。

天竜工場に新設された木材乾燥室は、オートメーション化された温度と送風の制御によって大幅に精度を向上させた結果、六時間から四八時間という短時間で一気にすべての乾燥工程を終える性能を備えていた。乾燥室から出た木材はすぐに加工できるため、莫大な時間と労力のロスがなくなり、経営の効率化に大きく寄与したのである。

この「科学万能」の考え方は時代の風潮であり、機械によって原材料の管理を徹底させることで、楽器の品質は飛躍的に向上するものと考えられていた。確かにそれは一面では正しく、アップライトを中心とした低廉で均質な大衆向けピアノを大量生産するためには画期的な役割を果たしたことは間違いない。しかし、それではなぜ欧米の一流メーカーが自然乾燥にこだわっていたかといえば、木材を急速に乾燥させてしまうと繊維組織がどうしても劣化してしまい、ピアノの響きを損なうことを経験的に知っていたからである。それゆえ、コンサート・グランドのように芸術家が自己表現のために用いる「楽器」としてピアノをとらえた場合、技術の力だけではどうしても乗り越えられない壁が存在していたこともまた事実だった。

工業製品に近いアップライトピアノでは可能だった合理化や効率化も、工芸品により近く、高い芸術性を求められるグランドピアノにおいては通用しない面が多かったのである。このことは、別の工業製品と比較して考えるとわかりやすい。たとえば戦後に急成長した日本の腕時計産業は、時計王国スイスの時計を世界市場から追いやるほどの発展を遂げたが、それらはあくまで普及品であり、オメガに代表される高級品の分野では太刀打ちできなかったのと同じように。

もちろん、それでも欧米の一流メーカーに負けないピアノの銘器を作ることは、ヤマハの技術者だけではなく、日本のピアノ技術者共通の目標であったわけだが、そのことに筆を進める前に、やや回り道になるが、戦後日本のピアノをとりまく状況を、もう少し違った視点から見ていくことにしよう。

第八章　イメージ戦略と販売競争と

文明開化の街・銀座と楽器店

日本における楽器製造の中心地が浜松であることは誰の目にも明らかだが、それでは楽器販売の中心地は、と問われてもピンとこないかもしれない。ピアノをはじめとする楽器類は全国津々浦々で売られている。たとえばピアノの世帯別普及率を見れば、トップは奈良県の三四・五パーセントで、香川県の三三・三パーセント、大分県の三二・八パーセントがそれに続くが[1]、そのことが直接、楽器店の多さとつながるわけではない。

先に種明かしをしてしまえば、明治以来、楽器販売の中心となった街は、東京・銀座であった。

そもそも楽器、特に洋楽器には、単なる消費財とは異なる付加価値が備わっていた。それは「文化」「高級」「西洋」といった〝イメージ〟である。ピアノを売るということは、まさに夢を売るビジネスであり、明治維新後の東京の中でも銀座の地に楽器店が集まったのは単なる偶然ではない。石畳で舗装された街路にガス灯がともり、煉瓦造りの西洋建築のあいだを鉄道馬車が行き交う銀座八丁ほど、「楽器商」という新しい時代の商売にふさわしい立地はなかったのである。

とりわけ、明治二〇年代から三〇年代にかけて勧工場《かんこうば》がブームになると、銀座はそぞろ歩きを楽しむ人たちでいっそう賑わうようになる。勧工場とは、デパートやショッピングセンターの先駆けというべきもので、洋品、小間物、玩具、時計など、多種にわたる商店が広い建物の中で陳列販売をした場所である。ブラブラと歩きながら品定めし、疲れたら店内の珈琲店や汁粉店でひと休み、といったスタイルが大いに受け、明治三五（一九〇二）年頃の最盛期には、銀座界隈だけで七つの勧工場が競い合っていたという（ちなみに、現在、銀座八丁目にある博品館は、「帝国博品館」という勧工場があった場所である）。

そして、モダンな雰囲気を好む人々にとって、ヴァイオリンやオルガン、ピアノを店頭に飾った楽器店は格好の立ち寄り先であった。西川ピアノを扱った銀座四丁目の博聞本社は現存しないが、その業務を引き継いだ十字屋楽器店は銀座三丁目にいまも本社ビルを構えており、銀座四丁目交差点の一等地に堂々たる店を構えていた松本ピアノは、山野楽器に引き継がれて現在に至っている。そして、日本楽器の創業以来、東日本における同社製品の販売を一手に引き受けていた共益商社は銀座竹川町（現・

銀座七丁目）に店舗を構え、ヤマハ・ピアノのショーウィンドウとしての役割を果たしてきたが、明治四二（一九〇九）年に日本楽器が共益商社を買収してからは、日本楽器東京支店となった。

日本楽器、通称「日楽」の店先ではときおりピアノ演奏の実演が行われ、ピアノが鳴り出すとたちまち人だかりができたという。また、明治の終わりになると蓄音機が普及し始め、銀座の街角にはどこからともなく西洋の音楽が響いてくるようになる。

明治四〇（一九〇七）年に刊行された『東京四大通《よんだいつう》』なる書物は、いまでいうガイドブックの走りだが、東京に上京してきた「お上《のぼ》りさん」に、まずは銀座に行くことを勧めている。

「宿屋へ着いて一風呂浴びたら、まず銀座の大通りをそぞろ歩きするがよい。ここはハイカラ式東京ッ子の本場で、店頭装飾のキラビヤカなのはもちろん、陳列の商品は一つとして流行のサキガケでないものはない……すれちがう男女の衣の香り、金ブチの眼鏡、キラリとして一べつを与えられた美人の秋波に目もトロけるばかり、光る帯、光る指輪、光る頭髪、耳に入るは楽隊の音、蓄音機の声、すべて五感を刺激する最新文明の産物と華奢な東京の反面とはキネオラマのように、また活動写真のように眼に映じてくる……」(2)

大正一二（一九二三）年の関東大震災で全焼した銀座の日楽は、先の大戦では辛くも戦災を逃れたものの、昭和二五（一九五〇）年三月には近隣の火災が延焼したのを機に近代的なビルに建て替えられることになり、その設計を国際的建築家、アントニン・レーモンドに委嘱する。

レーモンドはチェコ生まれのアメリカ国籍を持つ建築家で、帝国ホテルの設計などで名高いフランク・ロイド・ライトの助手として大正八（一九一九）年に来日。その後、「レーモンド建築事務所」を設立して築地の聖路加病院チャペルや軽井沢の聖パウロカトリック教会をはじめ、かずかずの設計を手がけてきた。第二次大戦中は一時離日していたものの、戦後はいち早く日本の建築界に復帰している。

地下一階・地上七階の鉄筋コンクリート造り、全館冷暖房完備の「日本楽器東京支店ビル」は、昭和二六（一九五一）年一二月に第一期工事を終えて開店したが、一階部分は中央部に柱を使わず、二階まで吹き抜けの空間を持った広々としたもので、全面ガラス張りの窓越しからは、銀座通りを行き交う人たちが、店内にずらりと並んだピアノを眺めることができた。

レーモンドは、竣工にあたってこう挨拶している。

「私は、かのニューヨークの五番街においても、東京の銀座にあるこの店舗ほど立派な完備された楽器店を見る事ができない事をお伝えする。建物の銀座側正面は無数のガラスの表面が夜の照明に輝いて、必ずや人々の目を引き、そして最高級の楽器類や楽譜を求める日本の人々の、最大の憧れの的となる事を信じて疑わない」[3]

憧れの的――いまだ空襲の傷跡残る東京の都心に、忽然と現れたこのモダンな楽器の殿堂は、人々のピアノに対する憧れをいやがうえにも高めていったといってよい。さらに昭和二八(一九五三)年三月には、最上階に「ヤマハホール」が開場、リサイタルやレコード・コンサートが連日のように開かれるようになり、多くの音楽ファンを引き寄せたのである。

アーティストと宣伝

銀座の一等地にこれだけの豪華な店舗を構えたことでもたらされたのは、顧客に対する効果だけではなかった。海外から来日する演奏家は、昭和三〇年代に入るとその数を急激に増していったが、東京滞在中の彼らは決まって「GINZA」散歩を楽しみ、「YAMAHA」のショールームに足を運ぶというのが、定番のコースになったのである。

ピアノは一般のユーザーにとって品質の判定が難しいため、著名なアーティストがそのブランドの楽器を使ったり、折り紙をつけるというのは、メーカーにとってきわめて重要なピーアール手段であった。ピアノの歴史を遡れば、バッハやベートーヴェンの時代から、一流の作曲家や演奏家のもとには、そのお墨付きを得ようとメーカーから最新の楽器が続々と贈られたというが、わが国に目を向けても、ピアノの贈呈はともかくとして、メーカーが著名アーティストを宣伝に利用するという意味では同様である。たとえば戦前の昭和一一（一九三六）年九月にドイツからナチスを逃れて来日、新交響楽団（現在のＮＨＫ交響楽団）の常任指揮者に就任して同団の能力を飛躍的に向上させたユダヤ人指揮者ジョセフ・ローゼンストックが、同年一〇月から「音楽世界」の日本楽器広告欄にさっそく登場している。

そこには、「新響指揮者ローゼンシュトック《ママ》氏曰く『躍進日本が生んだ山葉ピアノこそは驚くべき日本工業の発展を示すものでありましょう。山葉ピアノの品質は舶来一流品を凌ぎ、かつお値段は非常に割安なので音楽家はもちろん御家庭用として最適のものであります』と賞讃されております」という宣伝文句とともに、山葉ピアノを弾くローゼンストックの写真が誇らしげに掲載されている。

ローゼンストックが、どの程度ピアノに対する鑑識眼を持っていたのかは定かではないものの、いち早く大指揮者を口説いて広告に登場させた楽器メーカー宣伝担当者の慧眼は注目すべきであろう。

戦後になると、こうしたアーティストによるイメージアップ戦略はますます盛んになっていく。レヴィやメニューヒンの伴奏者アドルフ・バラーがヤマハ・ピアノを弾くに至った経緯についてはすでに紹介したが、昭和二九（一九五四）年秋にはドイツから名ピアニストのウィルヘルム・ケンプを日本楽器自らが招聘し、二ヵ月にわたって全国ツアーを行っている。ケンプは戦前の昭和一一（一九三六）年にも来日した親日家で、日本で生まれたヤマハ・ピアノに対する関心は高かった。

また、昭和三二（一九五七）年秋には、初来日したソ連のピアニスト、エミール・ギレリスがヤマハのグランドピアノG3型を購入、レニングラードの自宅まで持ち帰って話題になった。続いて翌昭和三三年の六月、今度はレニングラード交響楽団とともに来日した指揮者アルヴィド・ヤンソンスとチェロ奏者ムスティスラフ・ロストロポーヴィチがそれぞれヤマハのグランドG2A型を、指揮者のクルト・ザンデルリンクがアップライトのU1C型を日本土産に購入し、さっそく業界紙やヤマハの広告で紹介されている。

博覧会や見本市で賞を得て、製品を音楽家に認めてもらい、ゴージャスな雰囲気のショールームを一等地に建てて、その最上階には自らがマネージメントするコンサート・ホールを置く――日本楽器が創業以来実践してきたこうしたイメージ戦略は、実をいえばスタインウェイが一九世紀から二〇世紀初頭にかけて編み出したものであった。ドイツからアメリカに渡った移民の家族によって、一八五三年に創立されたスタインウェイ&サンズのピアノがヨーロッパで認められるようになったのは、一八六七年のパリ万国博だった。ここで金メダルを得るためにスタインウェイは多額の金を使ったが、受賞によって得た名声と売り上げの伸びから比べれば、充分にお釣りがくるものであったという。

一八七二年には、ロシアの大ピアニストで作曲家であったアントン・ルービンシュタインをアメリカに招いて、全米で二一五回ものコンサートを開き、ルービンシュタインとスタインウェイの双方に莫大な利益をもたらした。

二〇世紀に入ると、スタインウェイはイグナス・パデレフスキー、セルゲイ・ラフマニノフ、ヨーゼフ・ホフマンといった一流演奏家にピアノ、調律師、そして現金を提供することとひきかえに、その演奏家がスタインウェイのピアノ以外使用しないこと、推薦文や感謝状をカタログや広告に用いること、コンサートのプログラムに「スタインウェイ&サンズ」の文字を入れることを認めさせた。専属契約を結んだ演奏家たちは、「スタインウェイ・アーティスト」と呼ばれ、スタインウェイのイメージ戦略において重要な役割を果たしたのだった。

こうしてスタインウェイは、「不滅の楽器（The instrument of the immortals）」というキャッチコピーとともに、アメリカ人のあいだに神話にも近い特別なイメージを浸透させていく。そしてその総仕上げともいうべきものが、一九二五年にオープンしたスタインウェイ・ホールであった。「スタインウェイの宮殿」と称されたこの建物には、ショールームや商談のための応接室、演奏家のための試弾室、そして最上階にはコンサート・ホールが設けられた。そこでは音楽会だけでなく、映画の試写会や講演会も行われたが、音楽に限らず文化的な催しに関心のある人々がホールに足を運び、その行き帰りにショールームを通っていくことは、ピアノという楽器が人々に浸透していく大きな原動力になったのである。

このようにスタインウェイのイメージ戦略を見ていくと、ヤマハが数十年ののちに、その道筋をきわめて忠実になぞっていったことがわかる。そしてアメリカ人と同様、日本人もまた、ピアノという楽器に対して、さらには自国を代表するピアノメーカーに対して、ある種特別の憧憬と思い入れを抱くようになったといってよい。

教育用需要と音楽教室のスタート

昭和二一（一九四六）年に年産わずか二四台で再開された日本のピアノ産業は、その後順調に伸びつづけ、昭和二九（一九五四）年には年産一万台を突破したが、その間の需要を支えてきたのは、おもに小・中学校で器楽教育が取り入れられたことによる教育用需要と、朝鮮特需の恩恵を受けた高所得層のピアノ熱であった。

ここで、戦後の教育改革とピアノをはじめとする器楽教育について、ごく簡単に振り返っておくことにしよう。

終戦後、国民学校が小学校に衣替えし、ＧＨＱの指導のもとに新しい教育理念が取り入れられることになったが、それを具体的な形で示したのが昭和二二（一九四七）年六月に公表された第一次の「学習指導要領」であった。

音楽に限って見ていくと、戦前から戦中の音楽教育は「唱歌」、すなわち歌唱教育がその大部分を占めていたものが、この学習指導要領によって音楽全般に拡げられた。具体的には、「音楽美の理解・感得を行ない、これによって高い美的情操と豊かな人間性を養う」という目標のもとに、器楽、鑑賞、創作、理論などが正課に取り入れられることになったのである。

全国津々浦々の学校にオルガンだけでなくピアノが備えられ、生徒一人ひとりがハーモニカやリコーダーを持つようになることは、楽器業界にとってはまたとないビジネスチャンスであった。メーカー各社は急ピッチで増産を進めていったが、一校で合奏用に複数台を購入するオルガンや、つぎつぎと新入生が購入していくハーモニカなどとは違い、ピアノの場合は一校に一台備えられてしまうと需要が一巡してしまう。このため、昭和三〇年代に入ると、特需ブームの反動も重なってその売れ行きは頭打ちとなり、「地方の国鉄駅の荷物ホームに、トタン屋根の下とはいえ、梱包したままの何台ものピアノが野ざらし同然に置かれている光景を呈した」(4)という。メーカーから割当てで送りつけられた数台のピアノを、ブームの折には倉庫など用意する必要の全くなかったそれまでの地方楽器店では、店頭以外に引き取るべきスペースを持たなかったからである。

この苦境を脱するためには、自ら需要を創出するしかない――こうしてスタートしたのが、のちに国内ばかりか海外にまで普及した「ヤマハ音楽教室」であった。

ピアノを弾ける子どもを増やし、その結果として売り上げを伸ばしていこうという発想は、一見迂遠なようにも思えるが、学校教育が楽器全体の需要を刺激していったことを考えれば、あながち荒唐無稽とはいえなかった。また、せっかくピアノを購入した家庭でも、音楽の専門家を育てるピアノ教師はいても、ピアノを弾く楽しみを教えてくれるような指導者や教室は少なかったために、ほこりをかぶっている場合も多く見受けられた。

問題は、果たしてそれが一企業の手に負えるか、ということであったが、日本楽器は昭和二九（一九五四）年五月、井口基成、安川加壽子、田中澄子という大御所ピアニスト三名の協力を得て、銀座の東京支店地下の「実験教室」で個人レッスン中心の授業をスタートさせる。同時に音楽教育の専門家数名を招聘して、三氏のレッスンを研究しながらメソードの開発に取り組み、「音楽の専門家にならない場合でも、音楽教育は幼児期から始めればきわめて効果的である」という認識のもと、昭和三一（一九五六）年、「ヤマハオルガン教室」を全国に開設することとした。

各地の販売店などの協力を得て、地域の店舗や幼稚園などを利用したこの教室は、情操教育に対する国民の関心の高まりの中で、またたく間に日本中に広がっていく。昭和三四（一九五九）年には生徒二万名、講師五〇〇名、教室数七〇〇を数えるようになり、単なるオルガンやピアノの「お稽古」ではなく、聴き取り、ソルフェージュ、リズム指導に力点を置いたカリキュラムによる「ヤマハ音楽教室」へと発展していくのである。

四、五歳児を二年間のグループ・レッスンによって音楽の世界へ導入する、というこの教育方法は、当時としてはきわめて画期的なもので、音楽専門家の評価は賛否が大きく分かれたものの、とりわけ音楽先進国の欧米からは驚きをもって迎えられた。

作曲家の諸井誠は、この音楽教室について次のように評している。

「子どもたちは、ピアノを弾くために、あるいはヴァイオリンを弾くためにおけいこに来ているのではない。オルガンを通じて、ピアノを通じて、エレクトーンを通じて、タンブリンを通じて、音楽に正しく楽しく接するために来ているのだ。この点が私をいたく喜ばせるのである」(5)

昭和四〇（一九六五）年になると、ヤマハ音楽教室は生徒二五万名、講師二八〇〇名、会場数は全国五〇〇〇ヵ所にまで膨れ上がり、アメリカ、メキシコ、タイ、カナダ、ドイツなどにも教室が開設されるようになった。

日本楽器社長の川上源一は、教室の運営と楽器の販売はあくまで別のものであるとして、公の場でしばしば次のように強調している。

「ヤマハ音楽教室を創立して以来、私がずっと気にかけてきたのは、この教育事業がコマーシャリズムによっておかされてはいないか、ということであった。私は、講師の先生方に『ヤマハの楽器をお買いなさい』とか『ヤマハの楽器はいいですよ』と教室で宣伝してほしいと申し上げたことは、いまだかつて一度もない。『そういうことをいっさい言ってはなりません。もし特約店がそういうことを要求したら、そこの関係する教室で教える必要はありませんよ』とくり返し言ってきている(6)」

だが、教室運営の多くは各地の特約店に委ねられており、特約店の経営者からすれば、いくらトップが理想論を唱えても、楽器が売れなくてはビジネスが成り立たないことは自明であった。源一がこうした発言を繰り返すこと自体、現場では教室と販売が一体化していたことの裏返しであったことは否めない。

ヤマハの成功に刺激される形で、河合楽器も昭和三一（一九五六）年から「カワイ音楽教室」を開設し、直営の事業として対抗していくようになったことも、音楽教室が楽器ビジネスにとって重要な武器となっていることを証明していた。

ヤマハとカワイの闘い

ピアノ業界の成長が一時的に足踏みした昭和三〇（一九五五）年には、天才的なピアノ技術者であり、河合楽器製作所（ブランド名カワイ）の創業社長だった河合小市が逝去し、娘婿の河合滋が第二代社長に就任している。河合滋は陸軍士官学校出身の偉丈夫《いじょうふ》で、昭和二一（一九四六）年に小市の次女と結婚したことから河合楽器入りし、昭和二七（一九五二）年からは専務として持ち前のバイタリティで生産体制の整備に取り組んできた。

社長就任と同時に、河合滋は浜名湖畔の新居《あらい》町（現・湖西市）に八万二五〇〇平方メートルという広大な工場用地を買収、木材工場の建設に着手する。ところが、ピアノの原材料である木材を天然乾燥し、人工乾燥、科学乾燥を加えるにも充分な用地を確保したこの木材工場建設を、業界二番手の河合楽器による「宣戦布告」と受け止めたトップメーカー・日本楽器は、その果敢な追い上げに対して強い危機感を抱き、ダミー会社を通じて河合楽器の株式を買い占めるという過剰反応ともいうべき挙に出たのである。

昭和三一（一九五六）年七月頃、株価の不自然な値上がりに気づいた河合側が調査したところ、この買い占めの内実が判明した。すでに過半数の株式が買い占められていたことから、河合は急遽増資して防戦、この動きをマスコミなど世論に訴える一方で、日本楽器を独占禁止法違反で公正取引委員会に提訴する。

河合楽器は、戦前からその販売については東京の河合楽器株式会社（浜松の河合楽器製作所とは別法人）、大阪の三木楽器という二大販売店に委ねてきた。新社長に就任した河合滋は、二大販売店制を解消して、全国の楽器小売店との直接取引を開始すべく、直営の支店・営業所を各地に開設するという積極策を打ち出していた。東京においても東京支店を開設したが、義兄の河合晋が社長を務めていた河合楽器株式会社にとって、東京直営支店の開設は死活問題だった。カワイ製品の供給がストップされて窮地に陥った河合楽器株式会社はライバル日本楽器に商品供給を要請するなど、河合内部の争いは「お家騒動」の様相を呈した。

日本楽器による株式買い占めは、そうした混乱に乗じようとしたものでもあったが、翌昭和三二年一月、公正取引委員会は独禁法違反と認め、日本楽器に対して取得した株式の処分を命じる審決を下したのである。

株買い占め事件以後、直営の支店・出張所を通じて楽器小売店と直接取引しようとしたカワイに対し、ヤマハは小売店を締めつけ、「カワイの商品を売るなら、今後出荷を停止する」と販売ルートを封じたため、カワイは昭和三四（一九五九）年から直営店舗を開設して営業をスタートすることに方針を転じ、わずか半年で全国に七〇ヵ所もの営業拠点を設置する。そこで家庭や学校を回るセールスマンの強力な武器となったのが、カワイが昭和三五年から導入した「月掛予約制度」であった。

この時期、オルガンは音楽教育の基礎となるため、文部省でも正課の教材に指定しており、楽器メーカーは「子どもの情操教育に欠かせない」としてオルガン、ピアノの販売に大いに力を注いだ。「月掛予約制度」は、まだ銀行ローンや分割払いが一般的ではなかった当時、高嶺の花だった楽器という〝夢〟に届くよう、毎月一定の金額を積み立てて前払いをする代わりに、数年後には定価よりも割安で楽器を手に入れることができるというもので、消費者にとってはピアノ購入が夢から現実となり、メーカーにとっては計画的な生産・資金運用ができるようになるというメリットがあったため、またたく間に拡がっていったのである。

こうしたカワイの積極策に神経をとがらせていたヤマハは、競争によって過大な設備投資や増産を強いられ、過剰生産、価格競争に陥ることを恐れていた。

川上源一社長は、昭和三二（一九五七）年の年頭挨拶で次のように述べている。

「名古屋でも新しく楽器会社が出来る、同業の某々会社でも非常に工場を大きくしたという風な状況のときに、われわれが、一体需要そのものが、どこまでふくらましてもよいかという見境いを持たずに不用意な増産をする、あるいは不用意に資金を固定するということをやってしまいますと、後で取返しがつかなくなります。ところが、あまりにも安全ばかり見ていると、他所《よそ》の方がジャンジャン盛んになっているのに、日本楽器はこの頃なんだか存在のかげが薄くなったじゃあないか、ということにもなります。そこらが大変むつかしいところでありまして、誰か利口な人がいたら教えてもらいたいものと、ふだんから思っております。なかなかむつかしい[7]」

同じ浜松という地方都市にあり、もとはといえば山葉寅楠という同根から生まれ育った両社だけに、そのライバル意識は外部の想像を超えるものがあった。加えて源一の向こう気の強さや業界トップとしての誇り高さは、両社のあいだにさまざまな軋轢を生んでいく。

その当時カワイに入社したさるコミッション・セールスマン（歩合制販売員）が「コミ・セル労組」を結成して社内を攪乱する一方、さまざまな営業妨害を繰り返した一件では、騒動の背後にヤマハがいると主張するカワイが、ついにヤマハを告訴するまでに至った。結局、楽器・音楽業界の有力者による仲介によって和解したものの、両社の確執はその後も続いていく。

ただし、その後ピアノ業界そのものが大きく成長していくにしたがって、両社は真正面から技術力と経営力で勝負を挑むようになり、切磋琢磨の結果として世界から評価されるピアノが生まれたことは、わが国のピアノ業界にとって幸いであった。そこに至る軋轢は「雨降って地固まる」プロセスだったのかもしれない。

イメージとしてのピアノ

昭和二九（一九五四）年に年産一万台の大台に乗った日本のピアノ生産は、昭和三二（一九五七）年に二万台に達して以降、昭和三三年は足踏みしたものの、三四年三万四一八五台、三五年四万八五五七台、三六年六万五五一台、三七年八万五九〇四台、三八年一〇万九六九九台と、一〇年間で一〇倍近いペースで急成長していく。

「六〇年安保」の混乱の責任をとって退陣した岸内閣に替わって昭和三五（一九六〇）年に登場した池田内閣は、「国民所得倍増計画」を閣議決定して経済重点の政策を行い、わが国は未曾有の高度成長を遂げていく。〝三種の神器〟が「白黒テレビ」「冷蔵庫」「洗濯機」から、「自家用車」「カラーテレビ」「クーラー」へと変容していく中で、さほど生活に密着しているわけでもないピアノが、なぜこれほどまでにわが国の家庭に浸透していったのだろうか。

昭和五〇年代に通産省によってまとめられた『楽器白書』（「産業構造審議会生活用品部会楽器小委員会報告書」）は、昭和三〇年代後半における楽器需要の増大をもたらした要因について、「戦後の文部省による学校教育における器楽の導入」、「ラジオ、テレビ等の普及による音楽熱」、「余暇時間の拡大と余暇に対する価値観の変化」、「業界努力による需要の創造」、「個人所得の増大」という五つの点を挙げている。客観情勢としてはそのとおりであろうが、ことピアノという楽器に対する人々の特別な感情については、「所得の増大を象徴し、確認するにふさわしい豪華な品物」としてのブルジョア的なイメージが大きく作用していることは、アメリカピアノ史の権威Ａ・レーサーが指摘しているとおりであろう。

　気鋭の評論家・福田和也は、昭和三〇年代の消費性向と日本におけるピアノのイメージについて、「山の手」をキーワードに次のように分析する。[8]

「アメリカ的な生活様式が、敗戦とともに一斉に日本に入ってきて、その生活様式とは物を中心とした消費文化が作られていく過程でありました。その消費文化に対するイメージとして『アメリカン・ウェイ・オブ・ライフ』ということがありました。それはたいへん極端であるから、その中でも当時の日本になじみやすいものとして、それらが山の手にかぶされたわけです。

　その『山の手』のイメージとは、たとえて言えば、昭和三〇年代に皇太子の結婚相手に正田家という製粉会社の社長の家のお嬢さんを国民に売り込む過程に現れていたと言えるでしょう。家でホームコンサートをやるような家庭で、お嬢さんがテニスをやって、ピアノを弾いて、クリスチャンだというイメージです。このイメージは、その時は到達できないけれどもいずれ到達できるようなイメージとして売り込まれた。これは、その当時はものすごく国民に受けて、そのイメージの中でテレビが売れ、ピアノが売れ、建売り住宅が売れるきっかけになった」[9]

　確かに、「イメージとしてのピアノ」は、一般大衆がピアノを手にするよりもずっと以前から、すでに都市で生活する日本人の中に浸透していたといってよい。たとえば、大正一一（一九二二）年生まれの音楽評論家・遠山一行は、次のように述懐している。

「私の子どもの頃は、ピアノのある家はずっと少なかったが、それでも目黒や世田谷の住宅地を歩いていると、子どもの弾くバイエルやソナチネ・アルバムの一節がよく聞こえてきた。それは私にとって、『戦前』の一番なつかしい思い出になっている」[10]

また、英文学者の吉田健一は、昭和三四（一九五九）年に発表した随筆「ピアノ」[11]の中で、日本人のピアノ観について語っている。吉田は、フランスの詩人ラフォルグの初期の作品[12]に、「春になって、始めて外套なしで出掛けた晩に、街の裕福な家が多い部分を歩いているとピアノを練習する音が聞こえて来る」というのがあり、「そのピアノの退屈な気分が、漸《ようや》く温くなった春の夜の散歩に対して伴奏の役を勤めている」という詩人の感受性に、日本人が違和感ではなく共感を覚えるようになったのは、「西洋ではピアノが三味線」であり、日本でも「ピアノというものは我々にとっては、例えば小説や油絵、またその背後にある文学とか、芸術とかの観念とともに外国から来たものであっても、それに馴れてしまった後は、三味線や琴と違わなくなった」からだと論じている。

吉田によれば、日本でピアノが日常的になったのは、「世界の情勢に応じて西洋のものを取り入れる仕事が一通り終り、まだそれでも前からの生活の枠が残っていて、日本人がその中で自分達がして来たことを振り返る余裕があった頃」と規定している。おそらくこれは、大正の終わりから昭和の初期という時代を示していると思われるが、この時代、たとえば原節子主演の映画『母の曲』（昭和一二年・山本薩夫監督）の中でヒロインがピアノを弾くシーンを、観客たちは〝非日常の中の日常〟として受け止め、原節子に憧れるのと同様に、ピアノという楽器にも憧れていったのだった。

これは戦後、イースタイン・ピアノ（東京ピアノ工業）のパンフレットに誇らしげに掲げられた「ご愛用者名簿」の欄に、「吉永小百合」の名前があったことがセールスの現場で大変な効き目を見せ、「吉永小百合が使っているのなら、私も」という主婦が続出したというエピソードに、そのまま結び付く。実際にピアノを購入したのは、小百合本人ではなく、ピアノ教師をしていた母親だったというが、まさに吉永小百合というスターそのものが、日本人の〝ピアノ観〟にふさわしい存在だったわけである。

そして、「ミッチーブーム」を呼んだ昭和三四（一九五九）年の皇太子ご成婚に続き、翌三五年にはＮＨＫ交響楽団が世界一周演奏旅行を挙行している。この楽団に同行した一六歳の天才少女ピアニスト・中村紘子が振り袖姿でショパンの「ピアノ協奏曲第一番」を演奏する姿は、イギリスＢＢＣによって全英にテレビ放映された。また、世界各地の国際コンクールで日本人ピアニストが続々と上位入賞を果たすようになったのもこの頃で、昭和三四年には、松浦豊明がロン＝ティボー国際コンクールで第一位に輝いたのを筆頭に、ジュネーヴ国際音楽コンクールでは、かつて昭和二七（一九五二）年に田中希代子が二位に入賞して以来久しく日本人の入賞がなかったが、昭和三六（一九六一）年に大野亮子、翌三七年に北川正、三八年に宮沢明子と三年連続して第二位に入賞した。そして、昭和四〇（一九六五）年には、中村紘子がショパン国際ピアノコンクールで第四位となるなど、日本人ピアニストの海外進出が続く。

一方、昭和三〇年代後半に日本から海外へと飛躍していったのは、ピアニストだけではなかった。日本で作られたピアノもまた、海外のマーケットで世界のピアノと熾烈な闘いを繰り広げつつあったのである。

楽器産業と輸出

日本の楽器産業にとって、海外市場への進出は、教育用需要と並ぶ重要なキーファクターであった。

戦前の日本における輸出の主役はハーモニカとヴァイオリンで、とりわけ第一次大戦でドイツの楽器産業が壊滅的な打撃を受けた際には、日本への輸入が途絶して国内販売が急増したばかりか、世界からの注文が、戦場とならなかった極東の日本に殺到、楽器業界は空前の活況を呈したのである。一例を挙げれば、明治から現在に至るまでの日本のヴァイオリン製造の歴史において、もっとも生産が盛んだったのは第一次大戦後の混乱が続く大正九（一九二〇）年のことで、名古屋の鈴木バイオリン製造の一社だけで年間一〇万挺、一日に五〇〇挺という猛烈なペースで作られたという。[13]

一方、ハーモニカは第一次大戦後もドイツのホーネル社製品が世界のトップシェアを占めていたが、昭和初期からヤマハが輸出を急増させ、昭和一〇年代にはアジア全域のみならずアメリカ市場まで進出していった。輸出量は昭和一五（一九四〇）年にピークを迎えたのち、戦時中もかなりの数が輸出されているのは、日本の占領下にあった地域での需要に応えるためのものであったが、いずれにせよ〝平和産業〟の最たるものであるはずの楽器製造が、ある程度戦争の恩恵をこうむってきたことは事実である。

しかし、戦前の実績をバックに、戦後まもない昭和二二（一九四七）年に貿易再開の「見返り物資」に指定されて輸出を再開し、低価格と高品質を武器に海外市場を再び席巻したハーモニカとは違い、高額商品であるピアノの場合、ことは簡単に運ばなかった。というのも、ピアノに限らず当時の日本製品に対するイメージはきわめて悪く、「日本の商品は安くて悪い」が世界の常識となっている状況の中で、ブランドイメージが重視されるピアノの場合、「メイド・イン・ジャパン」の製品はいちばん安物の外国製ピアノよりもさらに安い値段でなければ売れなかったのである。

「日本品は信望がない、どうしても二〇〇ドル以下でなくては駄目だ」

ヤマハ社長の川上源一が、ピアノの商談に赴いた海外のある商社でこう言われた昭和二八（一九五三）年当時、アップライトの国内価格は二〇万円前後。一ドル三六〇円の時代だから、二〇〇ドルといえばわずか七万二〇〇〇円にすぎない。国内トップのヤマハはこうした取引を拒むことができたが、ピアノに限らず多くの日本のメーカーはこうした理不尽な要求に応じざるを得なかった。その結果、値切られる、それでも輸出しなければ外貨を獲得できないから安く作って輸出する、安い商品を作ろうとするから品質が落ちる、再び値切られる、という〝飢餓輸出〟の悪循環に陥るのが常だった。

だが、外国為替が政府の管理下にあった当時、多くの企業にとって外貨獲得は死活問題だった。日本が海外から原材料を輸入して加工したうえで輸出する、という「加工貿易立国」を国是としている以上、海外へ進出して外貨を得ることは、企業発展のために避けて通ることのできない道だったのである。

YAMAHAのアメリカ進出

日本楽器の調査室で経営計画を立案していた笠原光雄にアメリカ行きの辞令が下ったのは、昭和三一（一九五六）年終わりのことだった。ちなみに、この年、日本から世界に輸出されたピアノはわずか三七三台、全生産台数の二・六パーセントにすぎなかった。

海外マーケットの将来性を見極めるべく単身アメリカに渡った笠原が見たものは、専門家向けにはスタインウェイやボールドウィンなどの一流メーカー、大衆向けにはウーリッツァーやウインターといった量産メーカーのアメリカ製ピアノが市場に溢れ、年間二〇万台ものピアノを売っているという現実であった。

この中に日本製のヤマハ・ピアノが参入してもほぼ勝ち目がないことは、誰の目にも明らかと思われたが、日本楽器は、笠原が渡米した翌年にシカゴで開かれた楽器ショーにはじめてピアノ二台とオルガン三台を出品する。シカゴの楽器ショーといえば、三年前に川上源一社長が世界一周旅行の途上で視察したとき、恥ずかしくてカタログすらも出せないという屈辱を味わった場所であった。今回は万全の準備をして臨んだものの、いざピアノを陳列してみると、やはりアメリカ人たちは冷笑的な反応を示したという。

「スタイルはウーリッツァーの引き写し」

「アクションもアメリカのまね」

「日本人がアメリカ市場にピアノを売ろうなどとはおこがましい」

こうした声が上がったばかりか、ショーの公式雑誌までもが皮肉たっぷりにこう書き立てたのだった。

「世界でもっとも長い社名を持つピアノメーカーが、今年はじめてピアノのサンプルを出品した。それは NIPPON GAKKISEIZO KABUSHIKIKAISHA のヤマハ・ピアノである。世界中の一番むずかしい名前のコンクールでは優勝するだろう。メーカー名とピアノのマークが異なるのもきわめてめずらしい。物まねの上手な日本人の造った安物のピアノは、きっと一年以内にネジはゆるみ、ばらばらになってしまうだろう(14)」

こうした逆風の中で、日本製のヤマハ・ピアノを偏見なく評価したのは、偶然訪れた元スタインウェイの盲人調律師だった。勧められるままにモーツァルトを弾き始めた彼は、連れの男の「どこのピアノかわかりますか」という問いかけに対して、「これだけのピアノはアメリカにはないね。そう、ヨーロッパのピアノじゃないかな。ベックスタイン（ベヒシュタイン）かベーゼンドルファーか、それともイギリスのナイトか……。音質もアクションも実に素晴らしい」と答えたが、それが日本のピアノだと聞かされると大いに驚いて、「アメリカのピアノもヨーロッパのピアノも、人件費や材料費の高騰で年々品質が悪くなっているのに、日本にこんな良質のメーカーが残っているとは！」と、感嘆の声を上げたという。

もちろん、こうした声は例外的なもので、ヤマハの展示室にやってくる大半の人たちは、デザインの悪さや値段の高さ、ＹＡＭＡＨＡというネーミングの悪さを指摘するばかりだった[15]。ピアノが弾ける小売店主たちは、そのタッチや音色に一定の評価を下す一方で、つぎつぎに厳しい指摘を投げかけてきた。

「湿度の高い日本で作られたピアノが、乾燥したアメリカの気候と冬のストーブに持ちこたえられるだろうか？」

「故障したときのアフターケアは可能なのか？」

「運送費が価格に跳ね返るのではないか？」

「在庫はどうするのか？　顧客からの注文に、遠い日本からすぐ対応するのは無理ではないか？」

「広告宣伝の費用は本社がきちんと負担するのか？」

「ローンの資金の手当ができているのか？」

中には辛辣な問いかけもあったが、海外進出を果たすためには、いずれにせよこれらの問題を一つひとつクリアせねばならない。結果的には、展示会への出品によってヤマハは貴重な情報が収集できたことになる。

広大なアメリカ市場での調査を続ける一方で、隣国のメキシコにまず足場を築くことにした日本楽器は、昭和三三（一九五八）年、笠原を責任者に現地法人「ヤマハ・デ・メヒコ」を設立、オートバイとピアノの組み立て工場を作り、ノックダウン（現地組み立て方式）での生産を開始した（すでにヤマハ本体は昭和二九年からオートバイ生産を開始、翌年にはヤマハ発動機を分離独立させ、日本第二のオートバイメーカーになっていた)。国産ピアノメーカーのないメキシコでのライバルは、世界各国から輸入されるピアノであり、その点では同じ土俵の上で闘うことができたのがかえって幸いして、二年後にはシェア三五パーセントとトップの地位を占めるに至ったのである。

大クレームを乗り越えて

日本のピアノ輸出は、昭和三三(一九五八)年にようやく年間一〇〇〇台の大台に乗ったところであったが、この年の秋に最大市場であるアメリカの輸入税が四三パーセントから一七パーセントに引き下げられて一気に競争力が高まったことから、ヤマハだけでなくカワイをはじめとする各メーカーも、本格的に対米輸出の増大を目指して動き出していった。

昭和三五(一九六〇)年六月、日本楽器はロサンゼルスに現地販売子会社である「ヤマハ・インターナショナル・コーポレーション」を設立する。

当時、アメリカでは、大はスタインウェイ、ボールドウィン、ウーリッツァーから、小は名もないメーカーに至るまで、約四〇社が年間二〇万台のピアノを生産していたが、競争が激しいために価格はあまり上がらず、物価と賃金が上昇するぶんだけ品質は低下気味の傾向にあった。そのため、労賃の安い日本で生産されるピアノは、品質の面でも価格の面でも充分に対抗し得る実力を備えていたはずであった。

　そもそも、アメリカ国内で生産されるピアノのうち、およそ七五パーセントはスピネット型のピアノであった。やや余談めくが、戦後、日本でも進駐軍の軍人たちが、背の低いスピネット型のピアノを大量に注文した。スピネットは安価で、狭い日本の住宅にも適しているため、わが国にも普及するかと思われた時期があったが、日本人のピアノ観、すなわち憧れや羨望の入り交じった、信仰にも近い過度の思い入れからすると、オルガンのような外見をしたスピネット型のピアノは人々の夢を満たすものではなく、黒光りのする堅牢なアップライトでなければ、日本市場では受け入れられなかったのである。

　さて、アメリカ産ピアノの七五パーセントがスピネットということは、残る二五パーセントがアップライトとグランドということになるわけだが、ヤマハが対米輸出の主力に選んだのは、意外にもグランドピアノであった。これはグランドを作っているアメリカのメーカーが大手の数社だけと少なく、スタインウェイを除いては品質的に決して優れていないにもかかわらず、高価格だったことを見据えたうえでの戦略だった。確かに、競争の激しいスピネットやアップライトでは価格維持が困難なために〝飢餓輸出〟に陥る危険性が高かったし、輸送や通関、倉庫などの流通コストを考えると、台数は少なくても単価の高い商品でビジネスを進めるほうが有利に違いなかった。

もちろんヤマハはスピネットや学校用のアップライトもアメリカ向けに輸出していたが、「安いが粗悪な日本製品」というイメージが浸透していたこの時代に、無名のブランドであるヤマハが高級品のグランドピアノを売る、というのは相当な冒険であった。

日本楽器本社のピアノ研究課長、ピアノ工場長を歴任した長谷重雄によれば、それでもアメリカ市場でヤマハが評価を受けたのは「一つにはそこそこいい音がすること、もう一つは丁寧に作ってあったこと」だったが、「考えてみると、すでにその頃にはアメリカのピアノ製造のレヴェルが下降していたことに助けられたのかもしれません」。

そうした品質に対する評価に加えて、ヤマハの全米セールス・マネージャーとなったエヴェレット・ローワンの販売戦略が大きく功を奏したことは疑いない。ローワンはまず、アメリカにおけるヤマハのライバルを、新品のスタインウェイではなく、中古や再生ピアノのスタインウェイ、あるいは品質の優れた別メーカーのグランドやアップライトと想定した。そして販売店には、スタインウェイのステータスに大枚を叩《はた》くことのできる固定客をかかえ、ダウンタウンにショールームを構える保守的なディーラーではなく、郊外のモールに店を構え、新興住宅地に住む人々のリビングに大型のピアノを魅力的な価格で売る、若くて積極的なディーラーを求めたのだった。

ローワンは全米五ヵ所で年に二回ずつ地域販売会議を開き、ディーラーたちと一緒になって販売戦略を練っていった。彼はヤマハのピアノの品質をすべて保証すると同時に、調律師たちを味方につけることに成功する。「ヤマハ・サービス・ボンド」というこの方式は、ディーラーに顧客の購入後六ヵ月間ピアノの調整サービスを義務づけたもので、これによって顧客へ好印象を与えるだけでなく、調律師は新たな仕事を与えられたことで経済的な利益を享受すると同時に、ヤマハの品質の高さを自らの手で確かめることができたため、彼らは見込み客に対して喜んでヤマハを勧めるようになったのだった。

技術的には自信を持って臨んだ対米輸出は、卓抜な販売戦略と、ブランドや権威にこだわらず、良いものは良いと認めるアメリカ人の国民性が幸いして、ユーザーからの反応も当初はきわめて好意的だった。ところが、順風満帆に見えた対米輸出だったが、納品後二、三年すると、「響板がひび割れする」「楽器が反ってしまう」「チューニングピンがゆるんで音程がガタガタになる」といったトラブルが各地で続出した。ロサンゼルスのヤマハ・アメリカにはクレームが殺到して、浜松本社の技術部門は大混乱に陥ってしまう。万全の品質で出荷したはずのピアノが、一定の期間を経ると、なぜことごとく劣化するのか。

その原因は、日本とアメリカの湿度の違いにあった。

ピアノ製造におけるポイントの一つは、原材料である木材の乾燥にある。昭和三一（一九五六）年には含水率を機械的にコントロールできる木材乾燥室を設けることで大量生産への道を開いたヤマハだが、ピアノに用いられる木材はいわば生き物であり、工場で加工される過程においても、また楽器となったのちも、つねに湿度の影響を受ける。そのため、その変化を計算に入れて作らなければならないのが、家電製品や自動車などとは大きく異なる部分であった。湿度の高い日本でベストとなるように作られたピアノが、湿度の低いアメリカでどのようにコンディションが変わるのか、実際に問題に直面するまでは誰にもわからなかったのである。

ようやくアメリカ市場で得つつあった信用を損なわないためには、アフターケアを徹底させるしかない――そこでヤマハ本社の技術陣たちは、工場で実際にピアノづくりに携わっている職人とコンビを組んで、アメリカ全土に散らばったユーザーを訪ね歩いてピアノを修理することになった。長谷は語る。

「クレームはものすごかったのですが、アフターケアの処置が早く、しかも徹底してやったことで〝ＹＡＭＡＨＡブランド〟への信用がかえって高まったのです。私自身も、それこそアメリカ中で行かなかった州はなかったくらいすみずみまで回りましたが、結果的にはこれがよかった。現場の人間がピアノの状態をつぶさに観察したことで、工場へのフィードバックが可能となり、その結果工場では従来のラインとは別に

〝乾地向け仕様〟のラインを作ることになったのです」

乾地向け仕様ラインでは、材料の段階から乾燥のやり方を変えて、木材の平均含水率を国内向けよりも抑えたうえで製作し、組み立て後は湿度の低いストックルームに二週間置いてから、出荷直前に改めて再調整を施すことにした。これによってピアノの品質は安定したばかりか、湿度の低いアメリカではピアノが「考えていたよりも、一〇パーセントないし一五パーセントくらいはよく鳴る」(16)という好結果がもたらされ、昭和三七(一九六二)年にロサンゼルス市教育委員会が学校用グランドピアノを大量に購入する際には、その入札に参加できるまでになったのである。

この入札は、単に価格を競うのではなく、委員会が指定する音楽家が出席してピアノを弾き比べ、規格や条件に合った製品を選ぶもので、その厳しさは全米でも有名だった。ボールドウィン、ウーリッツァー、キンボール、メーソン・アンド・ハムリンといったメーカーに伍して参加したヤマハのグランドは見事に落札して、アメリカ市場に大きな橋頭堡《きょうとうほ》を築いた。だが、アメリカ側のメーカーはこれに猛反発し、ピアノ調律師や学校の教職員に働きかけて、教育委員会にさまざまな形で抗議やクレームを浴びせた。ある教員は、こんな手紙を教育委員会に送ったという。

「日本製の名前もよく知られないグランドピアノを、ロスアンゼルス市ともあろうものが購入することは、アメリカの恥であります。アメリカによいピアノがあり余っているのに、なにも日本から買う必要はないと思います。国際収支のバランスからいっても、教育委員会はBUY AMERICAN（アメリカ品を優先的に購入しようというアメリカの国産品愛用運動）の方針を勇気を持って断行していただきたい[17]」

こうした動きは新聞でも報じられるようになり、なんらかの声明を出す必要に迫られた市教育委員会当局は、次のような回答を提示した。

「ロスアンゼルス市としては、一定の予算の中で一番よいと思われるものを選択するのが納税者に対する義務であります。多くの専門家によって、品質、価格、保証等の競争力を検討したうえで、公正にヤマハグランドピアノが選ばれたのであります。したがって、アメリカのピアノに競争力が出てくるまでは、今後もヤマハを購入するでありましょう[18]」

その後も、サンフランシスコ市教育委員会、スタンフォード大学、ニューヨーク・ヒルトンホテルなどの入札に参加するたびにこうした妨害工作にさらされたものの、アメリカ市場に日本製ピアノは着実に浸透していったのである。

輸出された「ヤマハ音楽教室」

ヤマハが対米輸出を開始した昭和三三（一九五八）年に、日本の各メーカーから世界に輸出されたグランドピアノはわずか五九台だったが、五年後の昭和三八（一九六三）

年には一三一六台、昭和四〇（一九六五）年には二七九四台（うちヤマハ製品は二〇〇四台）と着実にその数字を伸ばしていく。

そればかりか、アメリカ最大のメーカー、ボールドウィン社は、昭和四〇（一九六五）年一二月にカワイとOEM（相手先商標製品）生産の契約を結び、高品質で価格競争力のある日本のメーカーに「アメリカン・ブランド」のピアノ生産を委託するまでになった。しかも、それらの価格は日本における国内販売価格を大幅に上回るものだった。

たとえば昭和四二年におけるヤマハのグランドピアノG3の場合、日本の価格四三万四〇〇〇円に対して、アメリカでの価格は八九万八二〇〇円（二四九五ドル）と約二倍である。かつての〝飢餓輸出〟とは隔世の感があるが、それでもアメリカ市場で歓迎されたのは、アメリカ製のピアノの多くが価格的にも品質的にも魅力のないものとなっていた証左でもあった。

そのため、スタインウェイをはじめとするアメリカ側メーカーのヤマハに対する警戒心は強く、スタインウェイ&サンズ社長のヘンリー・スタインウェイは、「ヤマハは真珠湾攻撃と同様に、我々の会社を破壊したいと望んでいるに違いない[19]」と考えていた。ヤマハの「近代的な工場、専門の技師、安価な労力、そして潤沢な資本」に対して、スタインウェイは「古く効率の悪い工場と、乏しい資本力」で対抗せざるを得なかったからである。当時、スタインウェイは度重なる労働争議や、生産性を向上させるべく部材の改良に取り組んだものの結果的にはクレームが激増するなど、社内外の状況は決して好調とはいえず、なおさら日本メーカーに対して敵愾心《てきがいしん》を燃やしていたのである。

それに加えてアメリカのピアノメーカーを刺激したのは、ヤマハが〝ピアノという商品そのもの〟だけでなく、日本国内で成功を収めていた「ヤマハ音楽教室」をも輸出したことだった。これは「日本の教材、日本の教育メソードをそのまま持っていく」というコンセプトで行われたもので、一九六五年六月にスタートした時点での生徒数はわずか六〇名だったが、月一〇ドルという月謝の安さなどもあって、全米のヤマハ特約店が教室開設の名乗りを上げ、一年後には全米に一〇〇ヵ所、生徒数三〇〇〇人にまで急増したのだった。

この音楽教室に対するメーカーの反発は凄まじく、業界誌は「リメンバー・パールハーバー」「子どもを生体実験するのか」といった感情的な声で埋め尽くされた。このアメリカの反発こそは、日本のピアノ産業が急速に力をつけてきたことの現れであった。

品質面で見れば、昭和三九（一九六四）年にヤマハのグランドピアノを購入して研究したスタインウェイのスタッフによれば、「よくマッチしたクルミの合板のケース、真鍮の金具、清潔で均一に研磨したハンマー、重たいが効果のあるダンパーがついていて、整調が優れ、タッチも均一」であり、「決してスタインウェイの音ではないが、価格の割には非常によくできたピアノである」[20]という印象を受けたという。

数量の面でも、昭和三七（一九六二）年に年間八万五九〇四台だった日本のピアノ生産台数は、昭和三八年一〇万九六九九台、昭和三九年一三万八四八三台、昭和四〇年一四万七五三八台、昭和四一年一七万一九五三台、昭和四二年一九万三六二五台、昭和四三年にはついに二一万五七八一台と、わずか五年間で約二・五倍という凄まじい伸び率で生産量を増やしていき、すでに世界のトップクラスにランクされていた。

こうしたブームともいえる動きを支えたのは、当然のことながら、良質のピアノを、適正な価格で、大量に生産することを可能にした技術者たちであった。そして、ピアノが産業として大きくなっていく中で、大量生産だけでなく、世界の一流メーカーに負けないピアノを日本人の手で作り上げたいという挑戦が本格化していったのもこの時期だったのである。

第九章　コンサート・グランドへの挑戦

母親たちの熱い思い

昭和三〇年代後半から四〇年代にかけては、のちに振り返ってみれば、日本のピアノづくりの歴史において、黄金時代というべき時期であった。
高度成長の波に乗って人々が「消費」に喜びを見いだすようになったこの時代、ピアノは豊かさの象徴だった。とりわけ、マイカーが一家の主である男性にとっての「夢」だったならば、ピアノは女性、すなわち主婦にとっての「夢」であったに違いない。２ＤＫの狭い団地の一室にピアノが競って置かれ、あちこちからバイエルを弾く音が聞こえてくるという光景は、いまになってみればいささかナンセンスに映るかもしれないが、そこには戦《いくさ》の日々の中で青春時代を過ごし、いまようやく平和と豊かさを享受できるようになった女性たちの、切ない思いが込められていた。

あくがれて久しきピアノ買ひえたり　音あたらしき朝の鍵盤を拭く

大正二（一九一三）年生まれの主婦・武田道子が、昭和三〇年代の初めに、高校でピアノを習い始めた長女のためにピアノを買ったときの感激を詠んだ歌である。(1)道子自身、昭和のはじめに女学校でピアノに熱中したものの、庶民にとっては高嶺の花だったピアノが買えるわけもなく、「卒業したらもうピアノが弾けない」と胸を痛めた苦い経験があった。そしてその青春の日の願望は、「娘のために」という大義名分のもとで、ようやくかなえられたのである。しかもそこには子どもの「情操教育」という、大きな、しかし漠とした願いも込められていた。

おそらくは、多くの母親たちにとっても、ピアノがいちばん欲しかったのは、子どもたちよりもむしろ自分自身であったに違いない。戦争の時代に生まれ育ち、いま母となった女性たちにとっては、皮相な見方をすれば「ピアノを持つこと」そのものが目標であり、自らが弾くことはまずないといってよかった。ピアノを弾く――弾かされる、というべきかもしれない――のはもっぱら子どもたちであり、ピアノ産業はそうした「お稽古事」としての需要をバックに急成長していったわけである。

日本経済が高度成長をとげ高度消費社会に突入したこの時代において、母親たちの「夢」を実現させるための〝仕掛け〟もまた整ってきた。ヤマハのライバルである河合楽器製作所（カワイ）は、昭和三六（一九六一）年、静岡県浜名郡舞阪町に舞阪工場を新設して月産二五〇〇台体制に入っていた。そして、先に紹介した「月掛け制度」でピアノを身近なものとした同社が打った次なる一手は、三菱・東海両銀行との提携による「ピアノローン」であった。

昭和三八（一九六三）年にスタートしたこの制度は、消費者が提携銀行からピアノ購入資金を借り入れて、頭金なしでピアノを手に入れ、月賦で返済していくというものである。いまでは当たり前となったこうしたローンの仕組みも、当時はまだトヨタ、日産の二大自動車メーカーでしか導入されていない画期的なものだった。この制度はピアノの販売増に大きく貢献しただけでなく、銀行にとっても、新規顧客の開拓や銀行利用の大衆化というメリットは大きく、提携行は翌年には四三行、昭和四五（一九七〇）年には一〇〇行を超えただけでなく、広いスペースを持つ銀行支店の会議室などを活用して「カワイ音楽教室」を展開したケースもあったという。

こうしたヤマハ、カワイ両社の激しい競争は、結果として他の中小ピアノメーカーにとっても大きな恩恵をもたらした。音楽教室の普及や両社の積極的なセールス活動によって、ピアノに関心を持つ人口そのものが急増した結果、業界全体が活況を呈したからである。

昭和三〇年代前半の浜松には四〇社以上のピアノメーカーがひしめいていたが、その多くはヤマハ、カワイから独立した技術者によるもので、一部の例外を除いては、部品工場から仕入れたアクション、フレームなどのパーツを組み立てて出荷するメーカーがほとんどであった。その部品についても、当時は最大手のヤマハにおいてさえ、ピアノの設計図面といえば原寸大の大きな図面が一枚あるだけで、部品については職人がそれを見ながら勘と経験で作り上げていたというだけに、ピアノ需要が増していく中でそうした職人の持つノウハウを共有化していくことは、メーカーにとって大きな課題であった。そして、昭和三六（一九六一）年一一月にはＪＩＳ（日本工業規格）がピアノにも取り入れられたことで、部品の精度向上や規格化が業界全体として図られていく。その結果、ピアノはさらに「工業製品」としての色彩を強めていき、ヤマハ、カワイを先頭に大量生産の道を突き進んでいったのである。

コンベアから生まれるピアノ

伸び続けるピアノ需要に応えるべく、ヤマハは世界初の完全オートメーション化によるピアノ工場建設に乗り出した。そして、昭和三八（一九六三）年夏に操業を開始したのが、西山工場（浜松市）である。

ピアノ製造工程のコンベア化は、ヤマハの技術陣に与えられた最大の課題であった。最初にコンベア化に成功したのはアクション部品の製造で、昭和三〇（一九五五）年のことだったが、昭和三六（一九六一）年にはピアノ鍵盤加工の自動化と貼り込み工程のコンベア化に続いて、月産二〇〇〇台のアップライトピアノ組み立てコンベアが完成していた。さらにこれをカワイと並ぶ月産二五〇〇台の線に引き上げるためには、これまでの本社工場では手狭になっていたため、新工場の建設に至ったわけである。

新工場のライン（製造工程）を見学に訪れた人々は、コンベア化されたピアノフレーム（鉄骨）の鋳造工程や、響板塗装の連続乾燥設備を目の当たりにして驚きの声を上げたという。生産効率を上げるために、この工場で生産される機種はアップライトの「U1」だけとした。

西山工場の初代組立課長で、のちに本社工場の工場長を一五年間にわたって務めた尾《お》島《じま》徳一《とくいち》は、「もっとも難しかったのは、製造そのものよりもむしろ、広大な工場内の温度と湿度の管理でした」と述懐する。父子二代にわたるピアノ技術者で、大橋幡岩や杵淵直都のもとで修業を積んだ経験の持ち主でもある尾島が「製造そのものの自動化は決して困難ではない」というのは果たしてどういうことか。当時、ピアノ研究課長だった長谷重雄はこう説明する。

「ピアノづくりの工程の中で、機械的に作れるところと作れないところをいかに見極めるか。機械化した部分と手づくりの部分をいかに組み合わせるか。生産性を向上させるために、私たち技術陣はこうした部分について研究を重ねてきました。ピアノは、昔ながらの手づくりであればいいものが作れる、という単純なものではなく、たとえばチューニング・ピンを打ち込む穴を開ける作業のように、高い精度が求められる部分では、人手よりもかえって機械を使ったほうが優れているのです。その一方で、グランドピアノの本体ケースの加工のような仕事は、目に見えないほんのわずかなラミネートの隙間から生じる音のロスを防ぐような作業の積み重ねですから、あくまで手作業が必要になります」

つまり、ピアノづくりのノウハウを重ねるうちに、機械的に作れる部分の技術を蓄積していった結果、アップライトピアノの製造工程はすべてコンベア化が可能となり、品質の向上と量産効果による生産コストの低減という〝一石二鳥〟を図ることが可能となったわけである。

ヤマハは西山工場に続いて、昭和四〇（一九六五）年にはやはりアップライト専門の掛川工場、翌年にはフレームの鋳造を中心に行う磐田工場を開設し、これら三工場の建設によって年産一〇万台という大量生産を実現した。

同業各社も積極的な設備投資に走った結果、一九六〇年代の後半において、日本のピアノ生産は毎年五万台ペースで増加するという驚異的な伸びを記録したのだった。昭和四四（一九六九）年のピアノ生産台数は二五万七一五九台で、これは〝世界最大のピアノ生産国〟の座に就いたことを意味している。

だが、世界一の生産量を誇ったからといって、それで〝世界一のピアノ王国〟という尊敬を集めることができるわけではない。なぜなら、アップライトピアノはあくまで「工業製品」であって、極論すればそれは「楽器」ではなかったからである。つまり、アップライトは「安くて良いものを大量に」という考え方のもと、音楽の裾野を拡げることを目的に作られたものであり、プロフェッショナルの演奏家がその能力と芸術性を十全に発揮するためにはグランドピアノが必要であったが、スタインウェイ、ベーゼンドルファーといった世界最高峰のピアノに伍するためには、あくまでグランドピアノという「楽器」の世界で勝負しなければならなかったのだ。

これは、自動車の世界における「乗用車」と「F1のレーシングカー」の関係になぞらえることができるかもしれない。つまり、同じ「クルマ」と名乗り、ベースとなるエンジンやボディづくりの技術に共通点はあっても、乗用車とF1カーの目的や思想は大きく異なるし、一般のユーザーとF1ドライバーでは、そもそも求めるものがまったく違うわけである。

すでにヤマハを退職し、いまは悠々自適の人生を送る尾島も、はっきりとこう語っている。

「コンベアで〝工業製品〟を作ることはできても、決して〝楽器〟を作ることはできません」

スタインウェイに負けないコンサート・グランドを作る――これは、終戦後の復興の中で、一時は真剣に目標として掲げられ、模索してきたテーマであった。だが、外国産ピアノが輸入されると同時に国産ピアノに対する期待はしぼみ、ピアノメーカーもまた技術力・資本力の不足から、冷徹な経営判断として「大量・均質生産」の道を選択した。それゆえ、昭和三〇年代前半のホール建設ラッシュにおいては、全国各地のホールにスタインウェイのコンサート・グランドが続々と納入され、この分野ではヤマハをはじめ国産メーカーが主役となることはなかったといってよい。だがその一方で、安くて品質の良いアップライトの生産は増加の一途をたどり、わずか十数年のうちに世界一の生産量を誇るまでに成長していったのである。

この間ヤマハは、スタインウェイと正式な提携を結ぼうと水面下で模索した時期さえあったという(2)。高級品であるスタインウェイ製品を自社の販売網で扱うことで、そのブランドイメージが放つオーラの恩恵に浴したい、と願ったわけである。だが、スタインウェイは急成長するヤマハを警戒し、従来の代理店との契約を変えるつもりもなかったため、ヤマハもようやく独自の道を進む決心を固め、技術と資本を蓄積したいま、次に超えなければならないステップとして、あらためて「スタインウェイに負けないコンサート・グランドを作る」という目標に立ち返ったのであった。

ヤマハの技術陣に対して、社長の川上源一が新しいコンサート・グランドの開発を指示したのは、昭和三七(一九六二)年のことである。経営者としては、今後ますます増産に走るアップライトの売り上げを伸ばしていくためには、優れたグランドを作り、「ヤマハ・ピアノは世界の一流品」というブランドイメージをより浸透させる必要があったし、なにより音楽を愛する一人の日本人として、このプロジェクトは是が非でも成功させなければならなかった。

日本とヨーロッパのあいだに横たわる落差

では、あらためて考えてみたい。日本のグランドピアノとヨーロッパの一流グランドピアノには、根本的にどのような差異があったのだろうか。

昭和二〇年代の後半、コンサート・グランドFCの開発で壁に突き当たった日本楽器では、当時日本に在住していたユダヤ系ドイツ人のピアニスト、レオニート・クロイツァーを工場に招いて、グランドピアノに対する率直な意見を聞いたことがある。ベルリン高等音楽院の教授を務め、ヨーロッパを代表するピアニストの一人だったクロイツァーは、ナチスに追われて昭和一〇（一九三五）年から日本に定住しており、当時日本にいた最高のピアニストであった。

川上社長や技術者と一緒にヤマハの試弾室に入ったクロイツァーは、試作品のコンサート・グランドを弾き比べたものの、総じてよい評価を下さなかった。だが、その様子を見ていた技術者たちには、そもそも実際に鳴り響いている音とクロイツァーの評価が結びつかなかった。つまり、クロイツァーの持つ鋭敏な感覚に、まったくついていけなかったというのが正直なところであった。

業を煮やした社長が、「クロイツァー先生、そういう悪い点ばかりでなく、この中でよい音はどれかをおっしゃってくださいませんか」と求めたところ、クロイツァーは茶目っ気たっぷりに、そばにあった楽譜をクルクルと巻いて望遠鏡のように目に当てると、こう答えたという。

「ここに並んだピアノの中には、いい音のものは一つもありませんよ」

この言葉に強烈なショックを受けた源一は、「われわれはピアノの〝形〟を作っていただけで、ピアノという楽器がいかなるものか、根本的にわかっていないのではないか」と思い直す。そして、その時点でまず日本楽器が選んだ道は、スタインウェイをはじめとする世界的な銘器を輸入して、徹底的に研究することであった。

それまでは徒弟制度でピアノ技術者を養成してきたヤマハであったが、戦後のこの時期、はじめて大学卒の技術者を採用することになり、彼らが中心となって弦の振動測定装置や木材の弾性測定装置、オシログラフなど、最新の測定機器を用いての試作ピアノや外国産ピアノの分析が繰り返された。

たとえば、昭和二八（一九五三）年に、日本楽器がピアノ生産五万台突破を記念して出版したピアノ技術の解説書『技術と生産』には、次のような序文が掲げられている。

「楽器の製造技術に関する文献は、従来世界的にきわめて少ないようである。特殊な工業であり、且つ芸術的な技術を要するものであるので理論的に不詳な点が多く、実際上にも、表わし難いところがあったためと思われる。

しかるに近来の電気理論の進展と共に、音響振動学も長足の進歩を示し、その測定器類や測定方法も非常に発達し、従来不分明であった楽器の振動と、それより伝播する音響もくわしく研究され、分析されるようになった。楽器を製造するには、豊富な経験と、熟達した技術とを必要とするのであるが、これ等と共に、最近長足の進展を示しつつある音響振動学、材料学、更に精密な機器類による音響機構や使用材料の性能などに関する実験測定が必須である」

長谷重雄は、この当時の風潮について「分析すればなんでもわかると思っていた、ある意味ではよき時代でした」と振り返る。当時、国内では、アメリカとの戦争に負けたのは技術力の差であるとして、その反動として「科学万能」の考え方が幅を利かせていたが、ピアノづくりにもこうした波が押し寄せていたことがうかがえる。

一〇〇点以上にものぼる測定機器の写真やグラフ、図版を使って「ピアノの音響に関する研究」と「ピアノの製造」について詳述したこの本では、結語に「優良ピアノの生産条件」として六つの条件を挙げている。

1　科学的研究に基礎をおくこと。
　内外の研究文献に資料を求め、理論的に解明すると同時に、精密な測定器を備え、音響についても、材料についても、詳細に測定を行い分析して研究する。そして、それに基づいて改善をすること。
2　材料を厳選すること。
　国産品でも決して外国品に劣っているわけではなく、精密な検査・試験設備によって充分検品すると共に、適切な規格を設けて選択を慎重に行う。
3　機械設備と治具、工具、ゲージおよび型の完備。
　多量の製品を均質に製造するには、機械の精度が高いことが必要である。
4　熟練した技術者を多数要すること。
5　科学的管理方式の採用。
6　社員教育の徹底。

　だが、これらは必要条件であっても充分条件ではなく、それだけで優れたピアノができるというものではなかった。ピアノの開発・生産には、ごく大まかにいって「材料の吟味」「設計」「製作」「整調・調律・整音」「ピアニストによる評価」というプロセスがある。残念ながらこの『技術と生産』の挙げる六つの条件は「材料の吟味」と「製作」についてのみあてはまるもので、根本的な部分、すなわちピアノの音づくりに対する確固たる思想を具体化するための「設計」については、なにひとつ言及していない。

つまり、現物のピアノをもとに、絶え間ない模倣や改良を続け、ようやくここまで達したというのが日本のピアノ製造の歴史であり、こんな音を出したい、こんなピアノを作りたいというイメージに基づき、個々の材料や技術を統合して一定の方向性を打ち出すことのできた大橋幡岩のようなピアノ設計者は、むしろ例外的な存在であった。

事実、日本楽器が戦争末期に中断したピアノ製作を戦後になって再開する際には、戦災で図面の大半が失われたために、まずやらなければならなかったことは、戦前から残っていたピアノを分解してスケッチすることであった。要は、現物がなければ図面は引けなかったわけである。それゆえ、昭和二五（一九五〇）年に発表したコンサート・グランドFCは、戦前のベヒシュタインのコピーに近いものだった。これが評論家らの酷評を浴びたため、その反省からまずは科学的な研究成果を取り入れるべく、電気的な測定機器を使っての実験がようやく始まったのが、この時代だった。

研究は響板振動の測定からスタートしたものの、その時代の測定器の性能や精度に制約されるばかりか、そもそも人間の耳と機械のあいだにはあまりに大きなギャップがあり、人間の感覚は測定器でいくら実験してもつかめないというジレンマに陥ってしまう。長谷はこれを「いい音というのは、それじゃ物理的にはどういう音なんだということを、測定しづらいという問題がある」と説明する。

加えて、技術陣には材料の品質管理という大きな問題が横たわっていた。戦後しばらくのあいだは、木材にせよフェルトにせよ粗悪品が多く出回り、一流のピアノを作ることよりも、まず限られた材料でなんとか一定の水準を保つピアノを作る努力が、技術者の仕事の大きなウェイトを占めていた。〝科学的生産〟を高らかに謳い上げてはみたものの、たとえばピアノの音を作り出す心臓部である響板について、『技術と生産』ではこう述べざるを得なかった。

「一般には、響板の様な大切な部品を作るのに単に外国製品をスケッチしているのであるが、日本に於て使う材料、気候に適した工作法で作らなければ完全な製品とはならない。即ち日本は湿度が高く、又その変化も甚しいから木材の伸縮も激しい。そのため響板のソリは非常に変化している。このような無理な状態におかれても、なおかつ、良い音質、豊富な音量を保持するためには、これに適した寸度、並に工作法を採用しなければならない。このために当社では、外国製品をそのまま真似るようなことなく、沢山の実験によって製作を進めている」

この一文をもってすべてを判断することはできないにせよ、「模倣」から出発し、「改善」を積み重ねながらも、その真髄をいまだ探り当てることのできない日本のピアノづくりの性格を端なくも示している。この時点において、日本の技術者による努力の積み重ねは、日本のピアノと欧州のピアノの品質差を縮めこそすれ、「根本的にどのような差異があったのか」という命題に答えるものとはなり得なかったのである。

そして、このままでは日本とヨーロッパのピアノづくりのあいだに存在する深い溝を永久に埋めることができない、ヨーロッパのピアノが産み出す音の「秘密」を探り当てなければならない、という使命感に取り憑かれ、単身ドイツに渡った男がいた。大正一四（一九二五）年生まれのピアノ技術者・杵淵直知《なおとも》である。

ヨーロッパの音を求めて――杵淵直知の孤独な闘い

杵淵直知の父・杵淵直都は、その技術を日本一と謳われたピアノ調律師であった。明治二三（一八九〇）年生まれの直都は、明治三九（一九〇六）年に共益商社に入社し、その翌年から技術委託生として日本楽器に預けられて、山葉直吉、河合小市から直接ピアノ製造と調律の技術を叩き込まれる。その後、共益商社は日本楽器に吸収され、直都は大正一五（一九二六）年に日本楽器から独立して「杵淵ピアノ調律所」を開設。以来、東京音楽学校、宮内省、日本放送協会の専属調律師というエリートコースを歩み、調律界の〝ご意見番〟として広く尊敬を集めていた。

直都の息子・直知は、戦時中の昭和一九（一九四四）年に長野県工業専門学校（現・信州大学工学部）機械科へ進み、父とは違う道を歩むかと思われたが、昭和二二（一九四七）年の卒業と同時に日本楽器に委託生として入社して、ピアノ技術者としての一歩を踏み出す。五年後には日本楽器を退社して、父の経営する杵淵ピアノ調律所に加わったが、直知がつねに意識し、追い求めていたのは「ヨーロッパの響き」であった。

調律の現場でスタインウェイ、ベーゼンドルファーのピアノに接してきた直知は、西欧の一流品と日本のピアノとの音の違いがなにからやってくるのか、そのことを探り当てるためには本場で実地にピアノづくりを学ぶしかないと思い定める。

だが、当時、海外留学が可能だったのは、企業や大学から派遣される研究者か、ごく一部の裕福な人だけであって、組織に属さない一個人で、しかも家庭を持つ身であった直知にとっては至難の業であった。

父親の反対を押し切ってドイツ留学のめどがついたのは、昭和三六（一九六一）年の春で、直知はすでに三六歳、一流調律師としての安定した地位をなげうっての挑戦であった。

まずは半年間、マイスター・シューレ（技術学校）で工学を学びながらドイツ語に磨きをかけた直知は、グロトリアン・シュタインヴェークへの就職を熱望する。ドイツ北部のブラウンシュヴァイクにあるグロトリアンは、アメリカに渡る前のハインリヒ・シュタインヴェーク（スタインウェイ＆サンズの創業者）が一八三五年頃に始めたピアノメーカーで、アメリカに移住するため従業員たちに会社を売却する際にシュタインヴェークの名を使うことを許したことから、この名前が付いたのだった。

グロトリアンは、ハンブルク・スタインウェイと並ぶドイツのピアノメーカーの双璧であり、特にアップライトでは世界一の品質を誇るメーカーであった。当時、ドイツではカメラなどの分野で日本製品が市場を席巻しつつあったために、日本の技術者に対する警戒心が強く、直知の就職活動は難航したが、「こんなにもうちのピアノが好きで、そしてわが社を頼ってはるばる日本からやってきた男を突き放すわけにはいかない。入れて学ばせてやれ」というグロトリアン社の社長の決断で入社が許された。

直知の月給は、わずか三五〇マルク（当時の日本円に換算すると約三万二〇〇〇円。ドイツの賃金水準や物価を考えると最低限のものであった）という見習生の待遇ながら、杵淵はヨーロッパの一流ピアノメーカーに就職した最初の日本人となる。

「グロトリアンのピアノがなぜかくも素晴らしい音を出すのか、そこのところを学びたい」という直知の熱意に応えて、社長は出荷調整、アクション、響板木工、塗装、鉄骨、張弦と、全工程を短い期間で順に担当できるよう取り計らってくれた。

毎朝四時半に起きて五時には家を出て、腕を鈍らせないために就業時間の前に何台か調律をしたのちに、会社から与えられた仕事を夕方まで続け、下宿に戻れば炊事や洗濯の家事、というハードな毎日を送りながらも、直知の眼はつねに「ヨーロッパの音の秘密」に注がれていた。

ピアノづくりの仕事をしながら学んでいく中で、とりわけ直知に強烈な印象を与えたのは木材の扱いであった。「日本のピアノの音が、全く同一の材料を取り寄せても、どうしてもこちらの一流のような音がしないのは色々な違いはあるが、その主たるものは木材の取り扱いにある」(3)ことを見てとった直知は、木材の乾燥技術とシーズニングの彼我の違いについて、こう述べている。

「木というものは野性のもので、それを野性のままでは使えないから、日本では殺し気味にして使う。ところが、ヨーロッパではその野性の特色を生かしながら飼い慣らして使う」

より直截にいえば、日本とヨーロッパでは木材の乾燥に要する時間が格段に違い、場合によっては一〇年以上も木材を寝かすヨーロッパに対し、日本ではわずかな時間で製品化してしまうのだった。

具体的に見れば、グロトリアンでは一〇ミリの厚さに仕上がる響板をまず一六ミリに製材し、「一センチ一年」といって約一年半にわたって天然乾燥したのちに、四週間にわたって四〇度に達しない温度でゆっくりと含水率五パーセントまで水分を落として、それからさらに三八、九度に保ってブラインドを下ろした材料倉庫で六年間にわたって寝かせるのである。

一方、日本では響板が厚すぎるとピアノが鳴らないことから、製材時で一一ミリ、仕上がりで九ミリないし八・五ミリとするピアノが多く、乾燥の方法にしても、アップライトの普及品の場合、一二〇度の高温でわずか一二時間で含水率を六パーセントまで落とす、といった方法がとられることもめずらしくはなかった。

しかも、これは単に乾燥方法の違いという技術的な側面の問題ではなく、ピアノメーカーにとっては「資本の回転率」に関わってくる問題があった。多額の資金を要して購入した木材が製品となるまでの期間が長くなればなるほど、経営的には苦しくなるわけで、こうしたところにもヨーロッパのピアノ産業には格段の〝厚み〟があったわけである。

だが、こうしたところに彼我の音の違いが生まれることを感じながらも、直知はグロトリアンにおけるピアノづくりの手法を決して手放しに評価しているのではなかった。大学で生産工学を学んだ直知は、むしろ日本のほうが生産管理の面では優れていることが多いと感じながら、「生産方式の近代化のうえに、どのようにピアノ製作上の伝統的な技術が生かせるか」という点を考えていたのである。

いわゆる名人だけを集めて素晴らしいピアノを作っても、ちょうど西陣や久留米の織物が衰退の一途をたどっていったのと同様に、現代では生きていくことができない。果たしてこのようなハンドヴェルク（手作業）は、この先五〇年続けていくことができるのだろうか。それは職人的な面から見れば、本当に素晴らしい。でも、この磨き上げた感覚の所有者たちが年をとって、新しい時代の人たちが主力となったときに、ドイツのピアノ産業は生き残ることができるのか。

ピアノ工業にも、古いマイスターでなく、生産の主力を握る機械技術者の頭脳を必要とする時代が日本にはすでにきているし、遅かれ早かれドイツにもやってくるだろう。そのとき、グロトリアンやベーゼンドルファーが、果たして現状を存続させていけるだろうか。

直知は自問自答する。

「それならばなにを学ぶべきか。残念ながら分からない。古きハンドヴェルクを徹底的に学ぶ事からなにか道が開けると思う。今は唯、何故にグロトリアンのみがどんな空気の状態にも耐えて響板の目のりもせず、割れも来ず、老化しないのか、そして、あの音の、よってくるものはなんなのか、心の中で疑問に苦しみながら、一口に言えば音の真髄を求めて止まないのだ。僕の今の目的はそれにある。そしてその目的に向かって一途に進んでいけば、いつか疑問も解け、なにかも摑むだろう。本当の誰にも負けない技術者になるぞ、なんて毛頭考えていない。音の真髄を目的としないで、なんの目的でドイツ迄やって来たんだ。誰にも負けない技術も必要だろうし、設計も木取の実力も必要だろう。でもそれだけでは、唯の誰にも負けない技術者に過ぎない。僕の望みとする、求めているものは、そこを通り越したなにかだ」

スタインウェイの音の秘密

日本楽器の技術陣、とりわけピアノ製造部門の幹部だった松山乾次と尾島徳一は、留学中の直知から少しでもグロトリアンの技術を学びとろうと熱心に手紙を書いた。彼らもやはり日本のピアノを向上させるべく苦しんでいるだけあって、「これが西洋の一流品のよってきたる音の原因ではないだろうかと思うことを、ずばりと問うてくる」と、直知は感想をもらしている。

グロトリアンで働く直知は、グランドの仕上げから出荷整調、ハンマーの取り付けとさまざまな工程を体験していった。ところが、これまで好意的だった会社は一転して直知に猜疑の目を向けてきた。直接のきっかけは、直知がピアノづくりの核心ともいえる響板関係の木工を強く希望したことだった。仕事を与えればほかのドイツ人調律師より優れた技量を持っているにもかかわらず、「グロトリアンのピアノはどうしてこんな音が出るのか、それを学びたい」という直知を、日本の楽器メーカーから派遺されたスパイではないかと疑ったのである。

しかも、直知がよかれと思って日本楽器の知人から中古の工作機械を送ってもらったことがアダになり、響板関係の仕事をやらせるという最初の約束は二ヵ月たち、三ヵ月たち、とうとう反故《ほご》にされてしまったのだ。

落胆した直知は、一念発起してハンブルクのスタインウェイへの就職運動を始め、ついにその座を得る。世界一のピアノメーカーになんの縁故もない日本人技術者が就職できたのは、グロトリアン在社中の一九六二（昭和三七）年四月、スイスで開かれた調律師国際会議のコンサートで、直知が見事な調律をしたからであった。加えてスタインウェイには、「上得意先の日本にスタインウェイのスペシャリストを育てたい」という思惑もあったのである。

工場に入ってみると、スタインウェイの雰囲気は、名人芸、職人芸が残っていたグロトリアンに比べると、ある意味では荒っぽく、ドライなものだった。そもそもスタインウェイは、アメリカに渡ったドイツ移民が一九世紀初頭にニューヨークで興した会社で、一九世紀の終わりにハンブルクに工場を開いた際には、アメリカから送られてきた部品を組み立てるだけの工場だった。その後、関税の問題や第一次大戦などの影響によって、双方が独自の道を歩むようになったという経緯があり、スタインウェイのドライさには、そうした歴史が微妙に関係していたのである。

響板技術を教えまいとしたグロトリアンとは対照的に、スタインウェイは「コンサートチューナーは響板を知らなければならない」として、すべての工程を直知に体験させたが、そこには「まねできるものなら、まねしてみろ」といった余裕さえ感じられた。

では、工程のうえでいったいどこにスタインウェイ・サウンドの秘密があるのか。直知はまずそれを「整音」だと指摘する。

私たちが一般に「調律」と呼ぶ仕事は、大きく分けて「調律」「整調」「整音」の三つの作業から成り立っている。「調律」が音の高さを調節して音階やハーモニーを作る作業、「整調」がピアノのすべてのメカニズムを、演奏上もっとも適切な状態に整える作業なのに対し、「整音」はハンマーフェルトに釘を刺したり、やすりがけ、コテあてなどをすることで音色を整えることをさす。特に整音は、技術者の音楽的センスがもっとも現れるところであった。

「スタインウェイの整音を、我々はあまりに知らな過ぎた。一台のグランドピアノに平均九時間を要する、と聞いたら、腰を抜かす人もいるかも知れない。もっとも時間を要するのは勿論、コンサート・グランド（二週間に五台の生産）。これは少なくて九時間、多い時は一三時間を必要とする。一日に調律四台、しかも整音共というグロトリアンとこんなにも違うとは……」

加えて、この平均九時間の整音とは別に二度目の調律もしており、グロトリアンはおろか、日本のピアノメーカーで、最終の出荷調整である整音にこれほど神経を使っているところは皆無だった。

スタインウェイ社における整音のノウハウを徹底的に学んだ直知に対して、同社の調律整音課長アルブリヒトは、直知の技術に敬意を表して、「日本一のコンサートチューナーのために」と書いた、「Steinway & Sons」のマークが金ではめ込まれた整音工具をプレゼントしてくれた。また、直知が調律と整音を担当したミュンヘン公会堂向けのコンサート・グランドの修理には、「我々の工場の最高の技術者がこれを専任で行った」という注意書きをわざわざ入れたという。

「日本のピアノ製造業が始まってから、ドイツ人であるシュレーゲルを除いて、誰が世界一流の技術を得たか。もう百年近くなる日本のピアノ界の歴史の一ページに自分の名が載るという自負がある」——スタインウェイでの修業を終えた直知は、自信のほどをこう語っている。

だがその一方で、直知はスタインウェイの製造工程を体験する中で、調律師の能力がピアノ製作に及ぼす影響力の限界や、原材料の吟味と扱いにおける彼我の決定的な違いについても冷静に観察していた。

「総じて調律とか整調とか調律師関係の技術はグロトリアンの方が細かく、一方、バック（支柱）や響板貼り込みの技術、手木工や機械木工の技術、生産の工程についてはスタインウェイに一日の長がある。音の良否の根源は正にこれで、調律師がピアノの良否を決定する分野は、非常に狭い」

「（整音よりも）木材の乾燥とシーズニングが本命で、この工程が分かってくればくるほど、日本でスタインウェイ級のものを造ろうとしても企業として成り立たない、という感が強い。学べば学ぶほど、スタインウェイ、ベーゼンドルファー、ベヒシュタイン、グロトリアンクラスのピアノは、日本で製作しても商売にならんと確信してきた。出来ないことはないが、ヤマハより六割も高くては、企業として成り立たない。僕の学んできたものを忠実に実行し、最高品を目指せば目指すほど、その製造所は立ち行かなくなる」

直知は、スタインウェイの製造工程を、ワインづくりのような「醸造業」にたとえている。よい原材料を吟味して、何年もの時間をかけてゆっくりと熟成させていくその〝時間の流れ〟が、深く豊かな響きを作っていくというわけだ。

だが、日本においては木材を乾燥させる温度も相当に違うし、響板材に至っては「日本の乾燥温度は家具と間違えている」。つまり「西欧の音と日本のピアノの音の相違の半分は、この木材の管理技術にある」というわけだが、では、あと半分はというと、それはやはり根本的な部分、すなわち設計技術にあるという。

「日本では響板云々というが、名器の製作は響板だけにあるのではない事が分ってきた。名器を生むか否かの要素は、鉄骨の設計、鉄骨の組織と肉厚、安全率、またバックの設計が重大な音を決する因子であると思えてきた。決して日本人が今まで考えていた単純なものじゃないのだ。設計面での勉強は、日本で仕上げとしてしようと思っているが、僕はおいそれと簡単に製造工場に入る気はない。莫大な資本の余力がなければ、名器は作れない。僕がしようと思う事をやれば、その会社はつぶれてしまう」

ヨーロッパのピアノを分解し、研究することで始まった日本のピアノづくりは、半世紀以上を経たこの時点でも、その根っこの部分にあたる「設計」という点で、「こう設計すればこういう音が得られる」という確信のようなものを持ち得ていなかった。それは、日本に持ち込まれた西洋文明全般にいえることであったが、いわば「接ぎ木」のような形で西洋の技術を学んだ日本人は、その根本にあるものを摑もうと苦闘しながら、この時代まで推移してしまったのである。直知がぶつかった命題は、近代日本がかかえる命題そのものであった。

だが、ピアノづくりというものは、一朝一夕に答えが出るものではなかった。

「力学的に正しいという事が、必ずしも名器製作の必須条件ではないし、張力や打弦点の問題は二次的なものだ。その総《すべ》てが良くならなければならない事は確かだが……。それと響棒のそぎの問題、高さと巾の関係、これは感覚に頼る以外、材料力学の計算はなんの足しにもならない。すっかり解ったようで、全く訳の分からないのがピアノで、まあ言わば弦楽器と同じだよ。ストラディヴァリウスが今日の科学を以てしても解明できないのと大差なしだ。こんな事を言えば、三年近くもドイツに居て、お前はなにを学んで来たんだと怒られそうだが、これが僕の実感だ」

このように直知は、日本で世界に伍したピアノを作ることについて、絶望にも近い感想をもらしていた。

事実、スタインウェイの工程を日本のあるメーカーの技術者に伝えたところ、「そんなことをやっていて、世界の企業として残っていくわけがない。あと二、三年だろう。我々は最高のものでなく、安くて良く鳴ることで満足している。それが企業というものだ。貴君も、最高品の工程を自ら自習することは自由である。日本のピアノがどうあろうと、その勉強は日本のためになるだろう」という、まるで居直ったような手紙を受け取ったのだった。

ヤマハ「CF」の挑戦開始

「莫大な資本の余力がなければ、名器は作れない」――三年にも及ぶ、血のにじむような留学によって直知が得た結論は、これであった。

この時点の日本のピアノメーカーで「莫大な資本の余力」を持つのは、日本楽器一社しかなかった。もし日本楽器が名器を作ることに対する意欲と責任感を持たなければ、日本のピアノづくりの進歩がそこで止まってしまうことは、必至の情勢だった。

直知の帰国と入れ替わるように、日本楽器はアメリカに続いてヨーロッパ進出の意向を固め、市場調査と製品のプロモートのために、スタインウェイのお膝元であるハンブルクに拠点を作るべく社員を派遣する。そして、その結果得られた結論もまた、「ヤマハがヨーロッパ市場に打って出るためには、やはりなんとしても世界が一級品と認めるピアノを作り出さなければならない」というものだったのである。

海外市場と国内市場の状況をにらみながら、ヤマハの総帥・川上源一は機が熟したと判断した。「世界一のピアノを作る」ことを目標に、いよいよ新しいコンサート・グランドピアノの開発に乗り出す。それは、ヤマハのみならず、明治から続いた日本のピアノづくりにおいて、最大の挑戦であった。

「CF」と名付けられた新コンサート・グランドのプロジェクトで中心人物となったのは、のちにピアノ担当取締役となる松山乾次工場長である。

明治四四(一九一一)年に浜松に生まれ、大正一二(一九二三)年五月に一二歳で「日本楽器徒弟養成所」に見習生として入社以来、ピアノ一筋に生きてきた「目玉の松つぁん」こと松山は、叩き上げのピアノ技術者だった。

ピアノ部長の山葉直吉にときには殴られながら、ピアノの組み立て、整調、調律を身につけていった松山は、三年間の徒弟修業を終えた直後に日本楽器の大労働争議にぶつかり、多くの工員や幹部が社を離れたために、若くして、その当時ベヒシュタインから招聘されていたエール・シュレーゲルの指導を直接受けるという幸運に浴することになった。

シュレーゲルが日本のピアノづくりに果たした役割の大きさについては、すでに第五章で述べたとおりだが、レオ・シロタがシュレーゲルの招きで来社し、ピアノ工場の真ん中で作業者全員を集めて演奏を聴かせ、音楽と楽器の関係について生きた教育を行ったことに、松山は大いに感銘を受けたという。

その後、調律師として東京、大阪、神戸の支店に勤務した松山は、そこで得意先の裕福な家庭にあるスタインウェイ、ベヒシュタインのピアノに触れる。松山がベヒシュタインを見て感じたのは、仕事がすみずみまで丁寧であり、とりわけ次高音が非常に輝いているということであった。また、アクションはフランス製であったが、これもヤマハ製とは比較にならないほど優れていた。

戦前のヤマハについて、松山は「ベヒシュタインのまねをするから、とうていベヒシュタインにかなわない。スタインウェイのまねをするから、結局スタインウェイにかなわない。要するに、ヤマハ独自の技術というものはなかったわけです(4)」と評している。ただし、「独自の技術がない」とは言っているが、「技術そのものがない」と言っているのではない。歴史をたどれば、山葉直吉は天才的な技術者で、音楽やピアノについてなにひとつ専門教育を受けたことがなかったにもかかわらず、銘器「Nヤマハ」を筆頭に、優れた響きのピアノを作り上げていた。また、門下の大橋幡岩以下、徒弟として鍛え上げられた技師たちも、外国からの情報が現在のようには入らない環境下にありながら、国産ピアノの品質を着実に向上させていったことは、これまで述べてきたとおりである。加えて、彼らを支えていたのは名人肌の職人たちであった。

たとえば、明治三三（一九〇〇）年生まれの木工職人・田中喜三郎は、昭和の初め頃は、浜松で家具職人として店を構えていた。あるとき、見たこともないような木を持って店にやってきた見知らぬ男から、「これを削ってみてくれ」と依頼される。田中が見事に応じたところ、その出来映えに感激した依頼主は、「自分のところに来て仕事を手伝ってくれないか」と持ちかけた。その見知らぬ男とは山葉直吉であり、削ったのはピアノの部品の中でももっとも加工が難しい駒（ブリッジ）だったのである。

直吉のもとで生まれてはじめてピアノというものを見た田中だったが、その仕事ぶりはことごとく直吉の気に入り、田中もまたピアノづくりの魅力に取り憑かれ、遂に田中は自分の店をたたみ、直吉とともにピアノ製作の道を歩む。そして、労働争議の混乱から日本楽器を離れていた直吉が川上嘉市に迎えられて復帰したことから、昭和五（一九三〇）年に田中も日本楽器に入社し、大橋幡岩らとともに戦前の黄金期を築き上げる。田中は直吉亡き後もヤマハ技術陣の一員としてピアノづくりを続け、後進たちにも技術を伝承し、昭和四一（一九六六）年には黄綬褒章を受章するまでになった。

こうして営々と築き上げられた「技術力」が、ヤマハには確かにあったのである。

さて、戦後の混乱から一段落した昭和二八（一九五三）年、日本楽器がピアノ製造を本格的に再開するにあたって、社長の川上源一は神戸支店にいた松山乾次を本社に呼び寄せ、ピアノ課長に据える。松山にとっては、田中をはじめ十数名もの先輩が部下となり、やりにくいことこのうえなかったが、度胸を決めた松山は、「従来のような考え方で作っていてはいいピアノはできないから、新しい科学的な分野も取り入れて、これまでの技術力とミックスしたピアノを作っていこう」と宣言する。

源一は、研究材料としてプレイエル、エラール、ガヴォー、ベヒシュタインといった戦後に作られたヨーロッパのコンサート・グランドを購入し、技術陣は新型の測定機器を使いながら、さまざまなデータをとっていった。折しも長谷重雄ら大学卒の技術者がはじめて入社してきた時期でもある。

戦後に作られたヨーロッパのピアノは、松山にショックを与えた。それは、その優秀さではなく、「こんなによくなかったのか」ということであった。つまり、第二次大戦によってヨーロッパの大多数のメーカーはすっかり疲弊し、ハンブルク・スタインウェイとベヒシュタインを除いては、昔日の面影はまったく失われていたのである。

「それならば、なおのこと自分たちががんばらなくてはいけない」と感じた松山は、このときすでに世界のピアノ市場を目標に見据えていた。

とはいえ、一足飛びにスタインウェイに伍するピアノを作るのが不可能なことは、シュレーゲルから学び、調律師として外国のピアノに接してきた松山自身がいちばんよくわかっていた。また、源一にしても、企業を成長させ、力を蓄えるためにはまず「良いものを大量・均質に生産する」ことが先決だとして、アップライトピアノの生産に全力を注ぎ込んだ。

昭和二五（一九五〇）年に発表した「FC」以来、技術の蓄積を続けてはきたものの、新たなコンサート・グランドを開発できる環境になく、つねにスタインウェイの後塵を拝してきた川上源一とヤマハ技術陣の悔しさは想像するにあまりある。そうした中で、ヤマハの技術陣は、スタインウェイに学んだ杵淵直知や、続々と来日するようになった海外のピアニストから情報を得ながらコンサート・グランドの研究を続けてきた。そして昭和三七（一九六二）年、源一の号令一下、世界一のピアノを作らんと満を持して、「CF」の開発に着手したのである。

松山はこのプロジェクトについて、こう語っている。

「アップライトの生産方式としては、日本楽器がいま行っているやり方は、ほかのメーカーがまねしたくてもできないところまできました。成果は充分あがっているわけです。しかし、グランドでは、なんと言ってもスタインウェイという大きな目標があります。これを負かさないことには世界のホールでヤマハを使ってもらえません。これがいちばん残念なわけです。それで、スタインウェイを越えるものを作ろうということで始めたわけです⑸」

スタインウェイを超える――技術的には互角に戦えるかもしれないという職人としての自負はあっても、スタインウェイの持つ「ブランド力」と、それを支えているアーティストへのサポート、宣伝戦略などを考えると、その存在は途方もなく大きなものであった。

「スタインウェイを仮に百点としますと、百二十点ぐらいじゃないと同格に見てもらえないと思うんです。スタインウェイというイメージは圧倒的に強いわけですから。だから、全く同点だった場合は、スタインウェイがいいということになるわけです。ボクシングの試合じゃないけど、引分けのときはチャンピオンは変らないわけですから」

かくして始まった新コンサート・グランド「ＣＦ」の開発は、ヤマハにとってまさに総力を挙げた「タイトルマッチ」であった。

でもない。

涙ぐましい努力

昭和三〇年代後半に再スタートしたヤマハのスタインウェイへの挑戦であったが、戦後における日本の生産技術の近代化と科学の進歩がその基礎にあったことはいうまでもない。

一例を挙げれば、ピアノの音響性能を電気的に計測する際、測定器の能力の限界のほかにもう一つ問題となったのが、「実験結果の再現性」であった。これが通常の工業製品ならば、「こういう改良を加えれば品質が良くなるだろう」と意図してまず試作品を一台組み立て、「これはいいぞ」というときは、さらに同じ仕様で何台か作って同じ結果が得られれば、再現性が認められたことになる。ところが、ピアノの場合は、同じ仕様のものを作ろうといっても、使う木材の材質・状態、加工の方法、弦、ハンマーと何千何万という要素が複雑に絡み合い、その結果として「音」が生まれる。よって、その中の一要素だけ取り挙げて、それを変えて実験してみたところで、果たして変わって出てきた「音」がそのためなのか否か、ほとんど判断ができないのであった。

こうした堂々めぐりを避けるために、昭和三〇年代前半から取り入れられていたのが「実験計画法」である。これは、非常に複雑なファクターのかたまりから出てくるものを判定する場合に、そのファクターの一つひとつが寄与する程度を、統計学をもとにしてはっきりさせるもので、アメリカから入ってきたこの考え方は、その当時日本の技術界に大きな影響を与えていた。具体的には、響板の設計を考える場合、形状、厚さ、響棒の配置、響棒の太さなどを変えて、それらを組み合わせてピアノを何台か作り、結果を測定する。そのファクターの一つひとつが寄与する程度を、統計的に明確にさせることが次第に可能となっていったのである。

それに加えて、「よい音とは」という命題を定量化するために有力な武器となったのが、「音響心理学」「音響生理学」の発達であった。これは、ひとことで言えば人間の五感を数量化する学問であり、被験者にピアニストや音楽学生の協力を得ることによって、計測器では得ることのできなかった芸術的な評価を数値化する方法論が確立されていった。

これらの研究成果はピアノ製造の現場にフィードバックされた。それによって、とりわけアップライトピアノの品質が飛躍的に向上したことは、まぎれもない事実だった。そして、日本の需要の拡大期に「高品質のものを安く」供給したことが好循環を呼んで、アップライトの需要はますます伸び、日本楽器が昭和三八（一九六三）年に西山工場、掛川工場に専用の生産ラインを設けたことはすでに述べたとおりだが、この工場新設には、単にアップライトの効率的な生産といった意味のみならず、本社工場をグランドピアノ専門の工場にして、いよいよスタインウェイに挑戦する態勢を固めるという意味合いもあったのである。

ベルトコンベアが撤去され、がらんとした本社工場は広々とした空間になり、多くは手作業によって仕事が進められるようになった。とはいえ、世界最大のピアノメーカーとして旺盛な需要に応えるべく、本社工場ではグランドピアノの総計で月産一〇〇〇台という、グランドの製造工場としては世界有数の規模を確保することが求められていた。そのため、品質のバラツキを防いである程度の量産を図るには、職人の名人芸的な工作技術に頼るだけでは不可能であり、高度な専門の機械工具がどうしても必要となった。そこでまず、製造部門でもっとも力を注いだのが精度の高い治具や工具の開発である。これらの大半は社内で製造されたが、その際にはアップライト生産の自動化に際して開発された技術が大いにモノをいったのである。

また、「ヨーロッパの音楽的伝統を突き破るにはまず教育から」という松山の発案で、工場で働く社員を対象にした音楽教室や語学レッスンをスタートさせたのもこの頃である。これは松山がヨーロッパへ行った際に、ドイツのチューナー（調律師）が整調や調律の技量はさほどでなくても、実にうまく音を作るのを目の当たりにして、ピアノに携わる人間の〝音楽性〟の差を痛感したからであった。

たとえば調律をする場合、日本では低音から高音までそつなく、ムラなく音を作ろうとするが、ヨーロッパのチューナーたちは、極端な話、いちばんよく使われてピアニストも自然と弾き込んでいる中音はあえて鳴らないようにしてしまい、次高音に全神経を集中することで、ピアノが歌い、盛り上がる感じを出すという。また、グロトリアンやスタインウェイで働いた杵淵直知は、同僚たちがモーツァルトやベートーヴェンのピアノ・ソナタを楽々と弾きながらピアノの状態をチェックするのを見て、やはり圧倒された経験があった。

つまり、ヨーロッパの技術者は、演奏家の立場や楽曲の構造を理解したうえでピアノと向き合っているのに対し、日本では明治以来の積み重ねで、職人的な部分こそ本場のそれと遜色ないまでに培われてきたものの、ピアノづくりの現場が音楽とあまりに無関係なままに今日まで来てしまったのだった。

音楽教室と同時に語学の講座を始めたのは、この時期つぎつぎと来日するようになった国際的なアーティストとの意思疎通を図るためには、まずは語学力が不可欠と考えたからであった。

だが、現場で工具を握っていたベテラン従業員たちが、午後五時の終業後に工場の一角に集まってうら若き女性講師からピアノの初歩を手取り足取り習っている光景は、微笑ましくもどこか悲壮感の漂うものであった。スタインウェイに追いつき追い越そうというときに、このような涙ぐましい努力を重ねなければならなかったこと自体、ピアノ技術者にとっては屈辱的なことだったかもしれない。しかし、とにもかくにも、できることはなんでも取り入れなければならなかったのである。

ピアノの設計面でも、従来までの設計思想は、実際に音を出す響板と弦の設計に主眼を置き、それ以外の場所は「要するにピアノの形ができて、機構的に充分な強度と耐久力があればいいんだということでやってきました」[6]（長谷重雄）。だが、新たにコンサート・グランドを開発するにあたっては、全面的に従来の設計や工程を見直していく中で、これまで等閑視されていた、振動体を支持する部分の剛性や形状を改良していくことで、音質の改善を図っていくことになった。

プロジェクトのスタート以来、何度も設計変更を繰り返し、そのたびごとに少しずつピアノの質は向上していったものの、つねにその前に立ちふさがるのはスタインウエイの壁であった。すでに源一が号令を発してから三年がたち、技術陣にも焦りの色が見えてきたその頃、ある一人のピアニストが日本を訪れることになった。イタリアの名匠、アルトゥール・ベネディッティ・ミケランジェリである。

ミケランジェリの衝撃

一九二〇年生まれのミケランジェリが初来日したのは、昭和四〇（一九六五）年三月、四五歳のときである。一九三九年にジュネーヴ国際音楽コンクールで第一位を獲得し、戦後の一時期は重病のために演奏活動を中断していたが、その繊細な音楽性と自己の芸術に対する厳しさで、全ヨーロッパにその名を轟かせていた。ただし、当時の日本では決して知名度は高いとはいえず、ミケランジェリの初来日を伝える新聞にはこんなことが書かれている。

「伝説と神秘のベールにつつまれた巨匠

異才ベネディッティ・ミケランジェリ氏は、ヨーロッパ各国からその演奏会を熱望されているにもかかわらず、年に五、六回しかステージに立たないことが多く、今回の日本公演は神秘のベールにつつまれた彼の音楽に接するまたとない機会であるといえます。愛用のピアノを持って来日するという、今までに類例のない氏の演奏会は、その絶妙なペダリングが生みだす美しい音色と、超人的なテクニックで、わが国音楽愛好家を魅了するものと確信いたします」[7]

ヤマハのピアノ研究課長だった田口範三は、この記事を見たとき、「今までに欧米から何十人というピアニストが来日しているが、どんなに大家といわれる人でも自分専用のピアノを持ってきたという話は聞いたことがない。ミケランジェリというピアニストは、よほどの奇人か、金持ちか、大ピアニストに違いない」[8]と感じると同時に、職業柄ぜひともそのピアノを見て、できれば調律師にも会いたいと考えた。

実をいえば、大正一一（一九二二）年にアメリカのピアニスト、レオポルド・ゴドフスキが来日した際には、本国からクナーベのピアノを持ち込んで演奏したという記録があるものの、大方のピアニストにとっては、その演奏会場に備えられたピアノで演奏することはいわば宿命であり、自分のピアノをはるばる日本まで運んでくるというのは確かに尋常ではなかった。

ミケランジェリは大変に神経質で、コンサートを平気でキャンセルするわがままなピアニストという評判だったが、それは単なる気まぐれではなく、ピアノのコンディションが最高な状態でなければ聴衆の前で演奏することはできないという強い信念があってのことだった。「好きなときに、自由に会場練習できるようにしてほしい」という注文に応じて、招聘元の読売新聞社はホールを朝から借り切り、調律師は毎朝七時に起きてピアノの調律を入念に行う毎日だったが、結局ミケランジェリがホールにやってくるのはいつも昼過ぎだったという。

田口はさっそくヤマハの東京支店を通じて招聘元にコンタクトをとり、ミケランジェリ本人と随行した調律師にヤマハの技術担当者が会えるようセッティングを申し込む一方で、尾島徳一をともなって三月八日に東京で行われた初のリサイタルに浜松から足を運んだ。

東京文化会館大ホールのステージ中央に置かれたピアノは、なんの変哲もないスタインウェイであったが、プログラムの冒頭にあったスカルラッティのソナタの演奏が始まると、二人は——いや、正しくはそのときホールを埋め尽くしていた二千余名の聴衆は、まさに仰天した。「彼は虹のような七色の音を持つ」と評した音楽評論家の吉田秀和は、スカルラッティの演奏についてこう書いている。

「かおりの高い高音、チェンバロかなにかのような少し嗄《しわ》がれた半弱音、ひきしまったきめのこまかい半強音、よく冴えよく響く強音等を基調にした豊かな音色の饗宴《きようえん》がくりひろげられる。その上五曲のソナタのほとんどすべてが、多かれ少なかれ、私たちのなじんできたのと違う速さでひかれたが、その速さには生まれたばかりの作品をきくような新鮮さがあった(9)」

また、「息をのみ、手に汗をにぎり、そもそも次の瞬間になにがおこり、どう事がはこぶのか、始めから終わりまでその楽器からあふれ出してくる燦爛《さんらん》たる音の流れにひき入れられた。いや、そこにはその音の流れのほかになにもなかったというべきであろう(10)」と感嘆したのは評論家の加藤周一であったが、スカルラッティとベートーヴェンの後期ソナタにショパンの小品という、ほかのピアニストではお目にかかれないようなプログラムにおける音色の微妙な変化、そしてダイナミックレンジの広さは驚異的であった。

とりわけ、スカルラッティとベートーヴェンでは、これが同じ一台のピアノで弾いたものだろうかと思わせるほどまるで違う音色で、浜松からやってきた田口と尾島は呆然とした。結局、この日は調律師と会うことはできなかったものの、終演後には、無人の舞台によじ登ってそのピアノを食い入るように見つめたのだった。

ヤマハ所属のコンサートチューナーで、東京支店のピアノ売場主任でもあった村上輝久も、三月八日の初公演でミケランジェリを聴いて強烈な衝撃を受け、身体を震わせた一人であった。翌日出社すると、川上源一社長が支店にきており、売場に置かれた応接セットに陣取って、社員を呼んでは「ヤマハのピアノは世界一になったんだから、売場をもっと綺麗に……」といった細かい指示を与えていたところだった。まだ三〇代で血気盛んな村上は、きのうの興奮もさめやらぬまま、ワンマンで名高い社長に向かって口答えしてしまう。

「社長は世界一だ、世界一だとおっしゃいますが、ミケランジェリの音を聴いたらまるで井の中の蛙ですよ。だいたい、本社の技術者をもっとヨーロッパに出すべきであって、向こうの本当の音も聞かずに世界一になったと威張ってもしょうがないじゃないですか」

しまった、と思ったときはすでに遅く、大目玉を喰らうことを覚悟した村上に向かって、社長はこう答えた。

「そうか、ミケランジェリはそんなにいいのか。だったら聴きに行くから、切符を都合しろ」

村上は胸をなで下ろしたものの、ミケランジェリのチケットがおいそれと手に入るはずもなく、困り果てた村上は主催者である読売新聞社の担当者に泣きついて、なんとか社長のために三月一一日の公演のチケットを入手したのだった。

このとき源一は、なんの感想ももらさず浜松へと帰っていったが、その数日後、源一は桑原融技術本部長、松山乾次工場長の両幹部と田口に、東京に向かうよう命じた。その目的は、ミケランジェリとチェザーレ・アウグスト・タローネと名乗る老調律師に面会し、浜松の本社でヤマハのピアノを見てもらえないかと要請することにあった。ミケランジェリはスケジュールの都合を理由に断ったが、タローネは日本のピアノづくりに興味を示し、離日直前に浜松を訪問することになったのである。

実をいえば、タローネはただの調律師ではなく、ヨーロッパにその名を知られたピアノ工房「タローネ」の創業者であり当主であった。ピアノ産業が衰退したイタリアにあって、タローネの生産するピアノは数こそ少ないもののヨーロッパでは相当に高い評価を得ていた。調律師の名前を聞いたヤマハの技術者たちは、「あのタローネがミケランジェリ専属の調律師だったとは」と驚いたという。

ヤマハに来社したタローネは、七〇歳を過ぎた老人とは思えないほどに能弁で若々しく、ピアノのことになると話し出したら止まらないほどだった。だが、その表現はやや神がかった抽象的なもので、田口によれば「宇宙、天、星などという言葉が出たり、振動が集まったり、発散したりするなど、我々のいままでの常識ではちょっと考えられない」[11]内容だったため、タローネに対する技術者たちの評価は分かれたが、ピアノの構造、製造法、調整についての高い技術を身につけ、ピアノについて強い信念の持ち主であること、そしてなによりミケランジェリが絶対の信頼を置くだけあって、演奏会用ピアノの高度な調整技術を持っていることは確かであった。

技術の結晶ヤマハCF

ミケランジェリ、そしてタローネから大きな刺激を受けたヤマハの川上源一社長とピアノ部門の幹部は、これまで続けてきたコンサート・グランド開発のためのさまざまな取り組みを統合して、具体的な製品化に向けて新たなプロジェクトを立ち上げることを決意した。昭和四〇（一九六五）年四月に、桑原は社内のピアノ関係者を一堂に集めて、このように宣言する。

「今までも、コンサートピアノを含めて改良を重ねてきたが、今日からは、特に演奏会用のピアノを世界最高のものにすることに焦点を合わせ全力を投入する。他の仕事はある程度整理し、新しいチームを編成して、このことに当たる。全員努力してほしい」[12]

このとき、源一の胸中にあったのは、「創業八〇周年を迎える二年後の一九六七年までに、なんとしても世界に通用するコンサート・グランドを完成させる」という大きな目標だった。ヤマハのピアノ、すなわち日本の国産ピアノは着実に進化を遂げ、品質は格段に進歩したという自負が、川上、そして桑原をはじめとするヤマハ技術陣の中にあったことは間違いない。だが、これまでのプロセスはあくまで「改善・改良」の積み重ねであり、ことコンサート・グランドに関しては、昭和二五（一九五〇）年の「FC」以来、本格的なモデルチェンジがなされたことはなかったのである。それゆえ、新たな技術開発や大胆な提案があっても、ピアノの形が決まっている以上、導入できる範囲が限られてしまうというジレンマに陥っていた。

そこで、「CF」と名付けられたこのプロジェクトでは、「これまで蓄積してきたさまざまな技術要素やノウハウを、一つの『製品』としてまとめ上げる」という目標を明確にしたうえで、外観にあたるケース（側板）形状の見直しを含めた全面的なモデルチェンジを、戦後はじめて行うことになった。

あらためて材料、設計、部品、加工組み立て、最終調整と全面的に検討していく中で、次第に弱点として浮かび上がってきたのは、一つには、世界の一流ピアニストと組んでの演奏会用ピアノの調整の経験、技術の不足であった。そして、根本的な部分、すなわちヨーロッパと日本のあいだに存在する差異を一気に縮めるには、桑原によれば、「われわれの脳味噌の中にある程度のものでやっていたんじゃだめだ。ほかの誰かの刺激を入れなきゃいけない。結局、いいピアノを造っている人の知恵を入れるしかない」[13]というところまで思い詰めていたのだった。

そんな時期に来社したタローネは、調律師としても製作者としても一流という、まさにヤマハにとって打ってつけの存在であった。しかも、スタインウェイやグロトリアンのような、日本製品の進出に対して神経質になっているピアノメーカーとは違い、個人工房のようなタローネにとってヤマハはライバルではない。むしろ極東の日本人がこれほどまでの情熱と真剣さを持ってピアノづくりに取り組んでいることに対し、驚きと喜びを隠さなかった。

そこでヤマハは、「ピアノづくりを、もう一回われわれも初めから勉強し直すつもりで教えてもらおうじゃないか」（桑原）ということで、タローネを、あらためて日本に招聘することにした。ビザの取得などに時間を要したため、再来日はその年の一一月ということになり、その間、プロジェクトのメンバーは試作モデルを作るかたわら、早朝に出社してイタリア語の勉強にも励みながら準備したのである。

ヤマハにとって外国人技術者の招聘は、ベヒシュタインの技師長だったエール・シュレーゲルを大正から昭和にかけて招いて以来のことである[14]。四年間の長きにわたって日本で指導したシュレーゲルとは対照的に、タローネの滞在期間はわずか一ヵ月に過ぎなかったため、ヤマハ技術陣は、その目的を「世界一のコンサート・グランド開発」の一点に絞る。タローネの考え方をまるごと吸収するために、コンサート・グランドを一台、すべてタローネの指示に従って試作することになった。

一ヵ月でコンサート・グランドを仕上げるためには、スタッフが幾晩も徹夜をしなければならないほどハードな作業が必要だった。まず、タローネにヤマハ流のやり方を示し、そのままでいいと言ったもの以外はタローネがスケッチを描き、「こんなふうにやってくれ」と指示を出す。タローネのそばには、入社四年目にしてプロジェクト・チームに抜擢された影山詔治（のちのピアノ事業本部長）がぴったりと寄り添い、その指示を細大漏らさぬよう「タローネ・レポート」にして現場に伝えていった。そして、それを受け取ったヤマハの設計者は翌朝までに図面を仕上げ、タローネのチェックを経て工場に回すと、現場では大至急そのパーツを作り上げて再びタローネのチェックを仰ぐ、という繰り返しでピアノを組み立てた。時間がなかったため、シーズニングはおろか、塗装をするひまさえなく、この試作機は白木のままで作られた。

そうして完成した試作ピアノは、これまでのヤマハのピアノと同じところは一つもないような、風変わりなピアノになったという。プロジェクトの一員として、東京支店から転勤してきたコンサートチューナーの村上輝久は、その音色について次のように評している。

「スカルラッティの音がしてたんです。とにかくめっぽう明るくて、まさにイタリアの太陽のような音がする。悪く言えばドイツ流の深みや迫力がないわけですが、同じ材料を使っても、構造が違えばこれほど違う音がする、というのは非常に面白い発見でした」

また影山は、タローネがヤマハ技術陣に残したものについて、こう語る。

「タローネの教えをひとことで言えば、『統一感とバランス』ということになると思います。ピアノの鍵盤は八八鍵連続していますが、その内部を見れば、弦の材質や張り方が音程のブロックごとに異なっていますから、その境目にあたる箇所では、一音ずれただけでまったく条件が違ってきます。また、ピアノを設計する際にも、高音部から低音部に向かってだんだんと弦の長さを伸ばしていき、フレームいっぱいになったところで折り返していくわけですが、どの音程で折り返すか、そのためにはフレームの全長をどうするかというのが、ピアノ設計の大きなポイントになります。そこで、機械的には非連続の変化を、いかに連続的にバランスよくまとめるかということになるわけですが、タローネはさすが調律師出身だけあって実にしっかりした考えの持ち主でした」

さらに影山は続ける。

「もう一つ、これは私がもっと経験を積んでからようやく気がついたことなのですが、タローネという人は、どんな細かい作業でもすべて自分で立ち会っていました。しっかりしたピアノを作るためには絶対に必要なことで、図面どおりに仕上がっている箇所でも、接着や乾燥がきちんとできているのか、こちらの意図したとおりに現場が作業してくれているのか、とにかく完成するまで、自分でしっかり見届けなければならないものなのです。その姿勢を学んだことは、私にとって大きい財産となりました」

タローネの指示した技術的なことの中には、ヤマハのスタッフから見れば疑問に感じるものや、過去に実験をしながら捨ててきたこともあったが、それらをすべて再検討し、捨てるべきことは捨て、自分たちの考えでもっとやりたいと思うことは取り入れるといったことを繰り返していった。そうすることで、行き詰まりを感じつつあったヤマハ技術陣は大きな刺激を与えられたのだった。

さらにタローネは、ピアノができたあとの整調、調律、整音のテクニックも、世界に伍するピアノを作るためには非常に重要だということを、ヤマハ技術陣にあらためて教え込んだ。桑原は当時こう語っている。

「重要だということは今までも一応はわかっていたつもりですけれどね。それでピアノの性格がガラッと変わってしまうほど変わるんだということを改めて認識しました。世界一になるには鳴り方が世界一であるとともに、それをお守りする人も全部世界一にならなければならない。だから、そっちの勉強もしなきゃいけない。両々あいまって、いいピアノができるんだと考えたわけです(15)」

これは、単身ヨーロッパに渡った杵淵直知がスタインウェイの工場に就職して、出荷のための整音に一〇時間以上を費やしているのに驚いたこととも共通する問題であった。直知にせよ、ヤマハに所属する調律スタッフにせよ、チューナーとしての技術は抜群で、ヨーロッパの調律師になんら劣るところはなかったが、わが国のピアノづくりのプロセスにおいて整調・調律・整音の比重は必ずしも高いとはいえなかった。

また、日本のピアノづくりにおける大きな障壁としては、やはり「音楽性の欠如」という問題があった。ピアノ技術者の音楽性を養うために、ヤマハの松山が先頭に立って涙ぐましい努力をしていたことは先に触れたが、一流の技術をもったコンサートチューナーが、一流のピアニストと仕事をすることでピアノに対する見識を深め、音楽性を高めていくと同時に、ピアノづくりの現場に演奏家の要求をフィードバックしていくというプロセスが、少なくとも戦前までの日本のピアノ界にはほとんど欠けていたのである。

欧米では、一流のピアニストがピアノメーカーと深い関係を持つのは当然のことであった。ラザール・レヴィがエラールと深くつながっていたのをはじめ、アルフレッド・コルトーはプレイエル、イグナツィ・パデレフスキはスタインウェイ、ワルター・ギーゼキングがグロトリアンというように、アーティストたちは、ピアノ製作に助言や要望を重ねることで楽器を研究するとともに自己の芸術を深めていったのである。

戦前の日本において、こうした接触が生まれ得なかったことはすでに述べたとおりだが、戦後になって輩出した園田高弘や安川加壽子をはじめとする優秀なピアニストたちが、日本のピアノ産業育成にも熱意を傾けて助言を惜しまなかったことで、ようやくこうした循環が生まれつつあった。とりわけ園田高弘が、日本の、すなわちヤマハのコンサート・グランド改良に果たした役割の大きさについては、特筆する必要があろう。昭和三〇年代からドイツに居を移した園田であったが、日本に帰国するたびにヤマハの本社工場を訪れ、ピアノの試弾に協力するとともに、川上と夜が更けるまでピアノの技術論を戦わせたという。

「川上さんは、どんなに社業が忙しくても、私が試弾する際には必ず技術者と同席して、最後まで耳を傾けていました。それだけに私も、工場の中だからといって力を抜くようなことはせず全力で弾きましたし、品質に関しても遠慮なく意見したので、ときには川上さんとやり合うこともありました」

ヨーロッパでチェリビダッケをはじめとする世界的音楽家と共演を重ねている園田だけあって、その経験に裏打ちされた助言は説得力があったが、日本のピアノが世界一を目指すには、技術者やコンサートチューナーがさらに世界の一流ピアニストと日常的に接し、彼らがどんな点を評価し、なにを求めているのかを吸収する必要があることは確かだった。

そこで白羽の矢が立ったのが、ミケランジェリの演奏会に熱狂して、社長の川上源一に思い切った直言をした村上輝久である。

ピアノをストラディヴァリウスにする男——調律師・村上輝久

タローネの一ヵ月にわたる滞在が刺激となって、変わりつつあったヤマハの音は、「世界一のピアノを作れ」と号令をかけた源一を大いに勇気づけたようで、昭和四一（一九六六）年の年頭挨拶では、「幸いにして私どもは、現在までに努力しておりましたピアノの品質向上については、今年こそはスタインウェイ以上の商品が、できそうな情勢になってまいりました(16)」と並々ならぬ自信のほどを示している。

源一のCFに賭ける情熱と行動力は、通常の経営者では到底考えられない〝狂気〟にも近いものがあった。その年の二月にフランクフルトで行われた楽器メッセからの帰途には、ミラノまで足を延ばしてタローネを訪ね、社員を一人受け入れてくれるよう直接交渉したのである。それればかりか、源一はミケランジェリの演奏会の楽屋に押しかけ、一緒に食事までして、ヤマハから送り込む社員について「よろしく頼む」と依頼してきたのだ。のちに村上は「あの、人嫌いのミケランジェリが『お前の社長は面白い男だ』と言っていたくらいですから、川上社長の『世界一のピアノを作ってみせる』という情熱がミケランジェリにも伝わったのでしょうね」と述懐している。

昭和四（一九二九）年生まれの村上輝久は、旧制中学を卒業後、国鉄勤務を経て父親と同じ日本楽器に入社した。イタリア語はおろか、英語を話す自信さえなく、ましてや海外での生活など想像したこともなかった。だが、社長から「三月一〇日にはミラノに着くように」という電報を受け取った以上、仕方ないと腹をくくった村上は、あわただしく渡航準備を終えて、日本を離れる。

村上の調律師としての歩み、そして〝武勇伝〟ともいうべきヨーロッパでの活躍ぶりについては、その著作『いい音ってなんだろう』に詳しいが、異例の大抜擢を受けた村上が日本楽器に入社したのは、戦後の混乱がいまだ続く昭和二三（一九四八）年一月のことだった。

その翌月に行われた第一回の「調律師社内養成試験」に合格したことで、村上はチューナーの道を進むことになる。だが、調律師の社内養成といっても当時は特別なカリキュラムがあったわけではなく、まずピアノ製造の現場に二人一組で配属され、組み立てから整調まで一年間をかけてひととおり経験しながら先輩の技術を盗むといった教育方法がとられていた。その後、調律師としてまず北海道支店に配属。折しも戦後最初のピアノブームで、小中学校がつぎつぎにピアノを購入する時代に、「それこそ道内で行かなかった市町村はなかった」というほど現場を駆け回る一方で、内地から演奏旅行にやってくる安川加壽子らピアニストの世話役として、多くのことを学び、吸収していく。札幌で数年を過ごしたあと、東京支店に戻って、おもにコンサートチユーナー、兼ピアノ売場主任として活躍し、ミケランジェリの演奏に出会って驚愕したことは、すでに述べたとおりである。

東京支店に在職して音楽家との交流が深まっていく中で、村上のもとにはヤマハ・ピアノの品質に関する意見や感想、ときには苦情が集まってきた。当初は「ヤマハは最高のものを作っているはず」と信じていた村上だったが、演奏家の意見には傾聴すべきものが多いことに気づき、一層の品質の向上を図るために、本社の松山乾次工場長にあててレポートを定期的に提出していた。そのことがやがて社長の目に留まり、コンサート・グランドのプロジェクトチームへの参加、そしてヨーロッパへの派遣へとつながっていく。源一が村上を選んだのは、コンサートチューナーとして、ユーザーであるピアニストの〝生の声〟を聞き、それを製作に反映させるべく努めてきた姿勢を買ってのことだった。

村上は、ピアノメーカーにおけるコンサートチューナーの役割について、こう説明する。

「演奏家が持っているのはソフトウェアですよね。そして工場はハードウェアを持っている。私たちピアノメーカーに所属するコンサートチューナーというのは、ちょうどその中間に立つ通訳のようなもので、ピアノづくりにユーザーの声を反映させるのが仕事になるわけです」

だが、源一社長から村上への指示は、なにかを調査してこい、定期的にレポートを提出しろといった類いではなく、「お前はむこうに行って〝本当の音〟を聞いてくれば、それでいいんだ」というものだった。自ら音楽を愛好する源一らしい、本質をついたこのひとことで「ずいぶんと気が楽になった」という村上は、一九六六年三月、タローネの自宅に転がり込んで工房の仕事を手伝うことからスタートした。

このとき村上が唯一望んでいたことは、自分のピアノ観を根底から変えたミケランジェリにどうしても会いたいということだったが、おそらくはその気楽さが幸運を呼んだのであろう、タローネのところに身を寄せるとほどなく、ミケランジェリがやってきた。そして、村上の調律の腕前を見込んだミケランジェリは、なんと自宅に村上を招き、一週間も釘付けにしてピアノの調整を依頼したのである。

村上の完璧で誠実な仕事ぶりに惚れ込んだミケランジェリは、専属の調律師として世界各地へのツアーに同行させるようになる。その後の四年間で村上が調律したミケランジェリの演奏会は、実に一一ヵ国四一回。そして、遠く東洋からやって来た調律師の評判は、またたく間にヨーロッパの音楽関係者のあいだに伝わり、一九六七（昭和四二）年の夏にはマントン音楽祭の公式調律師として招聘される。

マントン音楽祭は、フランス人の音楽プロモーター、アンドレ・ボロックスが主催するもので、小規模ながら錚々《そうそう》たるピアニストが出演することで知られていた。ボロックスはミケランジェリのパリ公演も主催しており、そのとき村上の仕事ぶりを目にしていたのである。村上が招かれた一九六七年は特に著名ピアニストを中心に開催され、スヴャトスラフ・リヒテル、エミール・ギレリス、ウィルヘルム・ケンプ、バイロン・ジャニス、サンソン・フランソワという、圧倒的な顔触れが一堂に会したのだった。

それに先立つ同年二月には、ヤマハのコンサート・グランドCFの試作モデル二台が、フランクフルトでの楽器メッセに出品され、ヨーロッパの専門家から一定以上の評価を得ていた。したがって、この機会に練習用ピアノとして持ち込んでアピールすることもできたが、村上はあえてそうした手段をとらず、その代わりにヤマハの二人の後輩調律師・長縄良明と灰野秀郎をともなって音楽祭入りした。

連日にわたるリハーサル、そしてコンサートのために大車輪の活躍を続ける三人に対して、その丁寧な仕事ぶりに接したアーティストたちは絶大な信頼を寄せるようになる。

たとえばギレリスは、村上の調律したピアノを弾き、「タッチがもう少し堅い感じになりますか?」とリクエストし、村上が自分自身の感覚を頼りに、中音三オクターヴを少し変えてみると、「これだ！　こんなタッチが欲しかった」と満足げに肯いた。そして、真剣な表情で村上の顔を覗き込んで、小声でこう付け加えた。「元のタッチに戻して、このタッチは私の演奏会のときだけにしてください」

　また、リヒテルの「ピアノがやや弾きやすすぎる」という言葉を受けた村上は、鍵盤の深さを紙一枚ほどの厚さ、つまりほんの〇・二ミリ深くし、ハンマーと弦のあいだの打弦距離を一ミリだけ拡げた。この日の客席には、モナコ王妃グレース・ケリーやオペラ歌手のマリア・カラスの姿もあったが、演奏会は大成功で、リヒテルは汗だくの身体で村上をガッチリと抱擁し、その素晴らしい調律に対する感謝の意を表したのだった。

　こうして勝ち得た信頼こそが、彼ら調律師にとっては最大の財産であり、とりわけリヒテルと村上――それはやがてリヒテルとヤマハという関係に発展する――の終生にわたる信頼関係は、このとき結ばれたものであった。そして村上らの活躍は、マントン音楽祭の取材に来ていたドイツの一流日刊紙「ディ・ヴェルト」の音楽記者クラウス・ガイデルの目にもとまり、次のような記事が紙面を飾ったのである。

「このフェスティバルの本当の主役は舞台の裏にいた。……この主役の名前はテルヒサ・ムラカミ。ムラカミの静かで控えめな態度による調律が、出演するピアニスト全員を驚嘆させる結果となった。……星空の下、会場ではささやかれた。『ムラカミの手にかかると、ピアノはストラディヴァリウスになる』と。彼はまさしくこのフェスティバルの切り札であった(17)」

この異例ともいうべき讃辞によって、村上の名は全ヨーロッパに響きわたると同時に、村上をヨーロッパに送り込んだ日本のピアノメーカー・ヤマハの名前もまた、強烈に印象づけられたのである。

コンサート・グランドCFの完成

村上はヤマハが派遣したコンサートチューナーであったが、決してヤマハだけのために働いていたのではなかった。確かに、調律の現場で得られた情報は、毎週、本社にいる技術部長や工場長に細かいレポートとして送られ、開発途上にあったCFのさらなる改良に生かされていったことは間違いない。だが、彼は一流の調律師として、さらには一人の音楽を愛する人間として、あくまでアーティストのために働いたのである。村上はヤマハという看板を表に掲げず、スタインウェイでもベーゼンドルファーでも、完璧な技術と誠実さをもって調律した。それゆえ彼は多くの名ピアニストの信頼を得て、巨匠たちの信じられないほど繊細な音やタッチに関する感覚を学び取り、その結果として、日本のピアノづくりにとって有用な情報も吸収することができたのである。

さて、村上が日本を離れていた一年数ヵ月の間に、ヤマハ本社のコンサート・グランド・プロジェクトのメンバーたちは、創業八〇周年にあたる昭和四二（一九六七）

年秋に新モデル「CF」を世に問うべく、試作ピアノの製作を繰り返していた。

限られた時間の中で画期的なピアノを商品化しなければならないという制約は、かえって技術者魂に火をつけたようで、源一社長や工場長の松山乾次は、年功や社内の序列にこだわらず、若いスタッフたちの大胆な意見も積極的に取り込んでいった。

CFが従来まで日本で作られてきたグランドピアノと異なるもっとも大きな点は、ピアノの土台というべき支柱の組み方を従来の格子状から放射状にするとともに、フレーム鉄骨の形状も放射状にしたことにあった。支柱を放射状に組むことは、すでにスタインウェイなどにおいても行われてきたが、ヤマハ技術陣はスタインウェイを徹底的に調査・分析して試行錯誤を繰り返した末に、同じ結論に達したのだった。また、支柱だけでなくフレームも放射状にするという、その発想が生まれたきっかけは、松山がスタッフ全員に出した「宿題」にあったという。

「あるとき、松山さんが『いろいろなフレームを考えてみたが、どうもパッとしないから、お前ら全員で考えろ』とおっしゃって、管理職から若手までプロジェクトの全員に紙を渡したんです。そこにはフレームの外側の形が書いてあって、その中に自分の考えを書き込んでこい、というわけなんですね。で、何日かのちに会議が催されて、それぞれが自分の考えを発表することになりまして、偉い方から順番で、私なんかはペエペエでしたから隅っこの方にいたんですが、このとき赤鉛筆で三本、放射状に線を引いた私のプランが、最終的に採用されたわけです。別に自慢するわけじゃありませんが、自分がやったことだからよく覚えているんですよ」

影山詔治は当時を懐かしみながら語ってくれたが、それまでの格子状に組んだ支柱は強度の面では優れていたものの、楽器としての〝鳴り〟がいまひとつだったことに加えて、支柱とフレームがピアノの両端でしかつながっていなかったことから、やはり楽器全体が鳴りきらない欠点があった。そこでCFでは、放射状の支柱の要《かなめ》にあたる部分を「コレクター金具」と呼ぶ厚い金属の函のようなものでしっかりとまとめたうえに、同様に放射状としたフレームをこのコレクター金具を通じて直結させた。しかも、このフレームには弦圧（弦が響板を押し下げる力）を安定化させる効果もあり、支柱とフレームは一体となって響板が発する音を受け止め、その音をコレクター金具を通じてピアノのすみずみまで放つことが可能となったのである。

また、放射状の支柱でも充分な強度を保つために、曲練《まげねり》支柱と呼ばれる周囲を囲む支柱と結合する際には、日本の伝統工法を応用した「蟻組《ありぐみ》」でしっかりと組み込まれた。蟻組とは、釘やネジを使わずに木材を接合する伝統的な工法で、一方の部材に蟻型（先端が広がって鳩の尾のようになった形）の溝を、他方の部材に蟻型のホゾを作ってはめ合う。こうした加工には熟練技術者の存在が大きくものをいったことはいうまでもない。

ピアノの心臓部といわれる響板については、材料に関する吟味を重ねた結果、世界最高のルーマニア・スプルースが用いられることになり、その裏に張り合わされる響棒も、従来は平行に配置していたものを、CFでは高音部の響棒を千鳥状に配置するようになった。これは、ピアノでいちばん鳴りの悪い次高音部分を、響板の振動を複雑にすることでより良くしようというもので、昭和二九（一九五四）年頃に特許を取得していた技術をはじめて実用化したものだった。さらに、響板に弦の振動を伝える駒についても、ムクの楓板から「練り駒」と呼ばれる一〇枚ほどの板を張り合わせたものに改めたことで、材質が均一になり、弦の振動がよりバランスよく響板に伝わるようになった。

もっともデリケートなアクションについても、従来の方式を全面的に変更し、メカニズムの動きをより敏感かつデリケートにして、タッチによる音の変化を出しやすくした。ハンマーに巻き付けるフェルト素材やその作業方法も改善を図ったが、そうした工程の改善は、当時としては極限に近い一〇〇分の五ミリの高精度の工作機械や冶金工具を開発したことではじめて可能となったのである。

このように、数え切れないほどのアイディアが取り込まれていったCFだったが、試作品を作っていくプロセスにおいては、たとえば「高音部を響かせたい」といったテーマについて、技術的な仮説に従って何通りかのピアノを作り、まず社内テストで選抜したのちにピアニストの評価を受けるという方法がとられていった。ヤマハ本社には第一線で活躍するピアニストが招かれ、工場で、場合によっては浜松市教育文化会館などのコンサート・ホールに持ち込んで、試奏が繰り返された。そのため、一つのモデルを完成させるまでには、総計で五〇台以上の試作ピアノが作られ、絞り込まれていったという。

昭和四二（一九六七）年三月に浜松で試作ピアノを弾いた安川加壽子は、「最初に感じたのは、これまでのものに比べて音量が出るようになった」ことで、従来感じていた低音部への不満も、「試作ピアノでは、低音が非常によくなっていたのです。歯切れがよくなったばかりか、深みも出てきたように思えました」と感想を述べている。同時に安川は、「ただ、中音部のところがアンバランスのようで、ほかに比べて音がつまるような感じがした。このあたりをさらに研究してもらえれば」と、注文をつけることも忘れなかった(18)。

こうしたピアニストの声を受けてさらに改良された試作ピアノは、実際の演奏会で用いられることもあった。というのも、聴衆の入ったホールで、ピアニストが真剣勝負で演奏する場合にピアノがどの程度の力量を発揮するかが、コンサート・グランドにもっとも求められるものだからである。安川はその後、仙台でのリサイタルで試作ピアノを演奏した。

「これは、以前弾いた試作品と比べて、中音部の欠点はずいぶんよくなっていましたが、しかしその反面、前のピアノで私が非常に気に入った低音部の特徴が、少し薄れてしまったような気がしました。とはいえ、浜松の工場で弾いた試作品と比べると、全体として音に落着きがでたようで、しかも音がよくとおるうえ、タッチの重い感じも全くなくなって、よいピアノになっていました[19]」

この安川の言葉には、CFへの期待とともに、ピアノづくりのデリケートさ、難しさがよく表れている。

また、国内のアーティストだけでなく、昭和四一年から四二年にかけて日本を訪れたヘルムート・ロロフ、フー・ツォン、イングリット・ヘブラー、ダニエル・バレンボイム、イエルク・デームス、ヴラド・ペルルミュテール、フィリップ・アントルモン、アレキサンダー・ブライロフスキー、ジョルジュ・シフラといったピアニストたちも、ヤマハの求めに応じて、あるいはピアニストとしての興味からCFの試作品を試弾していた。

特に昭和四二年五月に来日したジョルジュ・シフラは、浜松で出会ったこのピアノに惚れ込み、日本での全演奏会とNHKでのテレビリサイタル、そしてレコーディングにCFの試作モデルを使用しただけでなく、パリの自宅用に、早々と一台を購入していったほどであったという。

ケンプの賞賛

さて、一九六七年夏のマントンで、村上が出会ったピアニストの一人にウィルヘルム・ケンプがいた。ケンプは昭和一一年（一九三六）に初来日して以来、正統的なドイツ音楽を聴かせる使徒として日本の音楽ファンにとってはなじみ深い存在であった。とりわけ一九五四年には日本楽器の招聘で来日し、浜松の本社工場を訪れるなど、日本のピアノ産業の発展を見守ってきた演奏家の一人でもあった。

ケンプはこのとき村上に、「一一月には日本に行き、川上社長に会う」ことを伝えた。しばらく日本を離れていた村上の耳にはまだ入っていなかったが、試作段階だったCFがついに日本で正式に発表されることになり、その披露演奏をケンプが引き受けたのである。ヤマハの新しいコンサート・グランドをケンプが弾く――村上の心は高鳴り、自分もそのときは日本に戻って晴れの場に立ち会おうと決めたのだった。

昭和四二（一九六七）年一一月二七日。東京のホテル・オークラで行われたヤマハ・コンサート・グランドピアノCFの発表会には、ピアノ界の重鎮であった井口基成、田中希代子をはじめとする五〇〇名近い音楽関係者が集まった。ふだんはパーティーで賑わう大宴会場に特設されたステージには、重く黒光りしたCFが置かれたが、なにより来場者に強い印象を与えたのは、その背後に屏風のように並んだ巨大な反響板の中央、見事な一枚板にくっきりと描かれた「CF」という文字だった。

川上源一社長の挨拶に続いて、ウィルヘルム・ケンプが記念演奏を行うためにステージに上がった。調律を担当したスタッフの中には、イタリアからこの日のために一時帰国した村上輝久の姿もあった。CFは、その試作品が二月にフランクフルトの楽器メッセで初お目見えして以後、さらに細部に改良が加えられ、六月にはシカゴ・ミュージック・ショーに出品、そして一〇月三〇日にはニューヨーク・プラザホテルで発表会に出品され、すでに好評をもって迎えられていた。それだけに、川上社長や松山乾次ら技術陣はCFに絶対の自信を持っていたが、ステージの袖に控えた村上は、ヨーロッパの巨匠たちに揉まれるようにして一年半を過ごしてきただけに、一抹の不安を隠せなかった。だが、ケンプが弾いたベートーヴェンのソナタの最初の和音を聴いたとき、CFが世界の銘器に仲間入りできるであろうことを確信したのである。

ベートーヴェンに続いてブラームスの小品を弾いたケンプは、会場の鳴りやまない拍手に応えて、シューベルトの即興曲を弾き始めた。演奏の場としては最良の環境とはいえない、ホテルの宴会場にいることを忘れさせる艶やかで美しい響きに、聴衆もまた、この日本が生んだコンサート・グランドが並々ならぬ実力を備えていることを感じ取っていた。

演奏を終えたケンプは、予定にはなかったものの特に発言を求めて、こう語った。

「私がヤマハ・ピアノをはじめて弾いたのは一三年前になる。以来、ヤマハ・ピアノに注目してきたが、今日のような優れたピアノが作り出されたことは、まさに勉強のたまものというほかない。きょう、私はあえてシューベルトの即興曲を演奏した。この曲は、ピアノの試験のためにあるような曲で、この曲を弾くことは非常に危険であり、冒険でもあった。しかし、このピアノは見事にそれを乗り越えた。私は、ヤマハ・コンサート・グランドCFは、世界第一級のピアノだと思う[20]」

第十章　日本のピアノはどこへ行くのか

リヒテルとヤマハCFの出会い

「世界一のピアノを作る」という情熱と理想を抱いた川上源一社長のリーダーシップのもと、日本楽器が総力をあげて取り組んだCFの完成は、ヤマハにとって、そして日本のピアノ産業にとって、コンサート・グランドという世界の檜舞台にデビューを果たした輝かしい第一歩となった。

CFの発表と前後して日本を訪れたピアニストたちは、実際に触れてそのクオリティを確かめ、公演でヤマハCFを使用することもあった。そこには世界の一流ピアニストが名を連ねており、昭和四二（一九六七）年一一月に正式に発売されたCFはヨーロッパ市場においても徐々に浸透していく。

一方、調律師の村上輝久は、ケンプがCFの披露コンサートで演奏する際にいったん帰国していたが、マントン音楽祭事務局から翌一九六八年の音楽祭の調律を依頼されていた。その際、一計を案じた村上は「ヤマハCFを音楽祭会場に持ち込み、出演ピアニストに紹介して、試弾して評価をお願いしたい」と申し入れ、調律受諾の条件とした。

村上の誠実な仕事ぶりに惚れ込んでいた事務局側は快諾し、その結果、三名の出演ピアニストのうちタマシュ・バーシャリ、アレクシス・ワイセンベルクがヤマハCFを音楽祭の演奏会で使用した。残るウィルヘルム・ケンプも、スタインウェイとの契約上コンサートで弾くことはできなかったものの、その品質をあらためて高く評価したのである。

ところでその前年、一九六七年のマントン音楽祭で、村上がスヴャトスラフ・リヒテルと出会い、深い信頼関係を結んだことはすでに述べたが、それまでヤマハ・ピアノを弾いたことのなかったリヒテルがCFを実際に演奏する機会は、一九六九（昭和四四）年一月、イタリアのパドヴァにおいて訪れた。この日、パドヴァ室内管弦楽団のソリストとして出演することになっていたリヒテルは、会場のピアノの状態がよくなかったため、調律師として同行していた村上を通じて「ヤマハを試したい」と申し入れたのである。地元の楽器店が折よく入荷していたヤマハCFを急遽提供することになり、村上が仕上げの調整を担当した。ピアノの状態は万全とはいえなかったものの、リヒテルはその欠点を補うように演奏し、村上を感激させた。

リヒテルが同年夏のマントン音楽祭でもヤマハをリクエストしたことで、ヤマハC

Fは音楽祭のオフィシャル・ピアノに指定される。その後、リヒテルはヨーロッパのツアーでもすべてヤマハを使用するようになり、ヤマハCFは「リヒテルが選んだピアノ」としてヨーロッパでの普及に大いに力を与《あずか》った。しかしながら、リヒテルのヤマハに対する高い評価がわが国に伝えられても、音楽関係者の多くは「どうせメーカーの宣伝だろう」とタカをくくり、正面から受け止めようとしなかった。昭和四五（一九七〇）年九月、大阪万国博覧会の年にリヒテルが初来日を果たした際にも、彼らはおしなべて「リヒテルほどのピアニストがヤマハなんか弾くはずがない」と考えていたのである。

最初の演奏会前日の九月二日、大阪・フェスティバルホールのステージ上には、スタインウェイ二台とベーゼンドルファー一台、そしてヤマハが三台ずらりと並べられ、リヒテルの選定を待っていた。リヒテルはそのときどきで違うメーカーのピアノを使うため、日本の主催者側はこうした方法をとらざるを得なかったのである。スタインウェイとベーゼンドルファーは杵渕直知が、ヤマハは村上輝久が中心となって調整したもので、日頃は同じコンサートチューナーとして仲の良かった二人であったが、さすがにこの日はライバル意識を隠せなかった。

こうした方法を嫌うリヒテルは、緊迫した長い選定の末に、結局は夫人の助言を容れてホール備え付けのスタインウェイを選んだ。その際、リヒテルは杵渕と握手しながら「スタインウェイは素晴らしいピアノです。しかし一級品の中ではレガートさに少し欠けています。この点を特に注意してください」と言い残してホールを出ていった。

リヒテルが選んだスタインウェイは、杵淵が夜を徹して仕上げたピアノだっただけに、その喜びは大きかったが、実のところリヒテルが求める「レガートさ」という言葉の意味するところを掴みかねていた。信頼するピアニストや、リヒテルをよく知る村上にも助言を求めたものの要領を得ず、翌朝に練習を済ませたリヒテルもピアノについてはなんの注文もつけなかったため、杵淵は一抹の不安を抱いたまま演奏会を迎えることになってしまったのである。

それでも初日のリサイタルは順調に進んでいった。ところが、休憩後に後半に入ったときである。客席でシマノフスキの『メトープ』を聴いていた杵淵は、自分の大変な失敗に気づいた。

この作品には強く速いグリッサンド（鍵盤上をすべるように指を移動させて弾く音階）や低音部のトレモロがあったにもかかわらず、それに対する備えが万全ではなかったのである。具体的に言えば、グリッサンドを容易にするためには、鍵盤の両側面の角を少し削る必要があったし、低音部は高音部に比べてハンマーが大きいので、トレモロのような細かい動きが容易になるような調整が必要だった。

演奏会が終わり、杵淵が舞台裏に駆けつけると、リヒテルはもうホテルに帰るところだった。泣き出しそうになって謝る杵淵にリヒテルは、明後日の演奏会ではさらにレガートに注意するよう伝え、穏やかに去っていった。ホッとした杵淵がホールのスタッフとともにピアノを片づけ、何気なく鍵盤の蓋を開けたそのときである。

「ギョッとしたとはこの時のことをいうのだろう。鍵盤が一面に鮮血で真赤である。一瞬、走馬灯のように演奏の場面が浮かんだ。シマノフスキである、あのグリッサンドで指を傷められたのだ。リヒテルの爪は大丈夫だったのだろうか、怪我の程度は、スタインウェイは再び使われるだろうか、明後日の演奏は取り止めになりはしないか、私は慚愧《ざんき》の思いでキイを拭きに拭いた。あたかもキイがきれいになれば私の罪が許されるかのように……」(1)

一方の村上もまた、この日リヒテルが万全のコンディションでピアノを弾けなかったことを見抜き、悔しさのあまり眠れぬ夜を過ごしていたが、うとうととしかけた明け方、ホテルの部屋をノックする音に気づく。ドアを開けるとそこに立っていたのはリヒテル夫人だった。

「ムラカミさん、朝早くからごめんなさい。リヒテルがすぐ伝えなさいと聞かないので、早く起こしてしまったの。明日のコンサートはムラカミのピアノを使うから伝えてこいと言われて。どうぞゆっくり休んで、明日はよろしくね」(2)

そこで、二日目以降はヨーロッパでのツアーと同様に、すべてヤマハが使われることになった。ちなみに、このとき用意されたCFは、技術者たちが特にリヒテルのために入念に仕上げた、製造番号1,000,000番と1,000,001番、つまりヤマハにおいて創業以来一〇〇万台目に製作された、記念すべきピアノだった。

東京での演奏会は、五皇族をはじめ、ソ連やヨーロッパ各国の大使夫妻など、錚々たるVIPを迎えての演奏会となった。この日のプログラムには、問題のシマノフスキが予定されていたが、村上はその前日、ヤマハ銀座店の楽譜売場で作品の特徴を読み取ることを怠らなかった。その甲斐あってコンサートは、リヒテルにとっても、そしてなによりヤマハにとっても画期的な成功を収めたのである。

では、なぜロシア人のリヒテルがこれほどまでにヤマハのピアノを愛したのか。もちろんそこにはその品質に対する絶大な信頼があったにせよ、それだけでは説明がつかないなにかがあったように思われる。

「世界には素晴らしいピアノが五つある。スタインウェイ、ベーゼンドルファー、ベヒシュタイン、ペトロフ（チェコ国営）およびヤマハである。このうちスタインウェイは誰が弾いても素晴らしい音が出るが、その音色のきらびやかさを、特に若い奏者の場合、頼り過ぎる場合が多い。しかし音楽はそういうものではなく心の感度を示すものだから、自分としてはこれをうまく表せるものでないと気に入らない。ベーゼンドルファーはもっとも好きなもので心の表現のためには最高だが音量が不足で、ベヒシュタインは戦前のものは素晴らしかったが戦後は品質が変わった。ペトロフはたとえばプラハの音楽堂にある楽器は申し分ないが、ほかのものには品質のムラが多い。ヤマハは、完全なものではないが、私の理想に近づいた音の力強さと表現力を共に備え持っている(3)」

これは、リヒテルが世界のピアノを批評した言葉だが、まず第一にヤマハの「完全なものではない」部分を補ったのが、村上輝久という卓越した技量をもった調律師との個人的な信頼関係と友情であることは疑いない。これは、村上が、一企業から派遣された調律師という枠を超えて、アーティストと誠実に接したからこそ実った関係であったことは、これまで述べてきたとおりである。

もう一つ、リヒテルとヤマハの密接な関係には、リヒテルがソ連という共産体制の中で生きてきた演奏家だったことが影響しているはずである。

すでに触れたように、スタインウェイは同社と契約を結んだアーティストを「スタインウェイ・アーティスト」として遇した。スタインウェイ以外のピアノで演奏会を開くことを許さない代わりに、アーティストに対するさまざまなサポートを世界中の拠点を通じて行っていたわけだが、共産圏の演奏家たちは国営のマネジメント組織の傘下にあったため、ピアノメーカーと個人的にそうした関係を結ぶことは難しかった。

また、共産圏の演奏家やマネジメントには、アメリカ資本のスタインウェイに対する心理的な抵抗もあったと思われる。

そうしたことから、リヒテルは、極東の隣国である日本という国で生まれたピアノに対して、あるいは村上を中心とするヤマハの技術スタッフに対して、格別な親近感を抱き、ヤマハもまた総力を挙げて彼らをサポートすることで、その名声の恩恵に浴そうとしたのではなかったか。

ただ、昭和四五年の初来日公演でリヒテルがヤマハを選んだ際、同社には「リヒテルに圧力をかけたのだろう」という脅迫まがいの手紙が届いたり、音楽関係者の間に「ヤマハは大金を渡したに違いない」といった噂が流れるなど、心ない誹謗中傷が絶えなかったという。

日本の国産コンサート・グランドが、技術者たちの努力によって品質を飛躍的に向上させた結果、世界一流の芸術家に選ばれたことを、誇りに思うどころか貶《おとし》めようとする声のほうが高かったのは、わが国の音楽関係者に卑屈なまでに根づいた舶来信仰の強さのゆえでもあった。あるいは「スタインウェイ・アーティスト」に象徴されるような、演奏家と楽器メーカーの深い関係について、あまりに無知であり、世界の音楽ビジネスにおける現実は一筋縄ではいかないことを知らなすぎた。

ともあれ、ヤマハはリヒテルという世界最高の巨匠をその陣営に迎え入れることによって、世界の一流ピアノに仲間入りすることができたのである。

激化するスタインウェイとの対立

日本楽器社長の川上源一が欧米を視察してからわずか一四年にして、日本のピアノ産業は生産台数でアメリカを抜き去り、コンサート・グランドCFを発表し、海外の一流ピアニストからの賞賛を集めたことで、「日本のピアノは名実ともに世界の頂点に立った」と多くの人々が感じたのも無理からぬものがあった。

CFが誕生した昭和四二（一九六七）年の日本は、昭和四〇年下期に始まった「いざなぎ景気」の真っただ中にあった。昭和四三年には国民総生産（GNP）がアメリカに次ぎ世界第二位となり、日本は高度経済成長の道をひた走る。昭和四三年に二〇万台の大台に乗ったピアノ生産台数は、昭和四四年には一気に五万台増の二五万七一五九台を記録した。その後も漸増傾向が続き、昭和四八（一九七三）年には三〇万台を突破（三〇万七六八二台）して、それにともない輸出も急激に増えていく。

日本のピアノ輸出に対して、とりわけ大きな影響を受けたのはアメリカの楽器メーカーであった。一九六四年からの五年間で、ほとんどのメーカーが売り上げを六パーセント程度減少させたのに対し、輸入ピアノの売り上げは三倍以上も伸びており、一九六八年にはアメリカで販売されたグランドピアノの四〇パーセントあまりが日本からの輸入品となっていた。

こうした事態に対抗するために、全米のピアノ製造業者組合はワシントンでロビー活動を行い、高率の関税を課して輸入を規制するよう関税委員会に働きかける。自由貿易を標榜するアメリカはすでにピアノの関税を漸減させており、これ以上の引き下げはアメリカのメーカーにとっては死活問題と映っていたのだ。

公聴会の結果、関税委員会は日本製ピアノが脅威であることを認めたものの、関税を据え置いたのはアップライトピアノのみであり、グランドピアノの税率は予定どおり引き下げると決定した。これは、公聴会でアメリカ側を代表してスタインウェイ社長が苦情を申し立てたのに対し、「スタインウェイのピアノは日本製ピアノよりはるかに品質が優れていると主張し、しかもスタインウェイに限っては、その売り上げがまったく落ちていないばかりか、応じきれないほどの注文をかかえているというのに、あなたはどうして日本製ピアノによってかなりの痛手を受けたと苦情が言えるのか」と日本側から完膚なきまでに反論されたことが影響したようだった。そのため、日本からの主力輸出品だったグランドピアノの売り上げが落ちることはなかったのである。

だが当時、それにも増してスタインウェイの神経を逆撫でしていたのは、スタインウェイの〝聖域〟だったコンサート・グランドの分野にヤマハが一歩を踏み出し、アーティストを使った宣伝活動を展開していたことだった。従来、スタインウェイが世界最高のピアノを製造していることを証明してきたのは、一流の演奏家がコンサートにスタインウェイを選ぶことであり、これが同社のプロモーションにおける中心テーマでもあったわけだが、ヤマハが同様の宣伝戦略をとってきたことで、両者は激しくぶつかり合う。

特に来日公演の際にヤマハに対する讃辞を述べたとされるアーティストに対する締めつけは厳しく、スタインウェイ側の取材をもとに執筆されたリチャード・K・リーバーマンの『スタインウェイ物語』によれば、ウィルヘルム・ケンプはスタインウェイに対して、CF発表会におけるヤマハ・ピアノに対するスピーチの内容について弁解に努めたという。

また、昭和四四(一九六九)年に来日して、読売日本交響楽団の定期演奏会に出演した際に、ヤマハCFでバルトークのピアノ協奏曲第一番を演奏したアンドール・フォルデスは、ヤマハのプレス・リリースによれば「日本は非常に優れたピアノを作っている。私がもしスタインウェイの社長だったら、恐ろしくなるだろう。残る演奏会ではヤマハを使うつもりである」と語ったとされているが、フォルデスはのちにこれを全面的に否定した。フォルデスはスタインウェイに対して、「日本ではヤマハを使うように常にプレッシャーをかけられ、やむなくヤマハを使用したのはバルトークの演奏会ただ一度だけで、あとの三七回はスタインウェイを使ったのだ」と答えたのだった。

このように、アーティストを利用した宣伝戦をめぐって、ヤマハとスタインウェイは激しいつばぜり合いを続けていたが、その対立が頂点に達したのがアルトゥール・ルービンシュタインの発言をめぐっての騒動であった。これは、ルービンシュタインがスタインウェイ・アーティストであるにもかかわらず、日本公演の際に「ヤマハのピアノをコンサートに使うことを許してほしいと、スタインウェイに手紙を書いた」と、「ミュージック・トレード」一九六八年一月号（この雑誌は日本楽器出身の檜山睦郎によって発行されていた）が報じ、ヤマハが海外のディーラー向けのリリースでその発言を大きくピーアールしたことに端を発している。

ところが、そのリリースを受け取ったベネズエラのディーラーがルービンシュタインの発言を新聞宣伝で大きく使用したことで、スタインウェイ側は激怒し、対応に苦慮したルービンシュタインも「非常に強い言葉で、決してこのようなことを言ったことはないと否定した」(4)。

結局、ヤマハはスタインウェイとのトラブルを避けるために、その後のコメント使用を控えたが、アーティストを起用した華やかな宣伝の裏には、こうした暗闘があったのである。

「イースタイン」に見る中小メーカーの栄光と苦悩

昭和三〇年代から四〇年代にかけてピアノの生産拡大に邁進していたのは、ヤマハだけではない。中小零細を含めれば三〇社以上のピアノメーカーが、「作れば売れる」という時代にあって、懸命な生産を続けていた。

ヤマハ、カワイの二大メーカーに続く存在としては、アトラス（アトラスピアノ製造、浜松）、アポロ（東洋ピアノ製造、同）、エテルナ（天竜楽器製造、同）、ディアパソン（浜松楽器製造、同）、トーカイ（東海楽器製造、同）、ベルトーン（富士楽器製造、同）、プルツナー（プルツナーピアノ、同）、スタインバッハ（平和楽器、同）、レスター（大和ピアノ製造、同）、クロイツェル（クロイツェルピアノ製作所、同）、オオハシ（大橋ピアノ研究所、同）、フローラ（フローラピアノ製造、同）、ドレスデン（大成ピアノ製造、同）、モンソン（山下楽器製造、袋井）、フクヤマ（福山ピアノ製造、東京）、シュベスター（シュベスターピアノ製造、同）、キャッスル（六郷ピアノ製作所、同）、イースタイン（東京ピアノ工業、宇都宮）などのピアノ製造業者がひしめいていたが、浜松に本拠を置く数社以外はいずれも小規模なもので、業界全体としては活況を呈してはいたものの、経営基盤が脆弱なケースも多かった。

これら小メーカーの活動については、ほとんどまとまった形での資料がない中で、下野新聞社の早川茂樹氏による『響愁のピアノ　イースタインに魅せられて』には、宇都宮に本拠を置いた「イースタイン」東京ピアノ工業の誕生から、平成二（一九九〇）年に解散するまでの栄枯盛衰が記録されている。この本から同社の歩みをたどってみることにしたい。

宇都宮で昭和二四（一九四九）年以来、EASTEIN（イースタイン）ブランドのピアノを生産していた東京ピアノ工業は、〝日本最北のピアノ工場〟として業界内で知られていた。同社を創立した松尾新一社長は、陸軍士官学校、陸軍大学校卒のエリート軍人で、戦争への反省から、ピアノづくりに携わることで平和・文化国家日本を再興しようと志す。

新一の父・松尾伝蔵は岡田啓介総理大臣の義弟で、二・二六事件当時は予備役大佐として総理秘書官事務嘱託の地位にあり、岡田の身代わりとなって射殺されていた。このとき、同じ総理秘書官だった迫水久常《さこみずひさつね》（岡田の娘婿）は、終戦時に鈴木貫太郎内閣の秘書官長（現在の官房長官）となり、終戦工作に大きな役割を果たした。こうした関係から、会社設立にあたっては迫水が会長職を引き受ける。また、新一の妹が陸軍参謀だった瀬島龍三に嫁いでいたことから、龍三の弟で満鉄から引き揚げてきた瀬島利四夫が取締役工場長に迎えられ、松尾・迫水・瀬島という、昭和史にその名を残した三家が経営するという、異色のピアノメーカーであった。

倒産したピアノ工場を買い取る形でスタートした東京ピアノ工業は、一流のピアノを自社で開発・生産したいという目標のもと、ピアノ調律界の大御所であった沢山清次郎、斎藤義孝、杵淵直都、中谷孝男などから技術指導を受けながら、着実に実力を蓄えていく。ヤマハ、カワイの二大メーカーが自社で技術者を養成し、技術開発を進めていく中で、日本のピアノ界とともに歩んできたベテラン調律師を外から呼び込んで、彼らのノウハウを吸収しようとしたのは、おもに中小メーカーであった。

ただし、ピアノを一から開発するといっても、まずは銘器といわれる外国産ピアノを分解して、それをモデルに部品の図面を引いていくことから始めるという原始的なものだった。

イースタインはアップライトに続き、創業五年目にはグランドピアノの開発にもこぎつけた。側板（ケース）の成型で苦心を重ねるものの、昭和三三（一九五八）年頃からは月産一二台と、グランドではヤマハ、カワイに次ぐ生産量を上げていく。

職人が丁寧に仕上げていくイースタインの手法が、「明治時代のピアノづくり」と業界内で揶揄されたことに発奮した工場長の瀬島は、昭和三六（一九六一）年にＪＩＳ規格が制定されるにあたっては作業のマニュアル化に取り組み、ピアノメーカーとして最初の認可に名を連ねる。このとき、ピアノとアクション双方でＪＩＳに合格したのは、河合楽器と東京ピアノ工業の二社だけだった。

一方、「明治時代のピアノづくり」というイースタインの社風を、違った角度から評価していた男がいた。それは、ヨーロッパの響きを求めてドイツに単身渡った杵淵直知である。帰国後は、スタインウェイに認められた日本一のコンサートチューナーとして大活躍していた直知だが、父・直都の時代からの縁で、直知もまた技術顧問として同社に出入りしていた。そして、帰国後ますます膨らんだ「自らの設計によるピアノを世に送り出したい」という直知の夢の実現に、イースタインが手を貸すことになったのである。

直知は、大量生産の道を邁進する大手メーカーに対して歯に衣着せぬ批判を繰り返す一方で、音色に柔らかさと伸びを兼ね備えた個性的なピアノを作り出すイースタインを、ヨーロッパ的な職人仕事ができる技術力をもった会社として、かねてから高く評価していた。JIS取得にこぎつけた同社もまた、浜松の大手メーカーに対する対抗心から、「日本一のコンサートチューナー」である直知の力に大きな期待を寄せ、昭和三九（一九六四）年から新しいグランドピアノの開発にとりかかる。

直知がヨーロッパでの成果を注ぎ込んで設計した250型グランドは、小さいながら、フレームの柱が通常よりも一本多い五本で、同社のベテラン技術者や職人たちを驚かせた。しかも、一切の妥協を許さない直知の現場に対する要求は凄まじいもので、さすがのベテラン工員たちも反発を強め、工場長の瀬島に「こんなピアノは作りたくない」と詰め寄ったこともあった。

直知はピアノの完成をすべてに優先させる一方、ヨーロッパで学び取った技術や最新の工具を惜しみなく伝授することで工員たちの努力に報い、一年後に完成した第一号のピアノが直知も驚くほど素晴らしい音を出したことから、両者のわだかまりは次第に解けていった。

この250型は、直知の顧客などから多くの注文を受けるが、どうやら設計上に問題があったようで、製品の仕上がりにムラが生じるようになる。どんなに入念に調整しても、美しい響きが得られないまま出荷せざるを得ないものも出てきたため、顧客の評価も真っ二つに分かれた。しかし、直知はこうした失敗に懲りることなく、さらに二つのグランドを設計し、捲土重来を期したのである。

「量産品ではない、個性的なピアノが欲しい」という調律師たちの願いは、昭和四〇年代の前半にはすでにないものねだりとなっていた。なぜなら、肝心のユーザーである家庭の主婦らの大半は、ご近所の人でも知っている全国的なブランドネームがなければ納得しなかったし、ピアノの価値がわかるプロフェッショナルな演奏家たちにとっては、そのメーカーの楽器を全国どこでも安心して演奏できるサービス・ネットワークが不可欠だった。そうなると中小メーカーの出番はほとんどなかった。

しかも、杵淵直知がドイツで痛感したように、高品質の楽器を作ろうとすればするほど採算ベースには乗らず、経営を圧迫するのがつねであった。

そうした中で、「なんとか一流の楽器を」という職人気質の〝志〟を持ったイースタイン、あるいは後述する大橋ピアノ研究所などの小規模メーカーは、大手メーカーに属さない調律師たちにとって、日本に残された最後の砦であった。

やはり大物調律師の親子として業界で知られていた斎藤義孝・孝父子も、イースタインに、自分たちのブランド名を付けた新しいアップライトの開発を依頼する。戦前のベーゼンドルファーをモデルに、世界一のアクション・ハンマーメーカーであるドイツ・レンナー社のハイグレードなハンマーを取り付けたこのピアノは、「Y・SAITO&SONS」のブランドで出荷された。台数こそ少ないものの、いまだに「幻のピアノ」として高い評価を受けているピアノである。このピアノの製作中にレンナー社の社長が来日して、イースタインの工場を訪れた際には、「日本にもまだ、こんなふうにピアノを作るドイツのような工場が残っていたのか」と驚愕の声を上げたという。裏を返せば、それは同社工場の合理化が遅れ、経営的には厳しい局面に立たされていることを示していた。

苦しい経営を続けてきた東京ピアノ工業（イースタイン）だが、昭和四七（一九七二）年には経営者の松尾、瀬島が投げ出すようにして引退した。続いて迎えられた新経営者は、列島改造ブームに乗った好景気の中で、ピアノの品質は二の次にして大幅な増産を社員に求める一方、無計画な設備投資や不動産投機に走るなど、強引な会社経営を続けていく。

そして、オイルショックが襲った昭和四八（一九七三）年秋には、ぱったりとピアノの売れ行きが止まったことで立ち行かなくなった。翌年三月には社長が数千万円の金を持ち逃げし、東京ピアノ工業は乱脈経営の果てにあっけなく倒産する。

イースタイン・ブランドによるピアノづくりは、残された従業員たちの自主管理によって細々と続けられたものの、会社の倒産は「いつかヨーロッパに負けない自分のグランドピアノを作りたい」という杵淵直知の夢が潰《つい》えたことを意味していた。そして直知自身も、五年後の昭和五四（一九七九）年に脳溢血のため五四歳の若さで不帰の人となった。その後、イースタインのピアノ製造は細々と続けられたが、平成二（一九九〇）年、四〇年にわたるその歴史を閉じたのであった。

名匠・大橋幡岩のピアノ工房

イースタインが廃業した翌年の平成三（一九九一）年には、浜松の大橋ピアノ研究所（オオハシピアノ）の二代目当主・大橋巌が、六七歳にして世を去っている。

大橋ピアノは、山葉直吉、シュレーゲルの薫陶《くんとう》を受け、つねに日本におけるピアノづくりの先頭に立ってきた名匠・大橋幡岩が、浜松楽器を辞職したのちの昭和三三（一九五八）年に設立した、工芸品としてのピアノづくりを貫く日本唯一の〝ピアノ工房〟

であった。

戦前の日本楽器におけるピアノ技術者としての歩みについては、すでに第五章で述べてきたとおりだが、昭和一二（一九三七）年に日本楽器を辞した幡岩は、東京の小野ピアノに移籍したものの、戦時色が濃くなる中でピアノの生産は思うにまかせなかった。グライダーの木工部品の製作や、供給の途絶えた部品の代用品開発に取り組む中で、昭和一六（一九四二）年五月には、鉄の使用量を最低限に抑えた「フレームレスピアノ」を試作したという記録も残っている。

楽器製造が完全に禁じられた昭和一九（一九四四）年三月、小野飛行機製作所と名前を変えていた同社を辞職した大橋は、郷里の浜松に戻り、軍需品製造の下請け会社を興して家族を養っていた。ようやく終戦を迎え、大橋が最初に作り上げた楽器はピアノではなく、廃材を利用したシロホンだったという。

昭和二二（一九四七）年、大橋は地元の資産家・馬淵真蔵が設立した浜松楽器製作所（のちに浜松楽器工業と改名）と提携して、ピアノ製作を再開すべく入念に準備を進める。翌年一〇月には念願のピアノ三台を完成、これを「ディアパソン１３２型」とした。そして昭和二四年、浜松楽器工業取締役技術部長に就任した大橋は、グランド、アップライトそれぞれ三機種のほか、オルガン二機種を設計し、製造の陣頭指揮に立った。月産七〇台程度のピアノは、豊増昇をはじめとするピアニストや音楽家からも支持され、「ディアパソン」はヤマハ、カワイに続く三番手のブランドに育っていく。「浜松楽器に大橋あり」と称され、つねに品不足が続いていたが、幡岩は決して量産体制をとらなかった。だが、社長の馬淵が不慮の死を遂げたことで、経営方針は大量生産の方向へと転換する。そのため、大橋は自らのピアノ哲学を貫くために同社を辞職、昭和三三年、六三歳でオオハシピアノ研究所を設立して独立独歩の道を歩んでいく。

当初、大橋は自らの工房から生み出すピアノに、「ジュビランテ・ピアノ」というブランド名を付けようと考えていた。ジュビランテとは〝五〇年祭〟〝歓喜〟という意味で、ピアノの仕事を始めて五〇年にちなんだものだが、畏友・杵淵直都の「長年ピアノを作っていて、自分の名前を付けられぬほど自信がないのか」という一喝で、苗字の「オオハシ（ＯＨＨＡＳＨＩ）」をブランド名とする。これは、創業者の苗字をブランド名にしたヤマハ、カワイに負けないピアノを作るという決意の現れであったといってよい。

設立の翌年には、河合楽器に勤務していた子息の巌も加わり、研究所を会社組織に改める。大橋巌の未亡人である大橋とし子は、当時のことをこう振り返る。

「二人は会社を興すときに、これから先、多少でもお金を残す人生を選ぶか、それともピアノという物が残れば満足する人生を選ぶか、親子で話し合いました。その結果、

『金は残さずとも物を残そう』と決めて、自分たちの命がなくなったあともこの世の中に残るような、しっかりとしたピアノをつくることを目標に、仕事を始めたのです」

調律師の氏家平八郎によれば、(5)幡岩の仕事ぶりは「ピアノづくりはかくあるべし」という信念を貫いたものだった。たとえば木《もく》ネジ一本を締める際にも、ただしっかり締まっているだけでは許されない。少しでも錆びていたり、溝の欠けたりしている木ネジの使用は許さないし、その締め付け角度も定規で測ったように揃っていなければ承知しなかったという。

また、少々角度や寸法が違っても品質には影響しない箇所の仕事でも、正確さと入念さを要求した。そして、つねに口をついて出る言葉は、「基本に忠実に」「原点に帰れ」であり、ピアノが完成したときには、「ほかの木工品と違い、ピアノは物を言うからやめられん」と顔をほころばした。

こうしたピアノづくりに、商業的な合理主義や能率主義の入り込む余地はなく、幡岩は二代目である大橋巌とともに、まさに工芸品のように一点一点じっくりとピアノに向かっていった。その姿勢とピアノの品質によって、大橋ピアノは、内外の音楽家から「世界的な逸品」という評価を受けるようになる。

昭和五二(一九七七)年には「現代の名工」として静岡県知事から表彰された幡岩が、昭和五五(一九八〇)年に八四歳で長逝したのちは、巌が工場を受け継ぐことになった。

「俺は、親父の設計をネジ一本といえども変えるつもりはない」と明言してやまず、父の偉業を忠実に守り通すことを自らの使命とした巌は、ピアノ不況の中にあっても、「不況だと泣きごとを言うのは、好況に踊らされた人だ。私には好況はなかった。いつも自分の心に恥じないように作ってきただけだ[6]」と気骨のあるところを見せていた。

しかし、平成三年一〇月、巌はくも膜下出血で急逝し、オオハシピアノの歴史は幕を閉じるかに思われたが、残されたとし子と職人たちは、巌が生前に受注していたピアノを完成させることを決意。数年間をかけて、幡岩と巌が残したアクション、フレーム、響板を一台残さず使い切って、設計仕様どおりのピアノを一〇〇台近く作り上げたのだった。

大橋ピアノ研究所が、平成七（一九九五）年に自主廃業するまでに生み出したピアノは、グランド、アップライトを合わせて四六三九台。主《あるじ》がいなくなって久しい工場には、いまも木材や工具、木工機械が大切に保存されている。

揺らぐピアノ神話

一九六〇年代から七〇年代にかけて、大メーカーが華やかな宣伝や販売合戦を繰り広げていたピアノ業界であったが、その一方でブランド力、販売力のない中小零細メーカーは、つねに厳しい立場にあった。

この間、中小メーカーの経営を圧迫してきた要因としては、インフレによる原材料費や労務費の急騰と、大手メーカーが価格決定権を握っていたためにブランド力のないメーカーは安値競争に走るしかなかったことなどが挙げられる。なかでも零細メーカーを苦しめてきたのは、ピアノに課税されていた「物品税」であった。ピアノをはじめとする楽器には、昭和一二（一九三七）年以来、物品税が課税されていた。これは、日中戦争の戦費調達のため特別税法の一環として創設されたもので、終戦後の税制改革の中でもそのまま存続されてきた。

楽器にかかる税率は、業界関係者の度重なる陳情によって、昭和三六（一九六一）年三〇パーセント、昭和三七年二〇パーセント、昭和四一年一五パーセントと漸減されてはいったものの、それでも税率はきわめて高く、厳しい価格競争の原資を捻り出すために、売り上げを過少申告するメーカーが後を絶たなかった。それゆえ、税務署のピアノメーカーに対する税務調査は勢い厳しいものとならざるを得なかった。しかも、返品があった場合や、不良品、仕掛品に対する税務処理の煩雑さは経理担当者泣かせであり、適切に処理しているつもりでも税務調査によって修正を求められるケースも多く、巨額の追徴金が科せられた結果、倒産に追い込まれるメーカーさえあったという。

それでも七〇年代初頭までは、ピアノの需要が驚異的な伸びを続けたために、大小いずれのメーカーも揃ってその果実を享受し、なんとか生き残っていくことができたといえる。

しかし、オイルショックとその後の不況下にあって、ピアノの国内販売数が翳りを見せ始めた。その矢先に、ピアノ産業の前途に不吉な影を漂わせる事件が世間を大きく揺るがした。昭和四九（一九七四）年八月二八日に、神奈川県平塚市の県営団地で起きた「ピアノ騒音殺人事件」である。

これは、団地の三階に住む失業中だった四六歳の男が、階下のピアノの音に腹を立て、再三怒鳴り込んだもののいっこうに改められなかったことから、幼い姉妹とその母親を殺害したというもので、殺害当日、八歳になる長女が朝七時から練習を始めたことにいらだった男は、母親がゴミ出しに行ったすきに幼い姉妹を殺害し、戻ってきた母親も刺身包丁で刺し殺した。犯行の現場となったのはアップライトピアノが置かれた三畳間で、その部屋のふすまには、犯人の「迷惑かけるんだからスミマセンのひとことくらい言え　気分の問題だ」という殴り書きが残されていたという。

この団地では、前年頃からピアノや電子オルガンで〝部屋を飾る〟のが流行し、一三〇〇世帯の団地の一割近くが購入していたことから、騒音問題が浮上し始めていた。被害者宅でも前年一一月に二六万円のアップライトを二四回の分割払いで購入し、防音の備えもないまま弾いており、運悪く階上に住む男がテレビもイヤホンで聞くほどの神経過敏症であったことから、この惨劇は起きたのだった。

逃走した犯人は三日後に自首、逮捕されるが、この事件は思わぬ方向に波紋を広げていく。それは、三人の母子を殺すという許しがたい罪を犯したにもかかわらず、世論は犯人に対して同情的だったことである。所轄の警察署には「犯人の気持ちもわかる」という電話が多く寄せられ、識者たちもこの事件に対してさまざまなコメントを寄せた。

たとえば作曲家の團伊玖磨は、人気エッセイ「パイプのけむり」で二回にわたってこの事件を取り挙げ[7]、「人の心を幸福にするためにある音楽が、人を怒り狂わせ、殺人事件に迄発展するという不幸を生んだ事実を、深く考えなければならない」と意見を寄せている。

「ピアノという楽器は、他の楽器に較べて一段と大きな楽器である。本来この楽器は、ヨーロッパの、天井の高い石造建築内の三十畳平均のサローンの中で演奏されるために発達して来た。その楽器を、そのまま日本の住宅、わけても団地のように隣室や階上や階下に別の家族が住んでいるような小部屋に持ち込んで弾くという事は、根本的に誤りなのである。多くの人が気が付かぬ事だが、日本の小さな部屋でピアノを弾いている情景は、正直に判り易く言えば、バスの中で大相撲を、銭湯の浴場でプロ野球を興業しようとする程の無茶な事なのである」

「住宅事情が悪い現在、それならどうしたらよいか。それには簡単な答えがある。ピアノを改造すれば良いのである。ピアノは人間のためにある。ピアノのために人間があるのでは無い。団地には団地用の、強く叩いても現在のピアノの十分の一の音量のみしか出ぬピアノを作る。五分の一音量のもの、三分の一音量のもの等、買い入れ先の住宅事情に依って２ＤＫ用、３ＤＫ用のピアノを提供する研究を、現在のピアノを無遠慮に売りまくるだけではなしに、ピアノ製造業者は考えるべきである」

確かに、当時、東京都公害局に寄せられる公害被害の苦情の中でも、「ピアノの騒音」は騒音被害の第一位にランクされるまで急増しており、すでに全国三〇〇万世帯に普及していたピアノが発する音は、社会問題と化していた。これまで楽器の騒音を甘受していた人たちも、この事件をきっかけに立ち上がり、翌年三月には、東京都公害局にヤマハ、カワイの両メーカーや社団法人日本ピアノ調律師協会[8]の幹部が集められて、市民主導の「ピアノ騒音を告発する集会」が開かれている。

市民のピアノメーカーに対する告発は厳しく、「満足に防音もできていない家庭にピアノを売り込むのは、凶器を売るようなものだ」「楽器メーカーは〝死の商人〟にも等しい」といった怒りの声が飛び交い、業界側でもピアノ購入者にモラル向上を訴えることや、業界として防音対策に取り組むことを約束せざるを得なかった。

これは、モータリゼーションの波に乗ってマイカーブームをあおってきた自動車メーカーが、「交通戦争」と呼ばれた交通事故死の急増に対して社会的責任を指弾されつつあった状況と、軌を一にしていたといってよい。

そもそも、のちに外国から「ウサギ小屋」と揶揄されたわが国の住宅事情にありながら、ピアノがこれほどまでに普及したこと自体が、いま思えば奇跡のようなことだった。おそらくは、ピアノを家庭に据えることによって、人間的で文化的な暮らしを送ることができると人々が信じていたからこそ、一家四人が満足に寝られないような狭い団地の一室にまで、あの黒光りする楽器が鎮座していったのであり、別の観点から見れば、ピアノはマイカーと並んで〝人並み意識〟を満足させる格好の耐久消費財だったのである。

日曜になると、団地のあちこちでピアノが吊り上げられてベランダから搬入されていく様子を見て、人々はさらにピアノへの憧れを強めていった。いつかは私も、と願う日本人のピアノに対する思い入れは、もはや〝信仰〟に近いものだったかもしれない。もちろん、ピアノによって多くの子どもたちが音楽を身近なものとしていった功績を無視することはできないだろう。だが、そんなときに起こったピアノの騒音による殺人という事件は、人々をこのピアノ熱から醒めさせ、とりわけ都市部においては、隣人をある程度まで犠牲にすることによって「ピアノのある生活」が成り立っているという現実に、目を向けざるを得なかった。

思えば七〇年代後半という時代は、これまで成長一本槍で戦後を進んできた日本の社会に生じていたさまざまな歪みが表面化した結果、それまでの意識や価値観が大きく変わった時期にあたる。

公害や環境問題、プライバシーに対する意識が高まる中で、それまでは受忍の範囲内とされていた生活騒音がもはや許されなくなったという社会の変化もあった。また一方では、都市部における人間関係が希薄となり、近隣とのコミュニケーションが欠如していく中で、「迷惑をかけるのはおたがいさま」という許容の心が人々から消え、世の中がぎすぎすとしてきたことも事実であり、ピアノは、こうした日本人の変化にもっとも翻弄された耐久消費財であったといっていいだろう。

翻っていえば、かつては高嶺の花で、一般庶民には手の届かない存在だったピアノが、戦後三〇年あまりの中で、そこまで一般大衆に普及した現れでもあったのである。

苦闘する八〇年代

それでも、オイルショックとピアノ殺人事件の逆風を乗り越えたピアノ業界はさらに生産量を急増させ、昭和五五（一九八〇）年には三九万二五四五台というピークを記録する。だが、ここを頂点に、日本におけるピアノの生産は、これまでの急成長の反動もあって急激に落ち込んでいく。もちろんそこには、騒音問題だけでなくさまざまな原因があり、それらは複合的に絡み合い、負のスパイラルとなって昭和五〇年代後半から、ピアノ業界を苦しめていったのである。

その要因は、まず第一に、ある程度ピアノが日本中の家庭に行き渡ったことがある。需要が鈍化するのは避けられないことであり、昭和六〇年代初めから足踏みが続いていた世帯普及率は平成三（一九九一）年の二三・三パーセントをピークに頭打ちであり[9]、もはや飽和状態にあることは明らかであった。

しかも、モデルチェンジによる流行の変化や、メカニック自体の故障や劣化が避けられない自動車などとは違って、ピアノの場合は「買い換え需要」がまず期待できなかった。もちろん、楽器メーカーとしては、アップライトからグランドへという買い換えを推奨したかったわけだが、お稽古事としてピアノを始めた子どもが、音楽大学まで進学するのは数が限られていたし、ましてや日本の住宅事情を考えれば、一般家庭がグランドピアノを購入することはまず無理な話であった（好景気に沸いていた一九九〇年代後半のアメリカで、グランドピアノがインテリアとしてもてはやされたのとは対照的である）。

第二に、電子オルガン、エレクトーンに始まった電子楽器の世界が、ＩＣ、ＬＳＩ技術の進展にともなって急速な拡がりを遂げ、シンセサイザーに代表される安価で高性能な電子鍵盤楽器が若者のあいだに普及したことで、レジャー楽器としてのピアノの地位が地盤沈下していったことが挙げられる。

電子計算機メーカーのカシオが「カシオトーン」によって電子楽器市場に参入し、のちに「電子楽器元年」と呼ばれるようになったのが、日本におけるピアノの生産量が頂点に達したのと同じ昭和五五（一九八〇）年だったというのは、ピアノのその後の苦難を象徴するようである。事実、この年を転回点として、消費者の「ピアノ離れ」は加速度的に進んでいく。

そして第三に、なによりピアノ産業にとって致命的だったのは、いまなお進行する「少子化」であった。文部省の調査[10]によれば、お稽古事としてピアノを習う子どもの比率は、昭和五一年（一九七六）年よりも平成五（一九九三）年のほうが高く、特に女子では半数以上がピアノを習っている。

だが、その分母となる絶対数は、小学校の児童数で比較すれば一〇〇〇万人から八〇〇万人と二割近くも落ち込んでおり、これまで「子どもの情操教育」に頼る形で普及を進めてきたピアノ業界にとって、少子化はそのままパイが収縮することを示していた。

もちろん、各メーカーもこうした事態に手をこまねいていたわけではない。まず力を入れたのは輸出である。国内販売が落ち込んだぶんを輸出でカバーしようと考えるのは、自然の成り行きであった。輸出台数では、アメリカ向けを中心としたグランドピアノが安定していることから堅調に推移しているが、金額を見ると特に深刻なのがアップライトピアノの平均単価で、円高の直撃や韓国産、中国産ピアノによる価格破壊のあおりを受けて大きく落ち込んでいる（下表参照）。日本の物価や人件費の上昇ぶんを考えると、日本のアップライトピアノ輸出がかつての〝飢餓輸出〟にも近い状況に陥っていることは想像に難くない。

また、わが国のピアノの輸入数量は、昭和四六（一九七一）年までは年間二〇〇台以下という微々たるものだったが、翌年に一〇〇〇台近くまで伸びたかと思うと、昭和四九（一九七四）年には七六八九台にまで激増している。その後、輸入数量に多少の波はあるものの、アップライトでは韓国、北朝鮮産の低価格ピアノが、グランドではドイツ、とりわけハンブルク・スタインウェイのコンサート・グランドの輸入が大きく伸びていった。後者についてはのちに述べるが、低価格のアップライトピアノは、ピアノ・ディスカウント店などで目玉商品とし

日本のピアノ輸出の推移

	1980年	1990年	2000年
輸出台数	81,862	109,043	92,679
金額総計（単位 千円）	19,528,068	25,043,000	27,206,329
アップライトの平均単価（円）	182,800	152,200	132,500
グランドの平均単価（円）	510,000	568,000	696,000

て売られることが多く、大手メーカーにとっては品質的にも問題外の存在だったものの、そうした安売り店ルートでの販売に依存していた零細メーカーにとって、価格の安い輸入ピアノの席巻は致命傷にもなりかねなかった。しかも、ディスカウンターの雄であった「東京ピアノ」が昭和六一（一九八六）年に倒産したことで、連鎖倒産に追い込まれる零細メーカーが続出した。オイルショック後の不況でその数を減らしたピアノメーカーは、昭和六〇年代、さらに淘汰を余儀なくされ、ピアノ需要の減少に正比例するようにつぎつぎと姿を消していったのである。

技術開発とジレンマ

ピアノ需要が減少する中で、ピアノメーカー最大手のヤマハが力を入れたのは、電子技術を取り入れた付加価値の高いピアノ——自動記憶再生装置を備えた「ピアノプレーヤ」（一九八二年）、騒音対策として生まれた消音ピアノ「サイレントピアノ」（一九九三年）、その双方を兼ね備えた「サイレントアンサンブルピアノ」（一九九五年）——の開発であった。

「ピアノプレーヤ」は、ピアノの名演奏や模範演奏を情報化したフロッピーディスクをピアノに差し込むと、実際に鍵盤が動きながら打弦して演奏するもので、生のピアノでBGMを楽しめるほか、自分の演奏を記録することもできるため、かなりの人気を博した。また、「サイレントピアノ」は電子楽器ではなく、通常のピアノに電子音源を付加したもので、鍵盤のタッチやアクションの機能は従来のピアノとまったく変わりなく、「消音」モードにするとハンマーの打弦直前にセンサーがその強さや速度を感知して、グランドピアノから収録した音を電子的に発生させ、それをヘッドフォンで聴くという仕組みである。

これらは出荷数量の落ち込みを一台当たりの単価向上でカバーするとともに、ピアノ普及のネックとなった騒音問題や、電子楽器にシフトしつつある消費者の嗜好に寄り添う形での商品展開を狙ったものであった。また、従来は「子どものための楽器」であったピアノを、「大人の趣味の楽器」として売り出したいというメーカー側の思惑もそこには存在していた。

こうした狙いはある程度の成果を収め、アップライトピアノの国内向け平均単価は、昭和五五（一九八〇）年の三三万七七〇〇円から、平成八（一九九六）年には四二万三〇〇円と着実に上昇している。これは、下落傾向にある輸出品と比べれば雲泥の差だといってよい。

だが、こうしたエレクトロニクス技術を駆使した高付加価値化を図ることができるのは、ヤマハ、カワイの二大メーカーだけであり、技術力・資本力ともに不足していたそのほかの中堅・零細メーカーにはできない相談であった。

しかも、ピアノという楽器の性格を考えた場合、人工的ではないアコースティックな響きこそが最大の魅力であり、それを追い求めてきたのがピアノづくりの歴史であった。機械的な「消音技術」や「人工的な音づくり」によってピアノ産業の延命を図るというのは、ピアノ技術者やメーカーにとっては、大いなる自己矛盾であったに違いない。

そして、アコースティックなピアノづくりの〝主戦場〟であったはずのグランドピアノ市場、とりわけコンサート・グランドの分野では、さらに深刻な地殻変動が起こっていた。円高と貿易自由化によって外国産ピアノの価格上昇が相対的に抑えられた結果、経済大国となった日本にとって、ハンブルク・スタインウェイのグランドピアノが、国産の高級ピアノと比べて必ずしも〝高い買い物〟ではなくなってしまったのである。それに拍車をかけたのはバブル経済で、人々はより高いステータスを求めて、国産よりも外国ブランドに傾斜していった。それゆえ、八〇年代から九〇年代にかけて全国津々浦々に建てられた公立ホールの多くは、メインのピアノにスタインウェイのコンサート・グランドを備え、二台目、三台目のピアノとして国産のコンサート・グランドを備えるのが常であった。

ピアニストのニーズに応える必要がある以上、こうしたホールの姿勢を一概に責めるわけにもいかないが、「ピアノのリサイタルにはスタインウェイを使い、子どもの発表会には国産を使う」という光景は、ピアノの大衆化が行き着いた結果として、国産ピアノのブランド名がかつての輝きを失ってしまったという、皮肉な現実を象徴していた。

国産ピアノの名誉のためにも言っておかねばならないが、昭和四二（一九六七）年のヤマハのコンサート・グランドCF発表以後も、ピアノ技術者たちのたゆまぬ努力によって、その品質がさらに向上していったことを見落としてはならない。コンサート・ホール建設ラッシュにともなうホールの大型化に対応すべく、より豊かなパワーと音質を持つピアノを目標にCFの改良は進められ、昭和五八（一九八三）年に発表されたヤマハ「CFⅢ」は、一九八五年のバッハ国際ピアノコンクールを皮切りに、ショパン国際ピアノコンクールの公式ピアノとして採用されて以来、チャイコフスキー国際コンクール、ジュネーヴ国際音楽コンクール、ロン＝ティボー国際コンクールなど、またたく間に世界の檜舞台に登場して、若き才能の発掘にひと役買っていた。

もちろんそこにはビジネス上の思惑もあり、コンクールの主催者にとって日本企業の経済力は魅力的だったし、ピアノメーカーから見てもほかの欧米メーカーの色に染まっていない参加者たちとのつながりを深めることは、先行投資として有望であった。

だが、コンクールという一期一会の舞台で、まずそのピアノを参加者が選び、最高の性能を発揮して優勝を果たすというドラマは、ピアノの高い品質が前提としてなければあり得ないことである。また、スター・ピアニスト誕生の瞬間に自社のピアノが使われることは、ユーザーへのアピールという意味でも大きなインパクトがあった。それゆえ各社の技術陣はコンクールに最高のスタッフを送り込み、自社のピアノをアピールしていったのである。

一九九八（平成一〇）年の第一一回チャイコフスキー国際コンクールでは、ロシアの新鋭、デニス・マツーエフが、ヤマハCFの後継機であるCFⅢSを弾いて見事優勝を果たした。これは、日本のピアノ界にとって久々に明るい話題だったといえよう。

また、ヤマハがハードとしてのピアノ品質の改善と並行して取り組んだのが、ピアノ技術者の養成である。昭和三五（一九六〇）年に「ピアノ技術学校」を東京と大阪に開設していた同社は、昭和五五（一九八〇）年には、村上輝久を校長に「ヤマハピアノテクニカルアカデミー」を開校する。村上自身が「私の理想郷」と語るこの学校では、単に調律技術の指導だけでなく、工場における生産プロセスの学習や、音楽史や演奏家を招いての講義、一般教養の課程なども充実しており、日本だけでなく世界各国からの生徒を受け入れ、多数のコンサートチューナーを輩出している。

一方、ヤマハの永遠のライバルというべきカワイにおいても、創業以来の「世界一のピアノを作りたい」という夢を追いつづけ、フルコンサート・グランド開発の機をうかがっていた。昭和五五年にグランドピアノの専用工場である竜洋工場を開設するにあたって、社長（当時）の河合滋は「原器工程」という概念を提唱する。

「時間にはグリニッジ標準時が、長さにはメートル原器があるだろう。ピアノにもピアノの原器的な工程が必要なんだ。それをこの竜洋工場に作りたい。しかも工場には樹木をたくさん植え、自然の環境の中で全作業者が一台一台のピアノに向かって作りこめるような『森の中の緑の工房』にしたい(11)」

ピアノの生産工程が近代化されたいまこそ原点に立ち返り、創業者・河合小市が自ら訓練指導した熟練工によって組織した〝手づくりの工程〟を再現して後世に伝えるとともに、最高品質のピアノを作ろうというもので、竜洋工場内の一画に設けられた「原器工程」では、現代の熟練工たちがピアノの試作に取り組んだ。

ピアノ各部の本来の機能を追求するため、木材の選定から加工まで厳密なチェックを重ねて半年がかりで完成した第一号のピアノは、無残な失敗に終わったという。だが、試行錯誤を繰り返しながら昭和五六（一九八一）年一二月に完成した「ＥＸ」モデルは、やはり一九八五年のショパン国際ピアノコンクール公式ピアノに採用されて以来、世界のコンクールに登場するようになり、国際舞台でヤマハ、カワイが火花を散らすという場面も増えてきた。

そして、二〇〇〇年の第一四回ショパン国際ピアノコンクールでは、アルゼンチン生まれで〝マルタ・アルゲリッチの再来〟とも評されるイングリッド・フリッターが、カワイEXを弾いて第二位に入賞し、カワイの存在をあらためて世界に印象づけたのである。

このように、日本のピアノ産業は生き残りを賭けた必死の努力と、品質向上への努力を重ねていた。そもそも、世界で太刀打ちできるコンサート・グランドの開発・生産には「莫大な資本の余力」が必要であり、これはアップライトピアノという巨大市場から得られる利潤があってこそ可能なものであった。

だが、昭和五五（一九八〇）年から平成一二（二〇〇〇）年の約二〇年間で、ピアノの国内販売台数が二五万台から四万七〇〇〇台と二割以下に激減するという厳しい現実を前にして、かつてのような壮大な夢やビジョンが打ち出せないジレンマに陥っているようにも見える。

ピアノ市場そのものが収縮すれば、企業は存続のためにほかの楽器や、場合によっては異業種にその領域を拡げるという〝多角化戦略〟に走らざるを得ず、メーカー内におけるピアノの相対的な地位は次第に下がっていかざるを得なかったのである。

もはや、川上源一のようなワンマン経営者が、強いリーダーシップを発揮して「スタインウェイに負けないピアノを作る」と宣言することは困難な環境になってしまったいま、日本のピアノが再び輝きを取り戻すことは、果たして可能なのか。一世紀を迎えた国産ピアノは、どのような未来に向かって進んでいくのであろうか――。

エピローグ　日本のピアノの未来に向けて

ここまで私たちは、一世紀にわたる日本のピアノづくりの歴史をたどってきた。

いま、時代の大きな転換期の中で、いかなる産業も、過去の成功体験を一度白紙にリセットして、新しい時代に生き残る戦略を再構築しなければならない状況にあることは、あらためて言うまでもない。こと産業としてのピアノを考えた場合、その国内需要の落ち込みはあまりに激しく、販売台数は最盛期の七分の一で、なおも低落傾向にあるという数字だけから見れば、国内におけるピアノ製造の存続自体が危ぶまれるほどであり、業界が抱く危機感は並大抵のものではないと思われる。しかしながら、あくまで「夢」や「イメージ」を売るのが楽器ビジネスである以上、ユーザーにはそれほど不安な表情を見せるわけにもいかないため、明快な将来像を描けぬままに人知れず苦闘しているというのが、ピアノ業界の偽らざるところであろう。

日本国内には現在、およそ六〇〇万台ものピアノが存在するといわれている。すでに市場は飽和状態であるばかりか、いまでは使われずにリビングルームで眠っているピアノや、家庭で邪魔者扱いされたあげくに中古ピアノとして業者に引き取られるケースもかなりある一方、電子楽器の低価格化・高性能化が進む中で、もはやかつてのように「作れば売れる」時代が再来することはあり得ない。

特に注目すべき点は、これまで日本のピアノメーカーと楽器業界を支えてきたアップライトピアノの総売上金額（国内向けと輸出向けの合計）が激減した結果、二〇〇〇年にはついにグランドピアノの総売上金額を下回ることになったことである（アップライト二五二億五八六九万円に対してグランド二八二億六二七〇万円、全国楽器協会調べ）。アップライトとグランドの売上金額が逆転したのは、日本のピアノづくり一〇〇年の歴史上はじめてのことであり、わが国ピアノ産業が大きな転換期にあることを如実に示しているといえよう。つまり、「アップライトの収益が、グランド開発の費用となる」というこれまでの構図は崩れ去り、グランドピアノの浮沈こそが、日本のピアノ産業の将来を決めるカギになっていくわけである。

かつてヤマハCFの開発に取り組んだ長谷重雄は、「日本のピアノ産業において、もはやアップライトピアノの製造は使命を終え、電子楽器に移行していくでしょう。そして、本当にピアノを弾きたい人はグランドピアノに向かっていくはずです。当然のことながら、グランドピアノをアップライト並みに量産する必要はないわけですから、これからの時代は、精度の高い工作機械による作業と手作業の部分のバランスを考えながら、いかに丁寧にピアノを作っていくかがポイントになるでしょう」と指摘している。

おそらくは他産業同様に、アップライトピアノのような低価格品の生産ラインは台湾や中国などのアジア諸国や南米諸国に移転し、国内では高価格品であるグランドピアノの生産だけが行われるという時代がくることは必至であり、企業規模を適正化したうえでいかに産業構造の転換を図るかが、今後ピアノメーカーが生き残るために課せられたテーマであるといってよい。それだけに、ヤマハ「CF」やカワイ「EX」開発以来蓄積してきた、「高品質・高価格」のコンサート・グランド製造のノウハウはさらに重要性を増すはずだし、ピアノが〝工業製品〟から本来の〝工芸品〟に戻っていく原点回帰が、二一世紀前半における日本のピアノ製造業の主題になることは、まず間違いない。

もちろん、ここで言う〝工芸品〟の意味するところは、前近代的なピアノづくりということではなく、これまで日本のピアノ技術者が蓄積してきた、科学的な分析や音響工学、材料研究の発展の上に立って、ピアノという楽器が持つ芸術性を追求することを指しているのは言うまでもない。

そうなった場合、ここであらためて問われるのは、ピアノの作り手とユーザー双方が、「日本のピアノは、私たちにとって必要不可欠なものである」と自信と誇りを持って言い切れるかどうかという点であろう。なぜなら、〝工芸品〟であるピアノには、ヨーロッパの一流メーカーという伝統に裏打ちされた牙城があり、同じ土俵で闘っていくためには、日本のピアノメーカーに、あるいは日本のピアノ文化を支える人たちに、そうしたピアノづくりを基盤とする〝覚悟〟が求められているからである。

かつて山田耕筰が、「日本に西洋音楽を根づかせるためには、なんとしてもその中核となるオーケストラが必要である」という信念のもと、大正末期に「日本交響楽協会」（日響）を結成してから四分の三世紀。わが国の社会にオーケストラが存在することによって、日本の交響楽運動のみならず、放送やオペラ上演、映画音楽、ひいては歌謡曲の世界まで、つまり私たちの音楽生活は根底から変わっていったわけだが、そうした歴史を自覚している音楽関係者は必ずしも多くはない。

ピアノについても状況は似通っており、この一世紀で日本人が作り上げ、全国の津々浦々にまで普及したピアノが果たした功績の大きさについては、何人《なんぴと》も否定できないはずだし、これだけの数のピアノが私たちの生活の中に浸透したことで、音楽の裾野が大きく広がったからこそ、そこから世界に伍するピアニストも生まれてきたのである。にもかかわらず、ユーザーはもちろん、日本のピアノづくりに携わる人たちでさえも、自分たちの歩んできた歴史や自らの存在意義について、今日までほとんど顧みることはなかったように思える。

だが、「なぜいま、この国にあって西洋音楽と向き合っているのか」という根本的な命題についての答えを見いだしかねているままでは、果たして社会に対して、日本の国産ピアノが持つ意味をアピールできるのか、このままでは、はなはだ心許ない状況にあるといっても過言ではない。

かくなるうえは、もう一度日本におけるピアノづくりの歴史を振り返り、この国で溢れんばかりのピアノが生まれたことが、私たちの暮らしにどれほど多くのものをもたらしたのかを客観的に振り返る作業なくして、新たな一歩を踏み出すことは不可能であろう。

日本のピアノ一〇〇年という歳月を長いと見るか短いと見るかは、人によって異なろうが、それは「歴史」ではあっても「伝統」というにはまだ及ばない、というあたりが順当ではあるまいか。ただ、私たちは西洋の文化と日本のそれを比較する場合、どうしても伝統がないことを卑下しがちであるが、反対に西洋から見れば、伝統の桎《しっ》梏《こく》から解き放たれていることがときには羨ましく見えることも忘れてはならないだろう。たとえばかつてヤマハに招聘されたタローネは、日本のピアノづくりの「伝統のなさ」こそが、ヨーロッパに追いつく力になったはずだと力説している。

「日本には伝統がないから、本当に新しい良い物ができる。ヨーロッパは昔からの伝統がありすぎるから、ぜんぜん新しいものに変えられない。伝統に従ってずっと行っている人は、道を間違えても伝統があるから、ずっと行ってしまう面がありますⓘ」

また、音楽の本場で徹底的に揉まれた経験の持ち主である村上輝久も、日本の「伝統のなさ」こそが、これからは逆に強みになるはずと考えている一人である。

「演奏家が見たスタインウェイへの評価というものは、三〇年前、二〇年前、一〇年前、そして現在と、長いスパンをすべて含めた評価になります。ヤマハに対する評価も同じことで、『二〇年前はまだあの程度だった』という印象といまのピアノを総合して考えますから、どうしてもスタインウェイのほうが平均点が高くなるのは当然でしょう。ですから、CFやCFⅢがパッと追い越したからすぐに評価が上がる、というものではなく、総得点として追い越さなくてはならないわけで、そうなるとある一定の時間がどうしても必要になってきます。

世界の著名なコンクールでヤマハが使われだしたのは一九八〇年代に入ってからのことですが、最初は一〇〇人出場者がいても、誰か使ってくれるどころか、一人も見てもくれません。なぜかといえば、先生がヤマハのことを知らないから。それがだんだんと五、六人は弾いてくれるようになり、三〇人くらいは触ってくれるようになり、次に行くと半分以上の出場者が真剣に見てくれるというように、若い人のほうがどんどん変わってきているんですね。彼らは四〇年前、三〇年前のヤマハを知らないから、いまのヤマハを弾いて、そこから評価してくれるわけです。

つまり、日本のピアノの歴史が一〇〇年と言っても、世界の舞台に出てからはまだ時間が短く、伝統の重みがないわけですから、若いピアニストと若い技術者が一緒に成長していく中で、あわてずにじっくりと取り組んでいけば、その種子はきっと大きく育つと信じています」

また、長年にわたってヤマハのピアノ部門を支え、まもなく定年を迎えようとしている影山詔治も、日本のピアノの未来については、思いのほか楽観的だ。

「長いあいだ白鍵に用いられてきた象牙が、資源保護のために使えなくなったように、天然の材料を使用するピアノという楽器が、限りある資源を守りながら環境と共存していくためには、新しい素材の研究をさらに進める必要があるでしょう。日本のピアノメーカーは、そうした点で欧米メーカーに比べて一日の長があります。また、ピアニストの音に対する好みも時代によって刻々と変わりつつあり、そうした変化に敏感に対応していくことも、伝統がない分だけ日本企業には柔軟性があります。そのうえで、どんな時代にあっても変わらない部分をいかに受け継いでいくかが、これからのピアノづくりにますます求められるのではないでしょうか。世界中のピアノメーカーが不況に苦しんでいるなかで、日本企業にはなんといっても底力があるのですから、アーティストをきめ細かくサポートしていく面でも、私たちの力はこれまで以上に必要とされるはずです。そんなわけで、世界中のホールに日本製のピアノが響く日が来ることを、私は確信しています」

ただ、ここで一つだけ問題点を指摘するとすれば、それは昨今の大企業における「技術者」のあり方であろう。

科学技術と学問の発達が専門領域を細分化した結果、モノづくりをトータルで見ることのできる人材が払底してしまう、というのが昨今の日本企業がおしなべて陥っている落とし穴であり、それはピアノのトップメーカーであるヤマハの歴史においても例外ではない。かつて川上源一が海外に大学卒の社員を派遣した際、ピアノづくりそのものを学ぶのではなく、それぞれの専門分野について留学させたことは象徴的だが、専門知識を深めた若手社員の力を統合して、そこからピアノという一つの製品を創り上げることのできる、徒弟時代からモノづくり全体の訓練を受けてきたリーダーが社内にいるうちはよいが、彼らが第一線を退いたとき、そうした全体を見通す力が個々の技術者に備わっているか否かは、組織がダウンサイジングしていく昨今、あらためて問われているといえよう。

特に、企業が成長期にあるときには組織がどんどん拡大していくので、各分野の専門家がそれぞれの組織の中で知識や技術を後進に伝えていけば生産は順調に推移していくが、需要の落ち込みから組織がシンプルになっていくときには、組織として持っていたノウハウが再び個人に収斂《しゅうれん》していくために、どうしても技術の伝承がおろそかになりがちである。それゆえ、ピアノについても、音楽についてもバランスよく、トータルな知識と経験を持った人材を企業の中でいかに育成していくかが、ピアノメーカーにとって今後ますます大きな課題となるはずである。

その点について、半世紀以上の長きにわたって日本のピアノの進歩を見つめてきた園田高弘の指摘は、傾聴に値しよう。

「日本のピアノ、たとえばヤマハにはヤマハ独特の美しさがあり、むらのない均質感や整ったメカニックは、欧米の楽器にはないかけがえのないものであって、日本的な伝統工芸品にも通じるこうした美点を最後まで伸ばしていくべきだというのが私の持論です。ベーゼンドルファーにスタインウェイの響きを求めてもナンセンスなように、ヤマハのピアノにスタインウェイの響きを求めることが間違っているのであって、この問題は作る側や楽器を使いこなす演奏家個人の姿勢とも関わってきます。

率直に言って、いまの日本のピアノメーカーには、自分たちの楽器のことを知り尽くした人材や、情熱をもってピアノづくりに賭ける人が、あまりに不足しているのではないでしょうか。その点、欧米の一流メーカーの強みは、人材の層が厚いことにあります。なんといっても、最後に楽器を決めるのは人なのです。しかしながら、日本人には人間の精神や勇気、理想といったものの価値が理解できるのですから、そうした心とこれまで育んできた技術力をもってすれば、必ずや人材が育ち、今後も芸術品としてのピアノづくりに挑んでいくことができると私は信じています」

果たして二一世紀が終わる一〇〇年後、日本のピアノは世界の音楽家や音楽を愛する人たちから必要とされる存在となっているだろうか。日本ではピアノづくりが営々と続いているのだろうか。

わが国ピアノ界の先覚者の一人であった大橋幡岩は、いまからおよそ半世紀前の一九五二（昭和二七）年、五六歳のときに、日本のピアノ製造について、こう所信を述べている。

「なんとかして歴史の浅い日本のピアノ製造が、これなら使えるというものを作り出したいという念願以外にありません。私の一生では不可能なので、次の時代の技術者の養成をしております。ピアノを作るには人間を作ってからという事を信条としております(2)」

「私の一生では不可能」――こう言い切る大橋の言葉に秘められた謙虚さと技術への畏れは、「技術者としての恥を知れ」という師・山葉直吉の戒めから来たものであろう。

大橋は、山葉寅楠、河合小市、山葉直吉といった、ピアノという西洋の楽器に取り憑かれた明治の男たちから技術を学ぶ一方で、ベヒシュタインから日本にやってきたエール・シュレーゲルによって、西洋の伝統が持つ途方もない奥深さを教えられ、西洋の文明を、表面だけでなくその真髄まで日本に移植するためには、生涯をかけても足りないほどの長い年月を要することを、その身体で感じ取っていたはずである。

だが、文明開化以来、西洋文明の表層ばかりをあまりに巧みに吸収していった日本人にあって、こうした畏れを抱いたのは、自分の全存在を賭けて真に西洋と対峙した人だけだった。そしてまた、このことを自覚した人の人生は、世俗的な名声や経済的な成功とは無縁であったに違いない。

しかしそれでもなお、この国に生まれ、日本の地で西洋に目覚めた者の使命として、自らの成し得た仕事を次の世代へとつなぎ、それを受け継いでいく人がいれば、やがて必ずや日本のピアノは世界で尊敬と愛情を集めるはずである——大橋はそう確信していたからこそ、己を空《むな》しうしてピアノづくりに全力を尽くすことができたのだ。

「ピアノを作るには人間を作ってから」という大橋の言葉は、ピアノが単なる機械や道具ではないことを、巧まずして言い表している。そして〝ピアノ新世紀〟を迎えたいまこそ、この言葉の重みが問われているときはない。

先人たちの努力を受け継ぎ、さらにじっくりと時間をかけて、日本のピアノを育てようという〝覚悟〟が私たち次の世代にあるかどうか。日本のピアノの未来は、ひとえにそこにかかっているといえよう。

あとがき

本書をまとめるにあたって何度も足を運んだ浜松駅から歩いて数分のところに、レンガ色をした四五階建てのビルを擁するアクトシティがある。その一画にある建物の一階と地下一階は浜松市の楽器博物館となっていて、日本だけでなく古今東西の楽器がずらりと並べられている。

どうしてもお目当ては西洋楽器となるが、なかでもピアノやそのルーツともいえるクラヴィコードやチェンバロなどが陳列してある地下一階は、平日など、二、三組の参観者しかおらず、静寂の中で、世界を代表する名器と一対一で向かい合うことができる。

にぶい艶やかな光を放つ古楽器が醸し出す雰囲気と音色は時の流れを止め、現代の感性とはどこか異質なだけに心を和ませてくれる。

それとは別に、一五〇年前にほぼ形式が確立された現代のピアノもまた、素材の違いから生み出される深みのある彩りやフォルム、張りつめた弦が持つ緊張感と、その構造が持つ視覚的な美しさには、ただただ魅入られるばかりだ。

それはピアノコンサートの開演時に、お気に入りのピアニストが指を下ろして最初の音を発したとき、全身を貫いて走るしびれるような感動と一脈で通じているようにも思える。

一つひとつのピアノを前にして立ち止まるとき、そこからは、さまざまな時代、さまざまな国々における伝統と、飽くなき新たな創造に立ち向かった寡黙でひたむきなピアノ工匠（職人）たちの格闘する姿がつぎつぎと思い浮かんでくるからに違いない。

その点においては、西洋のピアノ工匠も日本のピアノ工匠もなんら変わりはないだろうと思える。

これまで筆者は、さまざまな分野の産業技術の歴史や開発史を、時代背景や文化史的側面を念頭に置きつつ、その中核を担った技術者たちを通してまとめ上げてきた。そして今回、『日本のピアノ１００年』をまとめようと、数年前から準備しつつ、各所を回って資料を集め、インタビューを重ねてきたが、その過程で驚かされたことがあった。それは、国産ピアノをどう評価するか、その度合において関心の持ち方が変わってくるとはいえ、すでに一〇〇年に及ぶ日本のピアノ（づくり）の歴史について、また、世界一の生産国になったにもかかわらず、正面から取り組んでまとめられた本がまったくといっていいほど見当たらないことだった。「楽器の王様」であるピアノにおいてこうなのだからと、あらためて振り返ってみると、それは近代日本の音楽史研究の全体にいえることでもあった。

これまで筆者が手がけてきた他の分野と比べると、研究があまりに手薄で、資料の発掘もわずかでしかなく、驚きであった。ならばなおさら、われわれの手でまとめ上げなければと発奮したのも事実だが、その結果については読者の判断にゆだねるしかない。

確かに、翻訳書や日本の音楽大学の研究者らがまとめた、西洋のピアノの歴史に関する著作は数多く見いだすことができる。ところが、正直いってそれらは、いずれも外国に溢れるほどあるピアノ史の著作や文献をコンパクトに、しかも日本人に理解しやすくまとめられたものが多い。

その一方でこの数年、日本のピアノづくりの歴史に名を残した松本新吉や大橋幡岩・巌の父子について、その末裔やご遺族がまとめた労作が登場してきたことは喜ばしいことである。

さらには、近年になってようやく若手の音楽史研究者がこの現状を打破しようと、研究を重ねている姿が見いだされるようになってきた。こうした取り組みを通して、空白があまりに多い日本のピアノ史も少しずつ埋められていくのであろう。

結果的に本書は、戦前篇の第一章〜第五章を前間が、戦後篇の第六章〜第十章、プロローグ、エピローグを岩野が執筆することとなったが、インタビューは必ず二人で行い、資料収集も二人の共同作業で進める場合が少なくなかった。そこで集めた資料の膨大なコピーも、互いが一部ずつ手許に置くようにして、頻繁に意見交換をしながら、それぞれの原稿をまとめていった。その意味ではまさしく共同作業となったが、文体の違いまでは如何ともしがたかった。

それでも、広く一般の読者に読んでいただくためにも、適当なページ数に収めようとして、特に前半部はかなり圧縮せざるを得なかった。そんな事情もあって、近年、人気が高くて普及がめざましい電子ピアノ（電子楽器）などについては、やや性格を異にするため、本書では触れる程度にとどまっている。

本書は、企画を温めていた草思社・加瀬昌男氏からの強い要請を受けてスタートした。当初は、筆者に白羽の矢が立ったことにやや意外な感を抱いたが、先のような拙著の取り組みからと理解して受け止めた。また、クラシック好きだけに興味もあったが、それとは別に、次のような縁も感じていた。

やや個人的なことになるが、筆者の母方の親類には音楽教師らが何人かいて、祖母の家には七十数年前の昭和の初めに購入したドイツのピアノがあった。昭和三（一九二八）年、長女の叔母が「上野の音楽学校」（東京音楽学校）の在学中、帝国ホテルで開かれたフランスのヴァイオリニスト、ジャック・ティボーの演奏会に列席し、そのとき伴奏に使われたドイツ製のピアノの音色にいたく感動して、同じものを祖母にねだったのである。

祖母はあっさりと承諾したらしく、当時、家の一軒も建つであろう金一二〇〇円もするドイツ製ホイリッヒを銀座の十字屋経由で購入したのだった。このとき、口利きをしてくれたのが、指導を仰いでいて、当時、人気ナンバーワンの「美貌の歌姫」ともてはやされた三浦環《たまき》だったという。その頃住んでいた町には、小学校とわが家にしかピアノはなく、よく学校の先生などが練習のためにやってきたとのことで、母や三女の叔母も習っていた。

このような話を何度か聞かせてくれた母に、今度、日本のピアノの歴史について本を書くことになったと告げると、「それはよかったね」と言いつつ、またもこの昔話を口にしていた。そんな母も、昨年、本書の原稿をまとめている最中に召天した。こうしたこともあって、これもなにかの導きだろうかと受け止めつつ、まとめ上げることになった。

一方、岩野の父・貞雄氏は日本におけるワイン研究、ワインづくりの第一人者として知られている。昭和三〇年、東京大学大学院生として応用微生物研究所にいた頃、ワインづくりの本場イタリアのトリノ大学大学院に留学して、ワインづくりと研究に打ち込んで帰国した。しばらくして北海道に渡り、地元の農民らとともに苦労して「十勝ワイン」を作り上げ、日本ではじめてともいえる国際的な賞を獲得して、本邦のワイン界の歴史を塗り替えた。

だが、日本の風土に合って、しかも西洋に迫る本物のワインづくりにこだわり続ける姿勢は、すぐに利益が伴わなければ成り立たぬとする周囲および大手酒造メーカーやこれを後押しする学会などとさまざまな軋轢を生み、その後の人生は変転する。

本書の原稿を書きつつ、しばしば、三年前に亡くなられた貞雄氏からうかがったワインづくりの話や、かなりの数にのぼる氏の著作を通して知ったことを思い起こしていた。大橋幡岩氏などの例を出すまでもなく、日本におけるピアノづくりと不思議なほど一致していたからである。ワインもピアノもともに西洋生まれで、日本には伝統がなく、根強い舶来信仰や風土の違いを超えて、作り上げることの難しさと苦労が共通していたのだ。

その貞雄氏がクラシック好きでもあったことから、岩野は物心つく頃からその影響を受けて育ち、大学のオーケストラにも身を置きつつ、さらには日本の音楽史の研究も続けてきた。

彼の本職は編集者であるが、ライターとしての筆者とはその関係から、九年前、強い要請を受けて、彼が長年温めていた企画の執筆を依頼され、歴史を掘り起こす一冊をまとめ上げて発刊した。今度はその逆で、筆者が必要な時間を確保できない可能性もあったため、岩野に強く要請して登場を願った。幸いなことに、事なきを得て筆者は時間を充分に確保することができたのだが、結果的にはこうした経緯が幸いしたと思っている。

本書の取材が始まってしばらくたった頃、岩野は一〇年来のライフワークとしてきたノンフィクションであり研究書でもある『王道楽土の交響楽　満洲――知られざる音楽史』（音楽之友社）を上梓した。日本のオーケストラのルーツの一つである満洲（中国東北部）の音楽都市ハルビンに花開いた交響楽団の歴史をまとめたものだが、これは、日本の音楽史の大きな空白部分を埋める研究として、二〇〇〇年度の出光音楽賞学術研究部門の賞を受けている。

本書の発刊も迫ってきたいま、まず思い浮かぶ方は、浜松短期大学の学長や愛知大学の講師を歴任された日本のピアノ産業史研究の第一人者、大野木《おおのぎ》吉兵衛《きちべえ》先生である。二年近く前、病後でまだ充分に体力の回復していない身をおして浜松のインタビュー場所まで来てくださり、興味深いさまざまな話を聞かせていただいた。

戦前の軍部独裁が強まる中、批判の論陣を張っていた東大教授・矢内原忠雄のもとで、身の引き締まるような講義を受けた体験を持つ大野木先生は、敗戦後、浜松の短期大学に迎えられて教師となった。教鞭をとるかたわら、フィールドワークを基本として植民地政策の研究を築き上げた矢内原の学問的手法を受け継がれてか、未開拓な地元、浜松を中心とした日本の楽器産業の歴史を、ピアノづくりを軸にしながら調べ上げ、研究を進めていかれた。本書は、そうした数十年にわたる地道な研究の成果を礎《いしずえ》としつつ成立したといえよう。

地元を対象にした研究ゆえに、難しい面も多々あったことと想像するが、歯に衣を着せぬ率直な語り口と、毅然としたその風格漂う姿勢は、社会科学者としての迫力と説得力があって、われわれ二人は心強い味方を得たと安心し、やりとりをさせていただいた。

ところが、その数ヵ月後、急逝の悲報を耳にすることになった。大野木先生のご協力、ご指導に深く感謝申し上げるとともに、先生の遺産の上に、今後、日本のピアノ研究がつぎつぎと生まれてくることは間違いないであろうと確信している。

戦後のピアノ界を先頭に立って歩んでこられた日本を代表するピアニスト、園田高弘氏には、お忙しい時間を割いていただき、貴重な話を伺うことができ、深く感謝申し上げたい。園田氏は、日本のピアノづくりでもっとも欠けていた、演奏者が開発過程にまで踏み込んで、ピアノ技術者と二人三脚で、いい音を生み出していく、そのことを実践され、協力を惜しまれなかった。国産ピアノの水準アップに多大な貢献をされた園田氏は、「日本のピアノメーカーは、諸外国の有力ピアノメーカーが決してまねすることのできない、きめ細やかでよく整った日本的な均質感を持つ音づくりを究めていくべきである」と強調されていたが、今後、日本のピアノが目指すべき一つの方向性を示唆されたものと受け止めたい。

今回の取材や資料の収集において、ご協力をいただいたヤマハやカワイなどの各楽器メーカー、社団法人日本ピアノ調律師協会、各音楽大学、日本近代音楽館などにもお礼を申し上げたい。

さらに、貴重な話をしていただいたピアノづくりの技術者たち――戦前からヤマハに勤め、八〇代半ばでもかくしゃくとしておられる杉山友男氏や、父親もピアノづくりの名人で、ご本人もヤマハのピアノ工場長を歴任されてリタイアされた尾島徳一氏、あるいは大橋幡岩氏・巌氏のご遺族である大橋とし子氏、CFを作り上げたピアノ技術者の長谷重雄氏、影山詔治氏、調律師の村上輝久氏らほかの方々にも深く感謝申し上げたい。

本書は、国産ピアノ一〇〇年を意識しつつ、できれば昨年末までに発刊しようと進めてきたのだが、先のような諸事情もあって遅れ、一〇一年目となったが、これは、日本のピアノづくりが新たな一〇〇年に向かってスタートを切った年に発刊されたと理解したい。

一〇〇年後の日本のピアノ、世界のピアノは果たしてどのように進化し、どんな音を発しているのだろうか楽しみである。

最後に、本書を執筆する機会を与えてくださった草思社の加瀬昌男氏、作業が進めやすいように、なにかと気配りをしてくださった草思社クリエイティブの佐々木英三氏、そして植田規夫氏に感謝申し上げたい。

二〇〇一年八月

著者を代表して　前間孝則

文庫解説

岩野裕一

自著の文庫解説を著者（岩野）本人が書くというのは、いささか異例のことかもしれない。だが、本書『日本のピアノ100年』の場合、主たる著者は前間孝則さんであり、私はむしろ伴走者というべき役回りだったので、この解説をお引き受けすることにした。

本書のテーマは「ものづくり」である。ピアノと日本人の一世紀以上にわたるかかわりの中で、より音楽的な側面、たとえば邦人ピアニストによる演奏史や文化史的なものを期待した読者にとっては、やや肩透かしを喰らった思いが残るかもしれない。だが、西洋の文物が所与のものとして存在した国々とは異なり、日本においてはまず、その文化が普及する土台となるインフラが必要だったのである。その意味で、国産ピアノをめぐる物語は、わが国におけるクラシック音楽受容の歴史を考えるうえで、必要欠くべからざるものだったといえるだろう。しかも、日本は一時期、世界最大のピアノ生産国であった。ピーク時の年産三十万台という数字がいかに途方もないものであったかは、スタインウェイのピアノに付けられた製造番号が、一八五三年の創業から百六十年以上を経てまだ六十万番台であることと較べると、実感できるに違いない。

マイカーや白物家電と違い、生活を便利にするわけでも、仕事に活用できるわけでもないピアノや百科事典のセットが飛ぶように売れ、競い合うように日本中の家庭に普及していった時代があったとは、いまの若い世代からすればとても信じられないのではないか。いや、その時代の真っ只中で育った私（一九六四年生まれ）だからこそ、これほどまでに日本の社会構造が大きく変化してしまったことに、いまはただ呆然とするばかりである。

私の育った家にもあたりまえのようにアップライト・ピアノがあり、姉も、私も、親の意志でピアノ教室にいやいや通っていた。もちろんすぐにピアノとは無縁の生活になり、実家でずっとほこりをかぶっていた可哀そうなピアノは、いつの間にか中古業者に引き取られていってしまったが、いまでも実家に戻ってピアノがあったはずのその場所を見るたびに、決して豊かではなかった暮らしのなかで、我が子のためにとピアノを買った両親の気持ちが偲ばれて、少しく胸が痛む。これは決して日本だけの現象ではなく、第一次大戦後のアメリカでも爆発的に家庭用ピアノが普及した時代があったし、経済大国となった中国でもかつての日本同様にピアノ・ブームが起きているというから、ピアノという楽器はまさに豊かさの象徴であり、人々に夢を見させる不思議な力を持つ楽器、ということができるだろう。そして、西洋音楽とはまるで無縁のものづくりの世界に生きながら、この不思議な力に魅せられていった男たちによって、日本のピアノ100年の物語は紡がれていくのである。

前間孝則氏は、ジェットエンジンの技術者出身という、ノンフィクション作家としては異色の経歴の持ち主であり、日本における「ものづくり」をテーマに精力的な執筆活動を続けてきた。膨大な資料を渉猟し、関係者へのインタビューを重ねる、というのはノンフィクション取材の基本だが、エンジニアだった前間氏は技術に対する理解が桁違いに深く、取材対象から引き出す情報量や、後世に遺された史料から真実を読み取る能力がきわめて高いのである。

終戦直前に実用化に成功した国産ジェット機「橘花《きつか》」の史実を掘り起こした『ジェットエンジンに取り憑かれた男』（一九八九）で鮮烈なデビューを果たした氏は、第二次大戦中に日本が開発に取り組んだ幻の超大型爆撃機の全貌を描いた『富嶽　米本土を爆撃せよ』（一九九一）、戦時中の航空技術者から戦後の自動車開発に連なる系譜を描いた『マン・マシンの昭和伝説』（一九九三）、大プロジェクトを担った技術者の人間ドラマを通じて、日本の航空機産業の問題点を鋭く抉った『YS－11　国産旅客機を創った男たち』（一九九四）、戦艦大和の製造責任者であった西島亮二技術大佐が遺した膨大な資料を読み解き、大和の生産管理手法が戦後日本の造船大国となる足掛かりとなったことを明らかにした『戦艦大和誕生』（一九九七、以上、すべて講談社）など、わが国の技術史の空白を、ほぼ独力で丹念に埋めてきた。そんな氏の著作の価値は、どれほど称えても称え過ぎではないだろう。

『富嶽』を読んでその緻密な筆致に深く感じ入った私が、実業之日本社の編集者として前間氏に執筆を依頼したのが『弾丸列車　幻の東京発北京行き超特急』（一九九四）である。昭和初期に立案され、実際に着工しながら太平洋戦争の激化で中断した弾丸列車プロジェクトは、のちの東海道新幹線計画の原型でありながら、それまでまとまった記録がなかった。なかでも、「新幹線の生みの親」だった島秀雄・元国鉄技師長がこのとき九十歳を過ぎてなお健在であり、同じく鉄道技術者だった氏の父・島安次郎が中心となって推進した弾丸列車から新幹線へと至る道のりを書き残すには、これが最後のチャンスだった。前間氏は、島秀雄氏の絶大な信頼を勝ち得てさまざまな逸話を引き出したが、その後、私が編集者生活のかたわら、かつて満洲に存在したハルビン交響楽団を出発点に、東アジアのオーケストラ史を書き換えたノンフィクション『王道楽土の交響楽　満洲——知られざる音楽史』（一九九九、音楽之友社）を執筆したことから、本書の企画が草思社の加瀬昌男社長（当時）から前間氏のもとにもたらされた際、共著者としてご指名いただいたのである。ハードなものづくりについての著作を多数ものしてきた前間氏に、ソフトなものづくりであるピアノについて執筆を依頼するあたりは、さすが名編集者としてならした加瀬社長であった。

前間氏が取り組んだ他のジャンル同様に、本書の刊行当時はまだ日本のピアノ製造史に関するまとまった著作が存在しなかっただけに、前間氏もあとがきに書いておられるように、取材や執筆にあたってはお互いに資料を突き合わせ、「これで本当によいのだろうか」と一つひとつ議論を重ねながら慎重に進めてきた。とはいえ、歴史を俯瞰することに主眼を置いたため、メカニックな部分を解説しきれなかったり、日本を代表するメーカーであるヤマハにその記述がどうしても偏りがちで、消えていった中小メーカーの盛衰にやや紙幅不足の感があったが、近年になって地元・浜松の研究者による『浜松ピアノ物語』（二〇一五、しずおかの文化新書）や、名技術者・大橋幡岩が生んだ大橋ピアノ研究所に焦点を絞った『幻の国産ピアノ〝オオハシ〟を求めてOHHASHI　いい音をいつまでも』（長井進之介著、二〇一九、創英社）といった、本書の足らざる部分を補うかのような著作が生まれつつあるのは、日本のピアノづくりを追いかけた者として実に喜ばしいことと感じている。

なかでも、前間氏と筆者が取材時に強い印象を受けたのは、大橋ピアノ研究所の大橋幡岩・巌父子のことであった。私たちが訪れた大橋ピアノ研究所の内部は、あるじを失い廃業してから長い年月が経っていたにもかかわらず、塵ひとつ落ちていない現役時代そのままの状態に保たれて、いまにも新しいピアノが生まれてくるような雰囲気を湛えていた。これは、巌氏の未亡人、大橋とし子氏が「いつか現れる後継者のために」と、廃業したあとも幡岩氏が設計したピアノの図面とともに工房を守ってきたからであり、ピアノづくりの場を先人の山葉直吉、河合小市に倣って「研究所」と名付けた日本一のピアノ技術者・幡岩氏と、その教えを忠実に守った巌氏の息遣いが感じられるようなこの場に、前間氏とともに立ったときの感動はいまも忘れることができない。

これは全くの余談ながら、筆者の父である故・岩野貞雄は、一九六三年に北海道池田町から招聘されて十勝ワインの開発に挑んだ際、ワインづくりの場を「池田町ブドウ・ブドウ酒研究所」と名付けている。「研究所」という名称には、西洋に生まれた事物を日本の地に定着させるために心血を注いだ男たちの、ものづくりへの畏れの心が込められているように感じられてならなかった。

「なんとかして歴史の浅い日本のピアノ製造が、これなら使えるというものを作り出したいという念願以外にありません。私の一生では不可能なので、次の時代の技術者の養成をしております。ピアノを作るには人間を作ってからという事を信念としております」

この大橋幡岩の言葉ほど、日本のピアノ100年の歴史を象徴するものはないだろう。本書が二〇〇一年に刊行されたのちも、日本のピアノ生産量は減少の一途をたどり、二〇一八年には静岡県内のメーカー数社が年産三万四二〇〇台のピアノを作っているに過ぎない（『平成三十年　経済産業省生産動態統計年報』による）。しかも、現在その大半は輸出用だが、思えば日本産のウィスキーがいま欧米で人気を集めているように、日本のピアノを買い求める海外のユーザーは、その品質や響きを好んで選んだに違いない。メーカーにとってはピアノが国際コンクールで公式に採用されることも重要だろうが、私たちの国でつくられたピアノが世界の人々から愛されるようになったという事実こそが、一世紀を超える歴史を重ねて、幡岩の言う「これなら使える」というものを生み出せるようになった証左ではないだろうか。

産業としての規模は縮小しても、この世界に音楽を愛する人がいる限り、日本のピアノづくりはこれからも続き、さらなる深化を遂げるに違いない。本書がその歴史を後世につなげる一助になれば、ノンフィクションを書く者として、これほど幸せなことはない。

引用出典・注

プロローグ

（1）『グレン・グールド伝』ピーター・オストウォルド編、宮澤淳一訳

（2）『グレン・グールド書簡集』ジョン・P・L・ロバーツ、ギレーヌ・ゲルタン編、宮澤淳一訳

（3）『グレン・グールド大研究』

（4）明治以来、「ヤマハ」ブランドのピアノを製造・販売してきた日本楽器製造株式会社は、昭和六二（一九八七）年、社名を「ヤマハ株式会社」に変更した。本書では「日本楽器」の社名と「ヤマハ」のブランド名を適宜用いている。

第一章

（1）『津田塾六十年史』津田塾大学

（2）『ベルツの日記 上・下』トク・ベルツ、菅沼竜太郎訳

（3）『クララの明治日記 上・下』クララ・ホイットニー、一又民子訳

（4）『洋楽事始』山住正己

（5）「意見書」

（6）『洋楽事始』山住正己

（7）「私の半生」幸田延「音楽世界」一九三一年六月号所収

（8）明治二五（一八九二）年に読売新聞が主催した「婦人和洋音楽家」の人気投票では、幸田延が、洋楽家の部門の第一位に輝いた。ちなみに、このときの第二位が瓜生繁子だった。

（9）「日本教会史」『大航海時代叢書 第九巻・第十巻』所収

（10）日本に現存するもっとも古いピアノは、開国以前の文政六（一八二三）年に来日したシーボルトが持ち込んだウィリアム・ロルフ・サンズ社のスクエア型である。大きさは現在のものよりやや小ぶりで、内部のフレームも現在の鉄とは違って木製だった。弦も強靱な鋼鉄のピアノ線がまだ開発されていなかった頃に作られているだけに、鉄と真鍮であり、張り方も交叉ではなく平行である。シーボルトの来日より少し前に作られたものと見られる。ちょうどこの時期は、ピアノが現代の形式に変わろうとする直前の頃だけに、

このような構造および材料であったといえよう。

　シーボルトがピアノを持ち込んだ目的は自身が「江戸参府紀行」に記しているように、日本の学者や幕府の役人などに、ヨーロッパの進んだ技術および科学成果を実際に見せるのが狙いだった。このほかにも、シーボルトは羅針儀や水準器、湿度計や寒暖計、六分儀など西洋の進んだ技術を象徴する品々を日本に持ち込んでおり、江戸に参府したときもわざわざ持参して誇らしげに見せていた。五年間の滞在を終えたシーボルトが帰国するとき、乗船する予定になっていたハウトマン号が暴風雨にあって座礁し、出帆が大幅に遅れることになった。その間に、幕府が禁制品としていた日本地図を持ち出そうとしていたシーボルトの企てが発覚した。これが「シーボルト事件」である。シーボルトにこの地図を贈った高橋作左衛門は死罪となり、交友のあった日本の蘭学者らも捕らえられて厳しい取り調べを受けることになる。

　この事件が発覚する直前、シーボルトは世話になった長州藩萩の御用商人熊谷五右衛門義比にこのスクエアピアノを贈っていた。もし、シーボルトがこのピアノを贈るのが少しでも遅れていたら、現在まで残っていたかどうかはわからない。そんな事件があったためか、このピアノは旧熊谷家の土蔵の奥にしまい込まれたままで長い間、日の目を見ることがなかったが、一二二年後の昭和三〇年（一九五五）二月に発見され、「日本最古のピアノ」と鑑定されて、大きな話題となった。

(11)『自伝／若き日の狂詩曲―はるかなり青春のしらべ』山田耕筰

(12)『横浜山手―日本にあった外国』鳥居民

第二章

(1)　浜松における最初のオルガン製作のいきさつについては、昭和四（一九二九）年九月二八日に、日本楽器正門前に山葉寅楠銅像建立記念で発刊された寅楠の小伝、当時の関係者の回想をまとめた『山葉寅楠翁』（磯部千司編著、山葉寅楠銅像建設事務所、一九二九年）、また関係者の証言などで知ることができる。

(2)　大野木吉兵衛教授の調査によると（「遠江」十六号）、ヤマバという読みの由来については次のような背景があったという。「山葉寅楠は旧姓山羽（やまば）寅楠、郷里和歌山市の菩提寺大立寺（だいりゅうじ）の過去帳にも山羽姓で記載されていた。それを山葉に変えたのは、山中の羽は矢を意味する、羽の下に寅がいるのは良くないから、大きくなったら取り換えよと、祖父から諭されたのが機縁だという。そして首尾よく葉の字に取り換えたが、発音は従来のバをそのまま使い続けたわけであった。

ヤマバがヤマハに変わるのは、山葉楽器製造所が日本楽器製造株式会社に改称改組される、明治三十年十月あたりからのことであろうか」。さらに、コマーシャル重視の現代的な感覚から勝手な想像をめぐらせれば、目先の利く寅楠だけに、濁音の「やまば」の読み方より、西洋楽器の音色にあった澄んだ響きに合わせて、「やまは」と変えたのではないかとも思える。

（3）『山葉寅楠翁』磯部千司

（4）同右

（5）この時代の流行り歌になった「鉄道唱歌」なども三木の手によって出版されたが、三木佐助書店と山葉が結んだオルガンの「内地販売誓約書」の主要条項を挙げておこう。三木佐助書店と共益商社は二者で日本の市場を二分しており、当時の洋楽器販売の現状とメーカーと販売店との力関係をよく表している。

（イ）山葉は両商（三木佐助書店および共益商社）以外に販売しない。（ロ）両商は山葉以外の風琴を販売せず、また自らその生産を行わない。（ハ）共益商社は加賀、越前、美濃、伊勢以東、三木書店は若狭、近江、伊賀、山城、大和、紀伊以西を、各独自らの商圏とする。（ニ）ただし、遠江、伊豆、駿河（すなわち静岡県）は、山葉の直売区域と定める。（ホ）右規定地区外における販売は、必ず当該地区担当者に通告し、且つ利益金として定価の一・五割を送金する。（ヘ）山葉は定価の三割引きにて品物を引き渡す。〈「遠州産業文化史」〉

（6）『山葉寅楠翁』

（7）『明治の楽器製造者物語　西川虎吉　松本新吉』松本雄二郎

（8）同右

第三章

（1）『ピアノの誕生』西原稔

（2）『ピアノの技術と歴史』中谷孝男

（3）『遠州産業文化史』

（4）『社史』日本楽器製造

（5）『洋琴　ピアノものがたり』檜山睦郎
（6）「楽器製造技術習得の為の渡米滞在日誌」より。現存する日誌は、主にシカゴとニューヨークでの日々を綴った「松本新吉米国日誌NO101」と記載された一冊だけであり、全体の一部と想像される。この日誌は新吉の孫にあたる松本雄二郎が「明治の楽器製造者物語　西川虎吉　松本新吉」の中で解読している。
（7）『明治の楽器製造者物語　西川虎吉　松本新吉』松本雄二郎
（8）『宮さんのピアノ調律史』宇都宮信一

第四章
（1）『山葉寅楠翁』磯部千司
（2）「月刊楽譜」（大正八（一九一九）年三月号）に掲載された「西川楽器店主　西川安蔵氏逝く」の追悼文には次のようなエピソードとともに、氏の人柄と仕事に対する姿勢が語られている。「氏の業務に熱心なることは実に驚くべきもので、氏は人も知る如く非常な愛妻主義者で、なにを置いても第一に夫人千代子の君にと云ふ有様であったが、然し業務に熱心のあまりこの大事な大事な夫人さへ、よく待合わせるべきを停車場に置き忘れたり、旅館に出ては可愛い女房を旅館に置いたままプイと帰って来てはコツコツ仕事に取りかかり、養母に問はれてはじめてホイ失ったとばかり駆け出したり、電報で取戻すと云ふコミック的な騒ぎやいろいろの失策を度び度び引起したものであると夫人千代子君が話されたことがあったが実に万事にこの調子であったため商売上つい深みへはまり過ぎてよく思はざる損失をかもすような場合も少くなかったのである」。
（3）　国産ピアノの水準を問題とする論評については、たとえば、一九〇八年九月号の「音楽界」に掲載されたこの雑誌のニューヨーク特派通信員・青山歌仙は、当時の日本とアメリカの楽器業界を対比していて興味深い報告を寄せている。まずはこの頃の楽器業界の現状を記している。「現時の日本はピアノ絶世の世の中、御嬢様もピアノ、御奥様もピアノ、さては三越の店飾りまでもピアノと言う世の中、或ピアノ会社の如きは反って西洋へピアノを輸出致します、支那では店の楽器が山を成しております」。さらには、楽器メーカーや楽器販売店が国産品、輸入品を問わず、荒唐無稽な宣伝文句を皮肉交じりに取り上げている。

「独逸のピアノは天下一品である。英国のピアノは世界無比である、仏蘭西のピアノは古今絶後であると皆恐ろしいふれ出し、世界無比だ、天下一品だ、古今絶後だと世界主義、宇宙主義、古今主義、実に恐れいる次第である、世界を相手取り宇宙と戦ひ、古今と論ずと言ふ句があるが、いずれも今日の布れ出しは天下八方主義である、然かし吟味をせねばならぬのは実質である」

青山に言わせれば、ヨーロッパのピアノは「成程完全無欠の良品ではあるが決して一会社の銘打った良品でも事細かに一々其品について吟味せねば当てにならぬ、同じ会社の製品でも馬鹿によい掘出し的の良品もあるが、又ことによると途轍もない程感服しがたい世界主義もある、オット馬鹿によく出来る時もあるが又ステーンと当てにならぬ時もある、然かし吾が米国の製品に至ったら一反銘打った会社品なら見本で当てになる、之れが即ち今日吾が米国の特色にして又信用ある所で徒らに他国製が模擬ることの出来ぬ点である」。いささか、アメリカを持ち上げ過ぎの感はあるものの、ほかの工業製品などと似て、自慢の量産体制を取り、品質管理が行き届いていることを強調しているのだろう。

（4）「音楽」一九一三年六月号

（5）原文を引用しておこう。「今日の如く邦人の楽器製造業者が学理を疎じて実用せず、何等の研究をも為さず、向上の考もなく、目前の小利に迷うて遠大の志なくんば、必ずや遠からず外国製造会社は来て日本の一角に邦人の事業を奪ふもの起るべし、かの如くんば政府が外国製に莫大の関税を附加して我製造業の保護を与へつつある事は全く無効となり果てつべし。外国製内国製の楽器を弾奏し分けて聞く時、吾人は常にこの慨嘆を発するものなり。嗚呼」。日本の楽器メーカーがこのような状態では、外国メーカーが参入し事業機会を奪ってしまうだろうという警告である。

（6）研究所の創設時のメンバーであった木下乙弥が、のちに福島琢郎の追悼としてその横顔を紹介している。

「先生は一寸変わった型の人。早稲田大学商学部の御出身である。御趣味もその当時としては最もハイカラなバイオリン。越後獅子、千鳥の曲、六段等は特にお得意だったと云う事である。（註素人でこれ位のものが奏けるとその頃は花形役者であった）兎に角音楽がお好きだったので、御卒業後折角親御さんが極められた就職口もすげなく断り、元上野の校長であった伊沢先生の斡旋により勇躍日本楽器に入社された」(「全国ピアノ技術者協会会報」六八号、一九五八年五月)

(7) 東京音楽学校学友会編発行の雑誌「音楽」(一九三〇年一〇月刊)第一一号に発表した「財団法人教育楽器調正会の設立」と題する一文の中に、福島の業界批判がある。「音楽の研究と共に歩を揃へて進まねばならぬ楽器の研究事業が、我が国に於ては是迄顧られずにありました(中略)我が国で洋楽が教育上に採用されて以来五十年、其発展は著しいものがありますが、教育音楽と水魚の関係にあるピアノの構造研究は、音楽の発展に伴ひませんでした。欧米での楽器発達史を繙いて見ますと、音楽家と楽器製作者とは手を携へて共に倶に研究して来た様でありますが、我が国に於ては夫れが俄かに移植された事情からでもありませうが、楽器製造者の音楽其物に対する心は薄いものであって、利益を生み出すための商品として楽器を取扱って来た事は止むを得ぬ事であり、又営利を度外視して立つ芸術家や教育家が自然営利事業に携はる事を避けて居たのも当然な事でありました。右の様な事情で残念ながら和製のピアノは需要家に充分の満足を与へて居りませんでした。然し国産品を愛用する事は国民としての義務であります。不満足ならば満足し得る迄向上に努力すべきでありませう。而して其の努力はピアノの如き特種の品にあっては是を製造者にのみ望んでも好結果を得る事は困難であって、是非とも音楽専門家の助力を必要とするのであります」

五年後の昭和一〇(一九三五)年一二月号の「音楽世界」に掲載された福島の講演録「日本の風土とピアノ」でも、同じ趣旨の批判を展開している。

「今まで日本ではどちらかと言ふと、音楽家は音楽家としての立場から楽器は使い良いとか悪いとかいふことだけを御考えになって、余り楽器の方は俺の専門外だといふやうに考へられて居る。又楽器を製造する者は音楽といふものを本当に理解しないで、楽器を製造する者として音楽を考へるといふやうに、近寄って仕事でありながら別々な立場にあったのではないかと思います」

(8) 大野木教授は「遠州産業文化史」で、この派遣について「会社が儲かったので幹部を慰労するのが狙いだったと見る向きもあるが、当時の駐独大使から勧告されたのが契機のようである」と記している。
（9）『父子二代のピアノ　人　技あればこそ、技　人ありてこそ』大橋ピアノ研究所
（10）『遠州産業文化史』大野木吉兵衛他

第五章

（1）「国産ピアノの創業とその発達を語る」山葉直吉他（「音楽世界」一九三六年一一月号所収）。なお、この頃の経韓を『川上嘉市自叙伝』の中でも次のように語っている。川上にとって高いリスクを伴う日本楽器行きは単に「営利のみの事業ではない。（中略）自分の一身は犠牲にしようとまで考えたからだ。（中略）故に私は献身的に働く」ことだった。
（2）『川上嘉市自叙伝』川上嘉市
（3）『社史』日本楽器製造
（4）『川上嘉市著作集』第七巻
（5）『社史』日本楽器製造
（6）同右
（7）『川上嘉市著作集』第七巻
（8）同右
（9）川上は当時の実状について述べている。「音楽学校で使って居る教授用といふのは舶来の高価なピアノを使って居った、高いから学生には使わせない。だから教授が一日に三時間くらいしか使わない。われわれのピアノは練習用としてあったので学生が朝から晩まで使ふ、それで一日に八時間、一週間に四十八時間も使ふ訳です。片一方は十年持ったといふが使用の程度から申しますと、他方の十六分の一しか達しないのであります。それですから本当の寿命を見るには、ピアノの鍵盤を同じ強さで打つ回数が何回だといふことを見なければ分らない」（「国産ピアノの創業とその発達を語る」一九三六年、「音楽世界」一九三六年一一月号所収）
（10）一〇月一九日、横浜に入港した「浅間丸」で帰国した川上は地元新聞に帰朝談を載せた。「各国のピアノ工場を皆見ましたが、行って見るといふと、案外に向ふの方が遅れて居る。例へば、われわれのやって居ります音響の科学的の研究とか材料、製法、製品等の科学的検査といふものは、ピアノ工場で自分でやって居る工場は一つもありません」（「国産ピアノの創業とその発達を語る」）。川上はさらに強調する。「ピアノなどは、ドイツとアメリカの一流工場はよいが、

他はお話にならない。この点日本の楽器は何らヒケをとらない。生産数量は当社が一番多い。しかし一般に日本商品は安物が行き過ぎている。これからはもっと優良品質のものを作らないと諸外国から見放されてしまう」(『社史』日本楽器製造)。

(11) その一人、ピアノ部の山本敬之はシュレーゲルの指導ぶりを振り返っている。「氏は就任しますと責任上木工部、鉄工部、アクション部、仕上部、ピアノに関係のある部は毎日規定の時間に出勤せられ監督をされ改良指導に専念いたしました。氏は日を経るにしたがひ段々強く自分の思う筆法に指導改良を加えて来ましたので一時は会社も大分混乱いたし能率に影響を及ぼしました。然し氏の熱心な指導とピアノ部長の支配良しきと相まって能率は段々上がり、製品も非常に優秀となり、成果を上げました」。「氏は中々厳格でして整調部員も随分苦しみました、私も其の一人です(中略)氏の監督下より退きたいと泣きたくなった日は幾日もありました」と述懐する山本はシュレーゲルからピアノの整調の指導検品を受けたが、そのやり方についても振り返る。「最後に必ず自分で弾奏して感じを調べサインをすることになって居ります、グランドも殆んど変りありません(中略)氏は会社にあって立形二号立形記念号グランドは一号、三号の四台を改良し四年間を以て元気に帰国しました。今日国産優秀品として誇っている山葉ピアノの陰には氏の貢献大なるものと信じます」。

(12) 『社史』日本楽器製造

(13) 『遠州産業文化史』大野木吉兵衛他

(14) 同右

(15) 同右

(16) 同右

(17) 『父子二代のピアノ――人 技あればこそ、技 人ありてこそ』大橋ピアノ研究所

(18) 『限りなき前進〜河合楽器』

(19) 「シュベスターピアノの初期のアップライトは、松本ピアノのデッドコピー(松本ピアノは東ドイツのチンメルマンをまねていた)であった」(『楽器の事典ピアノ改訂版』)といわれているが、のちには日本を代表する調律師・斎藤義孝の指導によって、世界を代表するウィーンの名器、ベーゼンドルファーのアップライトの構造をまねて製作される。それだけに次のような評価を受けた。「デリカシーに富んだ美しい音色と、

すばらしい音楽的な表現力を持つのは、ベーゼンドルファーからその性能を受け継いだためだという」（前掲書）

（20）『静岡県勢総覧』一九四九年、静岡通信社

（21）長野県出身の広田は日本楽器を代表するコンサート・チューナーとして、また大正後期から昭和初期にかけて日本における第一級のピアノ技術者と高く評価され、「調律料金は通常の調律師の倍額であったが、それでも、指名が多すぎてさばき切れなかった」という（『楽器の事典ピアノ改訂版』）。広田ピアノは、「ドイツのブルッツナーをモデルとする名器Y・ヒロタを世に送った。ヨーロッパの音色を損なわず日本の気候にも合ったピアノとして、生産台数こそ少なかったが愛好家の評価は高かった」（同）が終戦とともに消滅した。

（22）これらのアンケートを元にしてまとめられたレポート「国産ピアノに就いての感想」の中で、日本を代表する楽人三八名が述べた批評の数例を紹介しよう。

「最近非常に進歩して来たのは大へん喜しいことと思ひます。私達ピアニストにとっては一日も早く吾が国に国産ピアノのみを使用する日の来ることを望んでいます。いいものさへ出来れば、何も外国製品を使用する必要は毫もないのですから。欠点と申せば、打鍵した力全部が音に反響して来ないこと。低音の充実性の不足。ソフトペダルの重たさ等々が言へるでせう」（高木東六）

「我国の財政的見地から、比較的低級ピアノは需要も多いことと思はれて居りますが、高級ピアノに至りては音色、タッチの具合及耐久力も、まだ国産品は大いに研究を要する所があると信じます。低級品は国産品で十分だと考へます」（田村虎蔵）

「国産ピアノの進歩の著しいのにはおどろいて居ります。ただしものに依ると二、三年たってケロリと様子のかはるのには閉口いたします」（増田操）

「欲を申せば音色に更に高貴さとか、深みとか、気持ちよき余韻とかが欲しいと思ひます」（大井悌四郎）

「音色は近頃大層良くなって来たと思ひますが、外国一流ピアノに比してフォルテが出ません。又高音部に於て殊に響が足りません。又或るものはきんきん響くかどちらかです。タッチは殆どのピアノが腰が抜けて居て歯切れが悪い感じです」（前田喜勢）

「タッチはよきこそよろこばしい事ですが、音色は何も外国の何てピアノを真似なくても、日本人の最も好む音色、日本人にピッタリ来る音色を求めるのでせう」（外山国彦）
「全国ピアノ技術者協会会報」第二号、一九三〇年一二月
（23）『父子二代のピアノ　人　技あればこそ、技　人ありてこそ』大橋ピアノ研究所
（24）同右
（25）『楽器一代　大村兼次のその人と来し方』佐藤香津樹ほか編
（26）園田高弘の徴用については、日本経済新聞（二〇〇〇年二月一日〜二八日）に園田が連載した「私の履歴書」に詳しい。
（27）『社史』日本楽器製造
（28）『私の履歴書　狼子虚に吠ゆ』川上源一
（29）同右
（30）同右

第六章

（1）「日楽社報」第二八号、一九五〇年一〇月一日
（2）「日楽社報」第二九号、一九五〇年一一月一日
（3）『翼の生えた指』青柳いずみこ
（4）「音楽新聞」第三九九号、一九五〇年一〇月一五日
（5）「日楽社報」第二九号、一九五〇年一一月一日
（6）「全国ピアノ技術者協会会報」第五八号、一九五〇年一一月一九日
（7）「音楽新聞」第四〇二号、一九五〇年一一月五日
（8）「日楽社報」第三〇号、一九五〇年一二月一日
（9）「音楽新聞」第四〇四号、一九五〇年一二月一五日
（10）「全国ピアノ技術者協会会報」第六〇号、一九五二年四月
（11）「全国ピアノ技術者協会会報」第五八号、一九五〇年一一月
（12）「全国ピアノ技術者協会会報」第六〇号、一九五二年四月
（13）同右
（14）戦後のピアノ生産統計には、通商産業省（現・経済産業省）がまとめている「工業統計調査」による

ものと「繊維雑貨統計」によるもの、さらには昭和五六（一九八一）年から全国楽器製造協会がまとめている「生産統計調査」の三種類がある。それぞれ調査方法等に多少の差異があるので、その数値は必ずしも一致しないが、本書においては『データ・音楽・にっぽん』（増井敬二編著、一九八〇年、民主音楽協会）に掲載された「繊維雑貨統計」の数字を掲げることとした。ただし、昭和二三年以前は通商産業省の調査が行われていないため、全国楽器協会の調査によった。

(15)「日楽社報」第四一号、一九五一年一一月一日

(16) 同右

(17) このときのメニューヒンとバラーの録音は、一九九九年にイギリスのマイナー・レーベル、ビダルフ社によって〝Menuhin in Japan〟と題する2枚組CDに復刻されている（LAB162／163）。

第七章

（1）「日楽社報」第四四号、一九五二年二月一日

（2）「日楽社報」第四五号、一九五二年三月一日

（3） 昭和二八（一九五三）年の世界一周視察旅行に関する川上の発言については、「日楽社報」号外（一九五三年七月二八日）、同第六三号（一九五三年九月一日）、同第六四号（一九五三年一〇月三一日）から引用。

第八章

（1）『平成一一年全国消費実態調査報告　第三巻　主要耐久消費財、貯蓄・負債編』総務省統計局

（2）『東京四大通』東京通人著。『ものがたり銀座小史』川崎房五郎監修、一九八八年、東京銀座ロータリークラブより再引用。

（3）「日楽社報」第四三号、一九五二年一月一日

（4）『楽器業界』檜山睦郎

（5）「ヤマハニュース」第一一三号、一九六五年八月

（6）『音楽普及の思想』川上源一

（7）「日楽社報」号外第五号、一九五七年一月一〇日

（8） *Men, Women and Pianos : A Social History*, Arthur Loesser, Simon and Schuster, New York, 1954

（9） 福田和也「近代日本人と『山の手』という自

意識」（『東京山の手大研究』岩淵潤子・ハイライフ研究所山の手文化研究会編、一九九八年、都市出版に所収）

（10）『ピアノに寄せて』遠山一行編

（11）吉田健一「ピアノ」（『吉田健一著作集』、一九七九年、集英社に所収）

（12）「裕福な住宅街に響くピアノのなげきうた」、詩集『なげきうた』所収。邦訳は『ラフォルグ全集Ⅰ』広田正敏訳、一九八一年、創土社などで読むことができる。

（13）　大正初年、日本楽器においても大橋幡岩が社命でヴァイオリンの試作に取り組んだ。ネックの渦巻き部分の機械加工にも成功して量産化のメドも立ったものの、鈴木ヴァイオリンとの話し合いで、鈴木がオルガン分野に進出しないことを条件に、日本楽器はヴァイオリン製造から手を引くことになったという（『父子二代のピアノ　人　技あればこそ、技　人ありてこそ』）。なお、大橋が試作したヴァイオリンは、いまも大橋家に保管されている。

（14）「ヤマハニュース」第八七号、一九六三年六月

（15）『スタインウェイ物語』によれば、日本楽器が対米輸出を開始した一九五八年当初は、大口ディーラーの名前を冠して「ツィンマーリング」のブランド名で売られたものもあったという。

（16）「ヤマハニュース」第八七号、一九六三年六月

（17）「ヤマハニュース」第九一号、一九六三年一〇月

（18）同右

（19）『スタインウェイ物語』リチャード・K・リーバーマン著、鈴木依子訳

（20）同右

第九章

（1）『娘が語る母の昭和』武田佐知子

（2）『スタインウェイ物語』

（3）『ヨーロッパの音を求めて　杵淵直知書簡集』一九八〇年、私家版　以下三三九ページまでの杵淵の言葉はすべて同書からの引用。

（4）「ヤマハニュース」第一四〇号、一九六七年一一月

（5）同右

（6）同右

（7）「読売新聞」社告、一九六五年一月二六日
（8）「ヤマハニュース」第一四〇号、一九六七年一一月
（9）「音楽時評　ミケランジェリとの対話」吉田秀和（「読売新聞」夕刊、一九六五年三月二七日）
（10）「ベネデッティ＝ミケランジェリをきく」加藤周一（「読売新聞」夕刊、一九六五年三月一五日）
（11）「ヤマハニュース」第一四〇号、一九六七年一一月
（12）同右
（13）同右
（14）『スタインウェイ物語』には、スタインウェイの元調律師三名（ワグナー、ルダーマン、グリーム）とドイツのピアノ技術者クラウス・フェナーが、ヤマハのコンサート・グランド開発に参加した旨の記述がある。
（15）「ヤマハニュース」第一四〇号、一九六七年一一月
（16）『音楽普及の思想』川上源一
（17）『いい音ってなんだろう』村上輝久
（18）「ヤマハニュース」第一四〇号、一九六七年一一月
（19）同右
（20）同右

第十章

（1）「ピアノ知識アラカルト」杵淵直知
（2）『いい音ってなんだろう』村上輝久
（3）泉清「日本のピアノ」（「音楽の友」一九七六年二月号所収）
（4）『スタインウェイ物語』リチャード・K・リーバーマン、鈴木依子訳
（5）「日本ピアノ調律師協会会報」第一〇三号、一九九三年
（6）『父子二代のピアノ　人　技あればこそ、技　人ありてこそ』大橋ピアノ研究所
（7）「アサヒグラフ」一九七四年一〇月二五日、同一一月一日
（8）全国ピアノ技術者協会は、昭和四九（一九七四）年、社団法人化に伴って名称を「日本ピアノ調律師協会」に変更している。
（9）『平成一三年版　家計消費の動向―消費動向調

査年報』内閣府経済社会総合研究所編
（10）「学習塾等に関する実態調査」文部省と、「近現代日本における洋楽器産業と音楽文化」（田中健次、一九九八年）を参考にした。
（11）『河合小市からＥＸへ』河合楽器製作所

エピローグ

（1）「ヤマハニュース」第一四〇号、一九六七年一一月
（2）「音楽新聞」第四六九号、一九五二年六月一五日

参考文献

『渡米日誌』山葉寅楠、浜松史蹟調査顕彰会・遠州資料叢書六、一九八八年
『山葉寅楠翁』磯部千司編著、山葉寅楠銅像建設事務所、一九二九年
『山葉寅楠伝』山本巴水、一九五六年頃
『遠州偉人伝　第一巻』御手洗清、一九六二年、浜松民報社
『日本楽器製造株式会社の現況』一九二九年、山葉寅楠翁銅像建設事務所
『山葉直吉翁建碑記念帖』一九四三年、山葉直吉翁記念碑建設会
『遠州産業文化史』大野木吉兵衛ほか著、一九七七年、浜松史蹟調査顕彰会
「日本楽器製造株式会社と山葉寅楠の企業活動」大野木吉兵衛、一九六六年、『浜松短期大学研究論集』第九号所収
「日本楽器製造株式会社における事例研究」大野木吉兵衛、一九六七年、『愛大経営会計研究』第九・一〇号所収
「山葉寅楠の手帖」大野木吉兵衛、一九七八年、浜松史跡調査顕彰会『遠江』二号所収
「由緒あるオルガンの物語と日本楽器製造（ヤマハ）株式会社における技術者養成制度」大野木吉兵衛、一九九三年、浜松史跡調査顕彰会『遠江』十六号所収
「山葉オルガン第一号をめぐる謎」木下忠、一九九三年、浜松史跡調査顕彰会『遠江』十六号所収
「明治末における日本楽器製造（現ヤマハ）株式会社要人の動静」大野木吉兵衛、一九九七年、浜松史跡調査顕彰会『遠江』二十号所収

『技術と生産』一九五三年、日本楽器
『社史』一九七七年、日本楽器
『THE　YAMAHA　CENTURY　ヤマハ100年史』一九八七年、ヤマハ
「国産ピアノの創業とその発達を語る」山葉直吉他、『音楽世界』一九三六年十一月号所収
『伝記小説山葉寅楠』山本巴水、一九七二年
『山葉直吉メモ』（不明）
『川上嘉市自叙伝』川上嘉市、一九五三年、高風館
『川上嘉市著作集　全一三巻』川上嘉市、一九五四年、高風館
『川上嘉市の生涯――静岡新聞連載「郷土と偉人」より』小島直記、一九七一年、日本楽器
『黎明期に於ける郷土の科学者』牧野賢一編集、一九四四年、静岡県科学協会
「山葉寅楠と楽器の製造」川上嘉市、静岡県科学協会『黎明期における郷土の科学者』所収
『音楽普及の思想』川上源一、一九七七年、ヤマハ音楽振興会
『私の履歴書　狼子虚に吠ゆ』川上源一、一九七九年、日本経済新聞社
『ヨーロッパの音を求めて　杵淵直知書簡集』一九八〇年、私家版
『日本楽器製造』（シリーズ日本の企業14）企業研究総合機構編、加藤寛他監修、一九八〇年、蒼洋社
『裏から見たヤマハの帝国』佐藤洋平、一九九六年、エール出版
『ヤマハ異次元の経営』岩堀安三、一九七六年、ダイヤモンド・タイム社
『ヤマハ残酷物語――社員残酷物語、音楽教育の疑惑、販売店いじめ』北川祐、一九八二年、エール

出版
『ヤマハ帝国が危ない』坂口義弘、一九九三年、エール出版
『楽器王河合小市』山本巴水、一九五七年、カワイ楽譜
『河合小市からEXへ　創立70周年記念』河合小市からEXへ編集委員会編集、一九九七年、河合楽器製作所
『河合楽器製作所創立70周年記念誌　世界一のピアノづくりをめざして』一九九七年、河合楽器
『風雪十五年』河合滋、一九七八年、河合楽器
『風雪三十年』河合滋、一九九四年、河合楽器
『風雪四十五年』河合滋、一九九五年、河合楽器
『若き日の挑戦―英才は勉強の別名なり』（河合楽器製作所創立七〇周年記念『明日への階段』復刻版）河合滋、一九九七年、河合楽器
『友さんのカイゼンバカ日誌』杉山友男、一九九八年、ASIAS　PLANNING
「日本ピアノ文化史」堀成之、『音楽の世界』一九八二年一〇月～八四年一二月号所収
「明治期の洋楽器製作」塩津洋子、一九九五年、大阪大学音楽研究所年報第十三巻『音楽研究』所収
『明治出版史話（玉淵叢話）』三木佐助、一九七七年、ゆまに書房
「海外インタビュー　村上輝久氏と――ハンブルクにて」及川和子、『音楽芸術』一九七〇年二月号所収
「ピアノとピアニストの世紀」、『音楽の友』二〇〇〇年四月号所収
「鍵盤楽器の歴史」泉清、『音楽の友』一九七六年一月号所収

「ピアノ進化論」村上輝久、『ピアノの本』一九九四年一月〜一九九六年三月号所収
『浜松・日本楽器争議の研究』大庭伸介、一九八〇年、五月社
『本邦洋楽変遷史』三浦俊三郎、一九三一年、日東書院
『洋楽事始』山住正己、一九七一年、平凡社
『明治音楽物語』田辺尚雄、一九六五年、青蛙房
『わがピアノ・わが人生』井口基成、一九七七年、芸術現代社
『ピアノの歴史』大宮眞琴、一九九四年、音楽之友社
『音楽明治百年史』堀内敬三、一九六八年、音楽之友社
『鹿鳴館の貴婦人大山捨松――日本初の女子留学生』久野明子、一九八八年、中央公論社
『自伝／若き日の狂詩曲――はるかなり青春のしらべ』山田耕筰、一九八五年、かのう書房
『横浜山手――日本にあった外国』鳥居民、一九七七年、草思社
『ニュースで追う明治日本発掘』鈴木孝一編、一九九四年、河出書房新社
『ベルツの日記』トク・ベルツ、菅沼竜太郎訳、一九五三・五年、岩波書店
『滝廉太郎』小長久子、一九六八年、吉川弘文堂
『クララの明治日記』クララ・ホイットニー、一又民子訳、一九七一年、講談社
『キリスト教と日本の洋楽』中村理平、一九九六年、大空社
『東京芸術大学65年史』東京音楽大学65年史編纂委員会、一九七二年、東京音楽大学
『東京芸術大学百年史――東京音楽学校篇　第一巻』（東京芸術大学百年史刊行委員会、一九八七年、音楽之友社

『東京芸術大学百年史――演奏会編　第一巻』東京芸術大学百年史刊行委員会、一九九〇年、音楽之友社
『舶来と国産ピアノの鑑別に就いて』国立音楽大学付属楽器研究所編、全国ピアノ技術者協会通信（6）より転載、一九四七年
『ピアノ線ヲタズネテ――ヨーロッパ・アメリカ見聞記』村山祐太郎、一九五七年、日本経済新聞社
『ピアニストの思考』福田達夫、一九八九年、春秋社
『ピアノ知識アラカルト』杵淵直知、一九八二年、ムジカノーバ
『ピアノ常識入門』北村恒二、一九八二年、ムジカノーバ
『ピアノの音とそのアフターケアについて』郡司すみ、一九八一年、浜松郡司有鍵楽器研究室
『ピアノ誕生とその歴史』ヘレン・ライス・ホリス、黒瀬基郎訳、一九八七年、音楽之友社
『ピアノの誕生』西原稔、一九九五年、講談社
『ピアノ線の人――村山祐太郎伝』野村三三、一九八〇年、にっかん書房
『ピアノの構造・調律概説』竹内友三郎、一九六三年、東京調律技術研究者
『わたしのピアノ――選ぶ人　弾く人のために』石原邦夫、一九八三年、山海堂
『ベヒシュタイン物語――究極の音を求めて』戸塚亮一、一九九四年、南斗書房
『調律師からの贈物――グランドピアノの基礎知識』斎藤義孝、一九八二年、ムジカノーバ
『楽器業界』檜山睦郎、一九七七年、教育社
『楽器産業』檜山睦郎、一九九〇年、音楽之友社
『新音楽普及の思想』川上源一、一九八六年、ヤマハ音楽振興会

『ドキュメント楽器産業界の戦争――ヤマハとカワイが松下・カシオに食われる日』坂口義弘、一九八七年、あっぷる出版
『音楽業界攻略裏わざテクニック』佐々木龍、一九九六年、トライエックス
『音楽産業情報ネットワーク化に関する調査研究』産業動向の調査研究4―7　一九五三年、産業研究所
『明治音楽史考』遠藤宏、一九四八年、有朋堂
『音楽の花ひらく頃　わが思い出の楽壇』小松耕輔、一九五二年、音楽之友社
『ピアノの構造と知識』中谷孝男、一九六一年、音楽之友社
『ピアノの技術と歴史』中谷孝男、一九六五年、音楽之友社
『ピアノの構造・調律・修理』福島琢郎、一九五〇年、音楽之友社
『NHK交響楽団四十年史』NHK交響楽団編、一九六六年、日本放送出版協会
『音楽教育明治百年史』井上武士、一九六七年、音楽之友社
『楽器一代　大村兼次のその人と来し方』佐藤香津樹ほか編、一九七三年、「大村兼次記念出版」刊行会
『データ・音楽・にっぽん』増井敬二編、一九八〇年、民主音楽協会
『宮さんのピアノ調律史』宇都宮信一、一九八二年、東京音楽社
『洋琴　ピアノものがたり』檜山睦郎、一九八六年、芸術現代社
『名随筆選　音楽の森2　ピアノに寄せて』遠山一行編、一九八九年、音楽之友社
『楽器の事典ピアノ　改訂版』一九九〇年、東京音楽社

『ピアノを読む本　もっと知りたいピアノのはなし』「音楽を読む本」編集委員会編、一九九四年、ヤマハミュージックメディア
『明治期　日本人と音楽　東京日日新聞音楽関係記事集成』日本近代音楽館編、一九九五年、大空社
『明治の楽器製造者物語　西川虎吉　松本新吉』松本雄二郎、一九九七年、三省堂書店
『響愁のピアノ　イースタインに魅せられて』早川茂樹、一九九七年、随想舎
『父子二代のピアノ　人 技あればこそ、技 人ありてこそ』大橋ピアノ研究所、二〇〇〇年、創英社／三省堂
『近現代日本における洋楽器産業と音楽文化』田中健次、一九九八年、私家版
『電子楽器産業論』田中健次、一九九八年、弘文堂
『全国楽器協会五十年の歩み』「全国楽器協会五十年の歩み」編集委員会編、一九九九年、全国楽器協会
『スタインウェイ物語』リチャード・K・リーバーマン著、鈴木依子訳、一九九八年、法政大学出版会
『スタインウェイとニュースタインウェイ』磻田耕治、一九九九年、エピック
『グレン・グールド書簡集』ジョン・P・L・ロバーツ、ギレーヌ・ゲルタン編、宮澤淳一訳、一九九九年、みすず書房
『グレン・グールド大研究』一九九一年、春秋社
『グレン・グールド　孤独のアリア』ミシェル・シュネデール著、千葉文夫訳、一九九一年、筑摩書房

『漱石とグールド　8人の「草枕」協奏曲』横田庄一郎編、一九九九年、朔北社
『グレン・グールド演奏術』ケヴィン・バザーナ著、サダコ・グエン訳、二〇〇〇年、白水社
『グレン・グールド伝』ピーター・オストウォルド編、宮澤淳一訳、二〇〇〇年、筑摩書房
『いい音ってなんだろう』村上輝久、二〇〇一年、ショパン
『東京山の手大研究』岩淵潤子・ハイライフ研究所編、一九九八年、都市出版
『娘が語る母の昭和』武田佐知子、二〇〇〇年、朝日新聞社
『海港と維新』（日本経済史3）梅村又次ほか、一九八九年、岩波書店
『明治世相編年辞典』（新装版）朝倉治彦編、一九九五年、東京堂出版
『特命全権大使　米欧回覧実記一』校注者・田中彰、一九八五年、岩波書店
『岩倉使節団「米欧回覧実記」』田中彰、一九九四年、岩波書店
『横浜・大正・洋楽ロマン』斉藤龍、一九九一年、丸善
『ピアノ音楽史事典』千蔵八郎、一九九六年、春秋社
『お雇い外国人2　産業』吉田光邦、一九六八年、鹿島研究所出版会
『王道楽土の交響楽――満洲　知られざる音楽史』岩野裕一、一九九九年、音楽之友社
『光芒の序曲――榊保三郎と九大フィル』半澤周三、二〇〇一年、葦書房
『おんぶまんだら』村松道弥、一九七九年、芸術現代社
『伝記・小山作之助　おもかげ』村上市郎、一九九六年、大空社
『津田塾六十年史』一九六〇年、津田塾大学
『科学的管理法の導入と展開――その歴史的国際比較』原輝史編、一九九〇年、昭和堂

『企業合理化の諸問題』通産省企業局編纂、一九五二年、産業科学協会
『産業合理化』(経済学全集第四十三巻) 有沢広巳ほか、一九三〇年、改造社
『産業合理化』小島精一、一九二九年、千倉書房
『杉山友男ファイル――山葉楽器の生産管理(流れ作業化、能率化)関係資料』杉山友男、一九四五〜一九五五年
『昭和二万日の全記録 全一九巻』講談社、一九八九年
『日楽社報』(日本楽器製造株式会社)『ヤマハニュース』『日本ピアノ技術者協会会報』『日本ピアノ調律師協会会報』『音楽界』『音楽雑誌』『音楽』『音楽世界』『月刊楽譜』『音楽年鑑』『音楽新聞』『ミュージック・トレード』『音楽の友』『音楽芸術』『音楽現代』『音楽の世界』『ピアノの本』『ショパン』『朝日ジャーナル』『週刊新潮』『週刊朝日』『アサヒグラフ』『AERA』『新潮45』『婦人公論』『諸君!』

*本書は二〇〇一年に当社より刊行した著作を文庫化したものです。

草思社文庫

日本のピアノ100年
ピアノづくりに賭けた人々

2019年12月9日　第1刷発行

著　者　前間孝則・岩野裕一

発行者　藤田　博

発行所　株式会社 草思社

〒160-0022　東京都新宿区新宿1-10-1
電話　03(4580)7680(編集)
　　　03(4580)7676(営業)
　　　http://www.soshisha.com/

本文組版　有限会社 一企画

印刷所　中央精版印刷 株式会社

製本所　大口製本印刷 株式会社

本体表紙デザイン　間村俊一

ISBN978-4-7942-2429-3　Printed in Japan

草思社文庫既刊

前間孝則
技術者たちの敗戦

戦時中の技術開発を担っていた若き技術者たちは、敗戦から立ち上がり、日本を技術大国へと導いた。零戦設計の堀越二郎、新幹線の島秀雄など昭和を代表する技術者6人の不屈の物語を描く。

前間孝則
悲劇の発動機「誉」

日本が太平洋戦争中に創り出した世界最高峰のエンジン「誉」は、多くのトラブルに見舞われ、その真価を発揮することなく敗戦を迎えた。誉の悲劇を克明に追い、日本の大型技術開発の問題点を浮き彫りにする。

前間孝則
戦艦大和誕生(上・下)

世界最大の戦艦大和の建造に至るまでの全容を建造責任者であった造船技術士官の膨大な未公開手記から呼び起こす。終戦前に悲劇の最期を遂げた大和、しかし、その技術は戦後日本に継承され、開花する——。

草思社文庫既刊

神尾健三
ビデオディスク開発秘話

「画の出るレコード」と呼ばれたビデオディスク——二十世紀最後の家電製品の開発競争に明け暮れたエンジニアの奮闘を描く。当時、松下幸之助の陣頭指揮の下で開発に従事した著者による回想録。

神尾健三
めざすはライカ！
ある技術者がたどる日本カメラの軌跡

戦後、いち早く日本のモノづくりの力を世界に示したのが「カメラ」だった。究極の目標であるライカをめざし、ミノルタ、ニコン、キヤノン等で奮闘した人々を描き、戦後日本カメラ発展の軌跡をたどる。

河島みどり
リヒテルと私

音楽を愛し、世界を旅することを愛し、日本を愛したロシアの大ピアニスト、リヒテル。神のこよなき恩寵を受けた音楽家に、通訳、友人として27年間同行した著者が明かす巨匠の素顔と優れた音楽性の秘密。